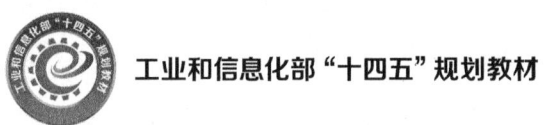

工业和信息化部"十四五"规划教材

发明创造学理论、方法与应用

戚　涌◎主　编
赵秋红　袁军堂　宋华明◎副主编

科　学　出　版　社
北　京

内 容 简 介

在科学研究和实际生产工作中，人们通常会遇到各式各样的技术问题，由于个人的知识、经验、阅历不同，解决问题的能力也有所不同，由阿奇舒勒发明的解决发明创造问题的理论可以帮助人们解决上述个体差异问题，使创新有法可循。本书系统介绍发明创造的理论和方法，从创新思维方法和技术问题的识别与分析方法入手，在明确解决技术问题关键点的基础上，应用 TRIZ 方法得到可能的解决方案。

本书可供知识产权、管理科学与工程、工商管理、农业经济管理等学科类别的本科教学使用，以及高校师生、从事发明创造学术研究的专家学者、科技人员和广大爱好者参考。

图书在版编目（CIP）数据

发明创造学理论、方法与应用 / 戚湧主编；赵秋红，袁军堂，宋华明副主编. 一北京：科学出版社，2023.12

工业和信息化部“十四五”规划教材

ISBN 978-7-03-067415-9

Ⅰ. ①发… Ⅱ. ①戚… ②赵… ③袁… ④宋… Ⅲ.①创造发明-高等学校-教材 Ⅳ. ①G305

中国版本图书馆 CIP 数据核字（2020）第 254842 号

责任编辑：魏如萍 王晓丽 / 责任校对：姜丽策

责任印制：张 伟 / 封面设计：有道设计

科学出版社出版

北京东黄城根北街 16 号

邮政编码：100717

http://www.sciencep.com

北京中石油彩色印刷有限责任公司印刷

科学出版社发行 各地新华书店经销

*

2023 年 12 月第 一 版 开本：787×1092 1/16

2023 年 12 月第一次印刷 印张：14 1/4

字数：338 000

定价：58.00 元

（如有印装质量问题，我社负责调换）

前　言

回顾中国有关发明创造古代史，造纸术、印刷术、火药和指南针等四大发明对世界影响深远；美丽的丝绸让人爱不释手；瓷器至今仍是中国的象征……几千年来，中国的发明创造从不局限于同一领域，我们的祖先在建筑、地质学、天文学、数学、机械、物理学等方面都有重要的发明创造。近代以来，第一次工业革命，蒸汽机的发明从根本上改变了人类世界的认知结构和社会的发展方向；第二次工业革命，“电气时代”内燃机为工业制造注入了强大的动力；第三次工业革命，以原子能、电子计算机、生物工程和空间技术的发明和应用为主要标志，带来了诸多领域的技术革命，提升了人民的生活水平。

三次工业革命在赋能世界、促进世界各国发展格局颠覆性变化的同时，也让我们深刻认识到发明创造与创新能力是国家的基础能力。2007 年 6 月，王大珩、叶笃正、刘东生三位院士给国务院总理温家宝的信《关于加强我国创新方法工作的建议》中指出，“自主创新，方法先行”。创新方法是自主创新的根本之源，当缺乏创新方法时，国家将很难在未来的国际竞争中占据前列。2008 年 4 月，科技部、国家发展改革委、教育部和中国科协联合发布的《关于加强创新方法工作的若干意见》中指出，贯彻党的十七大精神，落实科学发展观和《国家中长期科学和技术发展规划纲要（2006—2020 年）》，要大力推进技术创新方法的研究、宣传、普及与应用，将创新方法作为一项长期性、战略性工作来抓，切实从源头上提升自主创新能力、推进创新型国家建设；推进发明问题解决理论（Teoriya Resheniya Izobreatatelskikh Zadatch，TRIZ）等国际先进技术创新方法与中国本土需求融合。大学生是国家创新的中坚力量，2015 年 12 月，教育部发出通知，要求从 2016 年起所有高校都要设置创新创业教育课程，对全体学生开发开设创新创业教育必修课和选修课，纳入学分管理；设立创新创业奖学金，并为创新创业学生清障搭台。因此，加强大学生发明创造学教育，有助于加强大学生创新创业能力培养，促进科技创新强国建设。

据统计，目前共有各类创新方法 360 余种，其中以 TRIZ 理论最具有代表性。TRIZ 理论是基于知识的、面向个人的解决发明问题的系统化方法论，是一种支撑快速形成创意概念、获得发明思路、形成发明创造成果的工具，为人们指明了解决问题的方向。运用 TRIZ 理论，能够破除思维定式，打破资源限制，推动系统跃迁，有效提升解决问题的创新能力。

在上述背景下，本书基于理论、方法与应用层面，首先概述了传统发明创造思维方法，包括试错法、头脑风暴法、形态分析法、和田十二法、焦点法等，以及现代发明创造方法体系，包括 TRIZ 理论，以色列的系统创新思维理论（systematic inventive thinking，SIT）和六西格玛管理理论中的创新模型，随后详细介绍了 TRIZ 理论，主要包括 TRIZ 理论中的技术系统进化理论、发明问题的描述和分析、解决问题的发明原理，技术矛盾及其解决原理，物理矛盾及其解决原理，物质-场分析与标准解，ARIZ 算法，HOW-TO 模型与科学效应库等主要内容；然后，基于课堂教学实例“基于 TRIZ 理论方法综合性应用的机械爪改进设计”“基于 TRIZ 理论综合解决全自动数控车床刀具切削问题”，全国“TRIZ”杯大学生创新方法大赛实例“提高住宅用太阳能热水器集热器转化效率”“基于 TRIZ 理论的新型远程波光互补航标灯”，“一线工程师创新方法应用案例”经典案例“基于实测数据的在线负荷智能建模研究与应用”，经典案例“低成本风电机组早期故障诊断及预测技术”“电风扇的创新发展和演进过程”“室内智能均衡加湿器研发”等，详细阐述了运用 TRIZ 理论解决问题的过程方法；最后，将人工智能应用于发明创造领域，介绍了人工智能相关技术，人工智能在发明创造过程的实施，以及基于人工智能的智能 TRIZ 系统。本书旨在为全面培养大学生发明创造能力，鼓励大学生开展高价值专利创造，为保护大学生的发明创造成果奠定理论、方法和应用基础。

崔峰、武兰芬、郭青、贾怡炜、高盼军、李鹏飞、杨夕冉、胡剑、陈倩、李烨辉、陈墨、琚浩浩、和苇萋、邵叶豪、孙嘉烨、王先娟等参与了本书的撰写工作，在此表示衷心的感谢！此外，还要感谢所有直接或者间接为本书出版做出贡献的学术同行和参考文献、相关文献的作者！

本书如有疏漏之处请予批评指正，联系邮箱：790815561@qq.com。

作　者

2023 年 11 月

目　　录

第1章 绪　　论

发明创造是运用当前已存在的科学知识和应用技术，独创出先进、独特、新颖的具有社会意义和经济价值的新事物及新方法，从而能够有效解决某一实际问题。本节主要介绍了发明创造学发展的历史沿革，其中包括以美国、日本为代表的发达国家和我国的发明创造理论与方法，介绍基于 TRIZ 的不同发明创造学流派，以及 TRIZ、MATRIZ（International TRIZ Association，国际 TRIZ 协会组织）、ITRIZS（International TRIZ Society，国际 TRIZ 协会）等不同的国际机构；在此基础上，详细阐述发现、发明、创造和创新的概念内涵，明确区分有关概念；最后，详细介绍 TRIZ 的发展沿革和发明创造的五个级别。

1.1 发明创造学发展的沿革

世界各国一直很重视对发明创造和创新方法的研究，发明创造和创新方法研究是一种科学思维、科学方法体系和现代科学工具的总称。科学思维是一切有关科学问题的研究领域和学科技术方法发展方向的起点，贯穿了科学研究、技术创新和工程发展的全过程，是世界科技文明取得突破性、革命性进展的重要先决条件。科学方法体系是对科学研究、技术创新和工程发展活动产生的创新思维、创新规律和持续创新机理的系统性总结归纳，是推动科学技术实现跨越式发展和提高企业创新能力的重要方法基础。现代科学工具是开展科学研究、技术创新和工程发展的必要手段与媒介。发明创造与创新方法中应当包含实现系统技术创新的科学工具，也应包含实现组织创新的管理工具。

1.1.1 不同国家的发明创造教育

1. 美国的发明创造教育

1931 年，美国内布拉斯加大学的克劳福德教授提出了“特性列举法”，并建议在校园内开设发明创造类专业课程。此后，大量不同的创造力开发类的训练课程开始出现在美国大学、科研院所和工商企业界，并迅速得到推广。1937 年，美国通用电气公司率先制定创造工学计划用以促进发明创造活动。1938 年，奥斯本提出“头脑风暴法”，并在 1941 年出版《思考的方法》，掀起了美国工商企业界从未有过的创造力开发浪潮。1948 年，麻省理工学院将“创造学”教育纳入教学体系中，正式为学生开设“创造力开发”课程。1954 年，奥斯本发起成立了“创造教育基金会”，旨在推动创造性学习教育的研究和相关人才素质的培养。

20 世纪 60 年代以后，美国形成了 10 多个创造学教育研究开发中心，全国许多大学、企业和地方部门都开设了创造性思维的训练课程。80 年代，美国许多教育咨询专家开始着手通过运用创造力的原则理念和思维方法来培养优秀的复合型人才，对过去许多热门专业学科如应用航空学、企业管理、销售学、工业工程、新闻学概论等共计200多门教育课程逐一进行全面改革研究和重新设计。一些学校还创建了“创造性研究”专业。据报道，美国所有的学生自进入小学三年级后到高中毕业，几乎每人都需要接受三种或以上创造及发明相关的方法教育。此外，美国在基础教育课程领域上还尝试推广一种以“问题解决”课程为设计中心的课堂教学方法，即研究型教学方法，这种课堂学习方法不是教师完全以课堂上设问答辩方式去完成组织式的课堂知识教学，也不是学生单纯地在教师提出的问题面前认真研究分析、寻找和解决问题而衍生的学习办法，而是先由教师创设一个符合学生实际的知识环境，刺激学生主动自觉地提出不同的解决实际生活问题方案的新型教学模式，其中不仅包括提出各种常规性问题，也包括那些无法通过公式化求解的非常规问题，学生提出的解决上述问题的对策建议并不是单一共性的，倡导这种教学思想和教学方法的目的是培养大批具有创造性思维能力的科学家与工程师。

20世纪90年代以来，对国民进行创新教育和创造力开发培训，已成为美国保持科技领先并将之转化为生产力的发展战略。

2. 日本的发明创造教育

日本从20世纪30年代中期开始就积极引进和消化西方的创造学研究成果。1949年，市川龟久弥在其《创造性研究的方法论》一书中首次提出“等价变换理论”。受此激励，日本不少专家相继开发出众多具有特色的发明创造方法，如KJ法（KJ是创始人川喜田二郎的首字母缩写）、NM法（NM是创始人中山正和的罗马字缩写）、ZK法（ZK是创始人片方善治的首字母缩写）、CBS法（card brain-storming，卡片式头脑风暴法）等。与美国的以奥斯本的头脑风暴法、戈登的综摄法等为典型代表的强调发散思维和大胆创新方法的倾向不同，日本的发明创造方法还注重理论结合实际与操作。

1960年左右，日本政府成立创造发明学会，并建立了几十所星期日发明学校，制定了推动全国创造力人才资源开发培训和加速创造型人才培养发展的整体战略规划，广泛、深入、持久地开展发明创造教育，培养了大批发明创造人才。日本创造发明学会还每年坚持不间断地策划组织并召开各种全国性规模的关于创造力研究开发设计与技能培训方面的专题学术交流讨论会，并创办了一批学术性专门刊物，为发明创造教育领域中的研究、开发、普及推广活动提供组织和理论平台。20世纪70年代末，日本在创造学基础理论研究和产品开发技术实践等方面已超过美国，年度专利申请量上也超过美国，居世界之首，成为当时全球头号发明大国。

在第二次世界大战及之后的30多年中，日本企业通过进行大量智力引进攻关和综合创新，掌握了当时全世界以及过去大约半个多世纪的发明创造和应用产品中的先进工业技术，成为当时世界一流的技术强国，并凭借技术经济实力以最先进工业技术成果和更高质量的工业产品去争夺国际市场。一位日本创造学专家分析说，日本第二次世界大战后之所以发展迅速，是因为成功地借鉴了美国的经验：普及创造发明教育。20世纪90年代之后，日本政府甚至开始把创造力的开发视为通向21世纪的重要战略资源，高度重视激励有关发明创造的合理化建议。

3. 中国的发明创造教育

中国的发明创造教育起步较晚。1979 年，徐立言教授在上海交通大学率先引进了国外的发明创造教育。当时，从事这方面教育研究的专职工作人员和业余科学研究者只有几十人，但是这项工作迅速引起了国内科技界、产业界以及广大教育界学者的高度关注。自此，发明创造教育在中国逐渐兴起。

随着时间的推移，创造学课程开始逐渐进入高校课堂，形成了一套相对完善、科学的创造学课程体系。1983 年，中国矿业大学首次将创造学原理课程与地质学专业教学内容相结合，积极探索专业课程教学的新思路；1988 年，率先在全校推出地质创造学科选修课程；1990 年，创建“地质创造学”课程，并将其列为地质系学生的必修课；1993 年，正式招收中国第一个地质创造学理论研究方向的全日制硕士研究生，后来又陆续开始招收机械创造工程以及创造性人才培养研究方向的硕士研究生和矿物加工创造工程研究方向的博士研究生。1995～1996 年，中国矿业大学成功开设工业自动化创造工程试点班，这是当时国内高校中第一个以发明制造工程师为基本培养目标的本科层次创造学专业人才培养试点班。此外，该校还针对不同教学对象开设了 14 门创造学类课程。

经济发展的需要促使与创造发明教育相关的社会建制日益完善。1985 年，中国发明协会成立，创办《发明与革新》杂志，举办首届全国发明展览会。1990 年，首届全国创造力开发与促进发明活动讨论会召开，成立中国发明协会创造学研究委员会。1994 年，中国创造学会成立，并设立了创造教育专业委员会。1995 年，《创造天地》作为该学会的会刊创刊发行。中国发明协会和中国创造学会的创立以及各自会刊的出版发行标志着中国“创造发明”研究和推广活动走向整体协作状态，并有助于中国“创造发明”教育事业的成长壮大。

2006 年 2 月，《国家中长期科学和技术发展规划纲要（2006—2020 年）》发布，明确提出加快建设科技创新型国家的中长期战略目标。2007 年 6 月，中国科学院王大珩、叶笃正和刘东生三位院士共同向国务院总理温家宝写信，提出《关于加强我国创新方法工作的建议》，强调“自主创新，方法先行”。2008 年 4 月，科技部、国家发展改革委、教育部和中国科协联合发布《关于加强创新方法工作的若干意见》，着手推动全国性的创新方法培训和推广教育活动。2013 年 5 月，教育部成立创新方法教学指导分委员会，对高校的创新教育和创新方法教学工作提供指导与咨询服务。2015 年，在清华大学倡议下，成立了中国高校创新创业教育联盟，全面推动国内高校师生参与创新及创业实践。随着国家创新驱动发展战略的深入实施，我国日渐形成了良好的“大众创业、万众创新”社会氛围，社会对发明创造教育和创新型人才培养的需求日益迫切，中国创新教育的春天已经来临。

21 世纪以来，中国农业大学、东南大学、大连理工大学、哈尔滨工程大学、南京理工大学、苏州大学等全国多所高校相继开设了发明创造相关课程。其中，由工业和信息化部、国家知识产权局、江苏省人民政府三方共建的南京理工大学知识产权学院专门开设了发明创造学、技术创新理论与实践研究、知识产权创造学、发明创造与知识产权等本科和硕士、博士研究生课程以及发明创造的奥秘、创新管理前沿理论与案例等大学生创新创业选修课程，编撰了《发明创造学理论、方法与应用》《创新管理理论与案例》等多本教材，并入选工业和信息化部“十四五”规划教材，大力传播发明创造的理论与方法，培养在校大学生的发明创造与创新能力。2019 年 4 月，南京理工大学知识产权学院获批世界知识产权组织首次在中国设立的技术与创新支持中心（Technology and Innovation Support Center，TISC），帮助发展中国家的创新者开发创新潜能并创造、运用、保护和管理知识产权。该支持中心是世界知识产权组织在中国设立的首批 7 个试点建设单位之一。

2010 年以来，黑龙江省科技厅等部门联合举办黑龙江省首届 TRIZ 杯大学生创新设计大赛。哈尔滨工程大学成立了全国高校第一个创新方法社团，并在 2011 年成功举办了黑龙江省第二届 TRIZ 杯大学生创新设计大赛（邀请赛）。为更好地面向全国，激发大学生的创新热情，提升其综合能力，营造良好的创新环境，经科技部资源配置与管理司等多个部门批准，黑龙江省承办了全国创新方法大赛，并于 2018 年将其升级为中国创新方法大赛大学生创新方法专项赛。2022 年 12 月，在第十届中国 TRIZ 杯大学生创新方法大赛上，东北大学参赛的“‘渔人之利’观测型水下机器人”荣获金奖。

4. 其他国家的发明创造教育

其他西方经济发达国家和一些新兴工业化国家也广泛采用并实施了多种适合本国国情特点的有效办法与措施，大力推进培养创新型劳动力，全力开发全体国民潜在的创造力。1968 年，英国著名创造思维学家爱德华·德·博诺提出了“横向思维”理论，强调学习者利用“局外”的信息来建立发现与解决问题路径上的创新思维，并专门设计编写了一套创造力开发训练的课程，对英国的中小学创新教育与改革产生了重大积极的影响，并在美国等西方发达国家得到广泛的传播和推广。1967 年，加拿大蒙特利尔大学开始尝试为全球各行各业中的潜在创新型人才开设创造性思维解题方法课程，并为此建立创造力思维实验室。1970 年，魁北克大学在视听课程和集体创造性工作课程基础上加入了创造技法课程的教学，并于 1975 年为学生开设各种各样的集体创造性解题训练课程。

1979 年，委内瑞拉专门成立“智力开发部”，在全国推行思维方法训练，政府任命马迦多博士为该部首席部长，向全国人民系统性地推行思维方法的训练。通过多年的培训课程开发，委内瑞拉全国范围成功培训了 10 万多名思维学专业教师。

1.1.2 基于 TRIZ 的发明创造流派

1. TRIZ 和 MATRIZ

MATRIZ 由阿奇舒勒（Altshuler）于 1997 年创立，用以推动协调全球的各种国际 TRIZ 组织活动的进一步发展。MATRIZ 是俄罗斯和目前世界范围内认可度最高的 TRIZ 学派，涵盖了由俄罗斯、美国、欧盟、亚洲和澳大利亚等 68 个国家/地区组成的公共学术机构。

1）组织策划举办 TRIZ 活动

自 20 世纪 60 年代开始，阿奇舒勒一直是苏联 TRIZ 活动的主要组织者和首要领导者。20 世纪七八十年代，阿奇舒勒团队先后组织策划或举办了诸多关于 TRIZ 研究团体的各类学术理论研讨会和专题工作会议，这些研讨工作会议的最重要讨论内容不仅包括对TRIZ理论机制的研讨，还包括一些关于如何建立整个TRIZ社区的方案的探究。

20世纪80年代后期，苏联的TRIZ活动的基础设施已经逐步发展并初具规模，阿奇舒勒于1988年建立起TRIZ顾问系统。

2）TRIZ协会——正式的TRIZ活动

1989年，TRIZ协会在彼得罗扎沃茨克成立，阿奇舒勒当选TRIZ协会主席，会议推选了董事会，主要成员包括TRIZ杂志的编辑和TRIZ在CHOUNB（车里雅宾斯克）资料库的保管者。TRIZ杂志现已成为TRIZ协会认证的官方出版运营机构，TRIZ协会广泛且活跃的成员群体是决定其形成有效组织机制并且迅速发展的重要基础。

3）在TRIZ协会基础上成立国际TRIZ协会

TRIZ协会一直致力于推动建立一个国际性的TRIZ机构——国际TRIZ协会组织。1992年，两个标志开始同时在TRIZ杂志里出现：即"TRIZ协会"和"国际TRIZ协会"。苏联解体之后，俄罗斯在组织立法、结构方面和政府监管机构等制度上做出一系列重要变化，1999年，MATRIZ获得批准正式注册登记成为一个国际组织。

4）国际TRIZ协会——TRIZ协会的继任者

1999年9月16日，国际TRIZ协会在俄罗斯联邦司法部批准注册成立。在1999年发布的有关MATRIZ继承TRIZ协会的所有活动的一份书面协议声明文件中，MATRIZ继承了TRIZ协会的所有活动、所有的知识产权和一切财产所有权。至此，MATRIZ正式取代TRIZ协会，成为世界范围内公认的TRIZ专家团体。

2. GEN3和ITRIZS

GEN3 Partners，Inc.是一家总部位于波士顿的创新咨询公司，旗下有多名TRIZ大师和专家。除了直属职员之外，GEN3公司还构建了一个由8000多名专家群体（包括众多TRIZ大师、科学家和工程师等）所组成的庞大的全球创新知识网络。公司的TRIZ大师每年都发表许多TRIZ相关的理论研究成果，引导现代TRIZ理论研究的主流方向，包括MPV（main parameter of value，主要价值参数）、流分析、特性转移等现代TRIZ的内容，以及颠覆性技术与颠覆性创新、提高虚拟化进化趋势、如何用TRIZ来应对未来的市场竞争等新的创新发展理论。GEN3公司的专家群体凭借其优异的语言优势、深厚的理论功底和推陈出新的研究成果，活跃在全球各地，为许多行业提供了TRIZ培训、新产品开发、理论研究等服务。

国际TRIZ学会（ITRIZS）由美国Ideation国际公司的两位TRIZ大师（Boris Zlotin与Alla Zusman，两位都是与TRIZ发明者阿奇舒勒关系非常紧密的同事）以及多位TRIZ专家于2006年创办，学会总部设于美国密歇根州，目前该学会分支机构已经遍及世界各地，包括德国、印度、日本、英国以及中国等。ITRIZS致力于开发推广具有更先进水平的、融合了TRIZ系统理论模型与软件化的TRIZ系统模型的ARIZ-2017C创新体系。全球多家知名跨国企业集团由于获得ITRIZS的资格认证培训与项目咨询辅导，获得了可观的销售效益增长。

3. SIT 和 USIT

SIT（systematic inventive thinking，系统创新思维理论）的创始人为阿奇舒勒的学生费尔阔夫斯基(Falkowski)，他认为 TRIZ 过于庞大复杂的体系阻碍了其快速推广发展，TRIZ 发展的首要工作是对其进行简化。20 世纪 80 年代，费尔阔夫斯基开始进行简化 TRIZ 的研究工作，开发出了“以色列法”。费尔阔夫斯基的学生霍洛维茨（Horowitz）在“以色列法”的基础上开发出封闭世界法和质变图，形成了 SIT。

美国锡卡弗斯（Sickafus）在福特汽车使用并推广 SIT 理论的过程中，对其不断加以完善，形成了 USIT（unified structured inventive thinking，统一结构创新思维）的早期版本。

日本 TRIZ 专家中川彻（Toru Nakagawa）将 TRIZ 的 40 个发明措施、76 个标准解及英国 TRIZ 专家达勒尔・曼恩（Darrell Mann）的 37 个进化趋势集成到早期的 USIT 中，发展出了独特性法、维度法、多元法、属性配置法、属性转换法，将 USIT 归结为五项解答技巧，进而形成了一个更为简单、清晰和完善的 USIT，并于 2003 年公开发表。

4. U-TRIZ、赛博系统和智能 TRIZ 应用平台

中国学者赵敏、张武城、王冠殊等研究建立了一种以功能为最基本导向、以属性为研究理论核心的 TRIZ 理论体系，目标是实现理论研究方法和现实工具的统一，这个体系就是 U-TRIZ（Unified TRIZ）。U-TRIZ 旨在通过功能动作和作用对象的属性或属性参数，实现、调节以及操作功能，以功能动作为导向、以属性或属性参数为核心是 U-TRIZ 的理论特色。

U-TRIZ 认为功能效应与一个物质自身的属性直接相关，两个物质本身的属性可以形成一个功能效应，这个效应施加在作用对象上构成一个功能。属性是通向功能之桥，调节属性可以改善或重构产品的功能。

赵敏、张武城和王冠殊等对理想化的概念内涵进行了一系列反复深入思考分析和系统重新认识，提出了一种结构化的、逐步走向深入化发展阶段的理想化概念：理想化的最高价值标准是任何一个产品功能的实现都能够无为而治，自然得以实现。同时，他们深化了对物质-场的认识，认为万物其内皆有场，万物其外皆有场，场是构建数字化、信息化网络的基本要素，赛博系统（Cyber system）是基于物质-场的基本原理进行工作的，TRIZ 是工程系统向智能系统进化的基础。

2023 年，随着人工智能技术的快速发展，南京理工大学戚湧教授团队基于生成式人工智能，构建了智能 TRIZ 应用平台和知识产权大模型（简称 IP-GPT）。智能 TRIZ 应用平台是在人工智能专家系统的基础上，基于 TRIZ 方法结合发明创造知识库的相关典型案例，根据发明创造需求，自动向用户提出相对应的产品、技术工艺和模式等方面的发明创造方案建议，实现发明创造专家系统推理、发明原理推荐、技术矛盾解决、物理矛盾解决和物质-场分析等功能。IP-GPT 能够处理与知识产权相关的专业问题和任务，通过其深度学习能力和海量的训练数据来理解并回答各种复杂的知识产权问题。知识产权大模型的应用能够提高发明创造问题的解决效率，通过人工智能的匹配、学习、评估，输出更为智能、合理的创新解决方案。

1.2 发现、发明、创造、创新的概念

1.2.1 发现和发明

发现（discovery）是人脑对整个客观自然世界体系中前所未知的某些事物、现象特征及其运行规律的一种认识活动，发现活动的最终结果是绝对客观真实存在的，是不能够以个体意志为转移的，无论人类本身是否能对其有所主观认识，它都按照自身发展的固有规律而存在于客观现实世界系统中。对这种存在结果进行客观认识的一切活动及其过程实际上就是发现活动，如物质存在的许多本质、现象、规律法则等，不管当时是否被人类活动所彻底发现，它们都是一种客观事实存在，直到后来人类逐渐认识到它，这种认识就是发现。基于科学方法研究自然的一个目的，就是在于发现这些已经客观存在的、还没有被人类逐渐认识到的客观规律。

发明（invention）通常是指人类在各种社会活动中具有独创性、新颖性、实用性和时间性特点的创造性科学技术成果。发明也可表述为人类通过运用科学技术进行研究实验等，得到的创造性发明或者创造成果，这种创造成果包括有形的物和无形的技术方案等，在被发明出来之前在世界上是不存在的。发明创造通常具备三个属性，即创造性、新颖性和实用性。《中华人民共和国专利法》（以下简称《专利法》）对发明有所描述，即对产品、方法创新或改进的技术方案。

简而言之，发现和发明创造的最主要区别就是：发现是在试图认识这样一个未知世界，发明主要是要想办法改造这个世界。发现是正确回答“是什么”或“为什么”或“能不能”等问题，属于一种非物质形态的财富；发明则是回答“做什么”、“怎么做”和“做出来有什么用”等问题，是指科学知识成果的一种直接的物化，能够通过各种手段运用这种发明创造来直接创造社会物质财富。《专利法》规定，科学发现本身是不予授予专利的，对于那些具有专利“三性”，即新颖性、实用性和创造性的发明创造成果，可以授予专利，利用法律手段对发明创造成果进行保护。

16 世纪前的中国可谓是世界发明创造的大国，世界科技史上诞生的重大科学发明中大部分来自中国人民群众的智慧结晶，如表 1.1 所示，古代世界科技史上的 25 项重大发明有 16 项来自中国。

表 1.1 古代世界科技史上 25 项重大发明

序号	发明年代/年	国家/地域	发明者	发明名称	评价或影响
1	前 4000	埃及	不明	陶器	人类最早的人造容器
2	前 3500	美索不达米亚	不明	青铜器	人类最早的金属制品
3	前 3000	西亚	不明	玻璃	影响久远的新材料
4	前 2000	中国	不明	丝绸	开创丝绸产业，提高人们衣着质量
5	前 770～前 746	中国	不明	冶铁术	创造历史上起革命作用的最重要原料之一

续表

序号	发明年代/年	国家/地域	发明者	发明名称	评价或影响
6	前600	古希腊	不明	瓦	对房屋建筑产生深远影响
7	前507～前444	中国	不明	磨	对人类的机械制造具有极大的示范作用
8	前400	中国	不明	自来水	开创人类自来水产业
9	前206	中国	不明	十进位	李约瑟曾说："如果没有这个十进位制，几乎不可能出现我们现在这个统一化的世界了。"
10	前105	中国	蔡伦	造纸术	对人类文化的传播产生了广泛、久远的影响
11	前60	古罗马	恺撒	报纸	传播人类文化的最早载体
12	25	中国	不明	瓷器	对世界文明的独特贡献
13	25	中国	不明	水车、风箱	人类利用水力鼓风的早期工具
14	220	中国	不明	算盘	世界上最早的手动计算机
15	220～280	中国	马钧	指南车	一切自动控制机械的祖先之一
16	215～282	中国	皇甫谧	针灸术	中医学中最具独特风格的发明
17	约500	印度	西萨	国际象棋	世界上影响最久远的智力玩具
18	808	中国	不明	火药	曾改变了整个世界事物的面貌和状态
19	900	中国	不明	指南针	航海技艺方面的巨大改革
20	1000	中国	不明	曲酿酒术	为人类奉献了美酒佳酿
21	1041～1048	中国	毕昇	活字印刷术	人类印刷术史上的第一次革命
22	1247	中国	秦九韶	秦九韶法	世界数学史上解高次方程的最早发明
23	1453	德国	古登堡	印刷机	推动了世界铅字印刷机械化发展
24	1508	阿拉伯	不明	玻璃眼镜	人类第一种增强视力、有利于学习文化的新工具
25	1556	德国	阿古里科拉	螺丝钉	用于机件连接用途广泛的新元件

在世界发明创造历史中，中国是最早创新用桑蚕丝织绸的国家，自古即以“丝国”闻名于世，开启了丝绸产业。虽然现代已有多种化纤用于织造绸类产品，但中国传统丝绸仍受各国人民欢迎。

包括造纸术、火药、指南针、印刷术在内的四大发明对中国古代的经济、政治、文化的发展带来了巨大的推动作用和影响，它们通过各种途径传向西方，对世界文明的发展也产生了积极的引导作用。

人类社会发展史上，科学思维的创新、方法理论创新、工具技术手段创新推动了科学技术进步的每一次科技重大发现的突破和理论跨越，“创新”已经实实在在地转化成为推进现代科学技术进步和整个社会发展建设的基本理论动力。

那么，创新究竟是什么，它与发现、发明、创造之间有什么样的关联和区别呢？

1.2.2 创造和创新

创造活动无处不在，人们的日常生活中衣、食、住、行以及娱乐等一切活动都与创造息息相关。人类的创造活动和创造活动成果总是令人感觉到眼花缭乱，创造之间相互存在的巨大差异令人吃惊。例如，工厂中创造生产一个重大新产品，农业科技引进培育的一个蔬菜新品种，文学艺术领域诞生的一件新文艺作品，技术领域的一个重大发明创造或者改进的一个新的技术方案，管理或经营领域提出的一个商业销售管理的好点子，……甚至在我们的日常生活中随口提出的一个新技术窍门或一句新颖的诙谐幽默风趣的话，均属于创造的范畴。

那么，什么是创造呢？截至目前，世界各国知名的创造学学者还没有找到一个完全统一科学的概念定义，这在当代许多相对年轻的学科领域中是一种很普遍常见的现象。目前对创造的定义大致有以下几种。

（1）创造是指人们通过综合观念、形象解决问题，并由此而产生新事物时显示特异性的活动。这种说法强调了创造的“综合性”和“特异性”。

（2）创造是不同质素材的新组合。这种定义适用于科学、艺术、哲学等活动。其重点在“新组合”，并且是不同质素材的新组合。

（3）创造就是解决新问题、进行新组合、发现新思想、发展新理论。四个“新”强调了创造的创新特性，因此，“新异性”是创造的一个本质特点。

（4）创造就是依靠今日的条件对明日世界（未来梦想）的实现，其注重“今日”与“未来”时空的跨越。

综合分析，创造一般具有如下主要特征。

（1）主体性，即创造主体必须是现实的个人、群体或大众。

（2）控制性，任何创造都是主体有目的地控制、调节客体的一种活动，是主体为实现自身的目标而使活动作用于客体，并在创造活动中有控制地进行信息、物质和能量的交换。

（3）新颖性，凡是创造就意味着应当且必须产生出一种前所未有的新成果。

（4）经济性，即任何一种创造活动所产生的成果必须具有一定的经济价值。

（5）价值性，创造都应具有社会价值，能够促进社会进步，这也是创造的意义所在。

（6）综合性，任何一种创造都是主体辩证地综合来自各方面的信息，重新组织新信息的过程。从这个意义上说，综合就是创造。

把上述特征中的要点提取出来：创造的主体是人；创造是人有目的地控制和调节的活动；这种活动的产物是新颖的、前所未有的；这些产物要有经济社会价值；创造活动离不开综合信息、重组信息的过程。

因此，对创造本身的一般定义大致可归纳表述为：创造，是一种主体利用综合人类各方面信息，形成一定的预期目标，进而有效控制或调节其他客体从而产生有特定经济社会价值的、前所未有的创造性成果的一系列活动与过程。也可以说，创造就是指一种人们综合利用已知人类信息并提出某种更独特、新颖、具有创造性的经济社会价值成果的综合过程，是对创造活动本身的综合概括。其代表性成果一般包括各种新发展概念、新技术设想、新科学理论、新工业产品、新制造技术、新工艺等。

那么什么是创新呢？许多国内外学者已对创新进行了明确的科学定义，有代表性的科学定义有如下几种。

（1）创新是开发一种新事物到商用化的全过程。这一过程从发现潜在的需要开始，经历新事物的技术可行性研究阶段的检验，到新事物的广泛商业化应用为止。创新之所以被描述为一个创造性应用过程，是因为它产生了某种新的事物并得到商业化应用。

（2）创新是运用知识或相关信息创造和引进某种有用的新事物的过程。

（3）创新是对一个组织或相关环境的新变化的接受。

（4）创新是指新事物本身，具体说来就是指被相关使用部门认定的任何一种新的思想、新的实践或新的制造物。

（5）当代国际知识管理专家艾米顿对创新的定义是：新思想到行动（new idea to action）。

根据以上对创新的多种定义，本书概括认为：创新是指人在既有研究发现或发明创造成果应用的基础上，能够继续获得新内容的再发现，提出某种新理论的独特见解，开辟出新成果的商业化应用领域，解决一种新类型的实际问题，创造一个新内容的新鲜事物，或者还能够对一种其他研究成果再做出创造性工作的运用。

显然，创新应该具有很多的维度。有创意的东西之所以被称作创新，是因为它提高了企业工作的效率或巩固提高了企业的市场竞争者地位；是因为它显著改善了人们整体的工作生活质量等；是因为它会对经济建设产生具有根本性作用的影响。但创新本身并不意味一定要是个全新的东西，旧的东西以一些新的形式出现或与一个新事物相结合也是创新。

创新过程是各种生产技术要素进行的新组合，其基本目的是创造获取潜在的最大利润。经济发展中的确蕴藏着大量潜在丰厚的创造利润，但却远不是每个人都具备发现它和能获取利润的能力，只有努力从事创新活动的人才真正有可能获取这些潜在利润。从事一切创新的活动、使各类生产的要素经过重新组合的人称为创新者。在这里，创新者实际上不仅仅是指能够创造新事物的发明家，更是指具有创造性破坏能力，通过转变观念、制度创新、管理创新、改革培训等发现潜在价值的企业家。从一定意义上说，企业家之所以成为企业家，很大程度上取决于他们的创新精神。作为一家公司的经营管理者，企业家应当具备以下三个条件：一是要有能够发现市场潜在利润增长点的分析能力；二是要有投资胆量，敢于承担投资风险；三是要有团队组织能力。而这些往往是创新精神的内核所在。

创新按其实质，大致可分为科技创新和管理创新两类。

（1）科技创新。科技创新是指在科学研究的基础上，产生了新的科技成果，包括新产品、新材料、新工艺、新系统等方面的创新。科技创新通常需要高精度的实验和观测仪器、计算机软件的支持，需要较长的研发时间和高投入成本。

（2）管理创新。管理创新则是指在组织和管理上的创新，包括管理体制、管理方法、管理流程、管理文化、人力资源管理等方面的创新。管理创新不需要大量的实验数据和仪器设备，而是依赖于创新思维和创新能力，通常具有快速响应和低投入成本的特点。

科技创新是从技术角度出发，凭借技术优势实现产品或者生产过程的升级，开创市场。管理创新则是从组织角度出发，通过管理方式的优化，提高企业竞争力和效率。尽管科技创新和管理创新有明显的区别，但是两者之间也有一些联系。科技创新和管理创新都是创新发展的重要手段，二者相互支持、相互促进，共同推动创新高质量发展。

创造与创新，既相互区别，又相互联系。

创造的要义在于“造”，从无到有的生成、产出或制造，这些过程都属于创造。创新的要义在于“新”，生成的产品或物品，有别于以往的，是全新的或者部分更新的。显然与创造相比，创新更具广义性；新是创造的前提，也是创造的某种实现，创新是创造的核心所在。

在市场经济的作用下，更多的创造是为了创新。也就是说，创新是创造的目的性过程和结果，创新从创造开始，创造也包含于创新之中；另外，随着社会的发展，创新的速度和节奏在加快，使新技术、新事物出现，应用技术发明生产新产品，而且被广泛地应用到各个领域。这些领域产生的新事物比技术发明应用更多、更频繁，且发明与应用往往交织产生。

创新和创造本质是紧密关联的，因为一切创新活动是建立在人类发明创造行为的前提下的，它们具有的共性是：创造活动和创新实践都要搞出创新性成果，这些知识成果都要求新颖性和创造性。它们差异性是：创造成果不一定要具有社会性、价值性。创新成果是基于创造成果，将创造成果的核心充分凝练整合，把新创造设想、新概念技术发展提升到实际生产和创造应用之中，它代表了现代人类科学技术先进生产力和先进科学技术文化，有益于人类社会科学技术的繁荣进步。

总而言之，发现是“科学”范畴，发明是“技术”范畴，创造是“主体”范畴，这三者是创新的基础，创新是整个链条的“商业化”结果。发现和发明是标量，创造是矢量！

1.2.3 创新的重要性及瓶颈

创新，已经日益成为企业为获得强大竞争力并赢得快速发展先机的必由之路，在企业高速发展前进的过程中显得非常重要。从历史上已经倒下去的巨人中可以看到，创新的脚步一旦稍有懈怠，失败的脚步很快就会追上。唯有创新，加速创新，持续不断地创新，才能使企业跟上时代发展的步伐。但传统的创新方法效率低下，据 Stevens 和 Burley（1997）统计，一个商业上取得成功的产品需要 3000 个原始想法（图 1.1）。如此低的效率在其他领域是不可接受的，但在创新领域显得十分平常，因此通常认为创新是十分困难的。

与世界上的主流创新国家一样，中国也从不同层面上鼓励创新，但是如何创新却是没有标准答案的。那么究竟是什么阻碍了创新？思维惯性、错误的问题导向、重复地解决问题、较高的试错成本等都是创新道路上的潜在杀手。

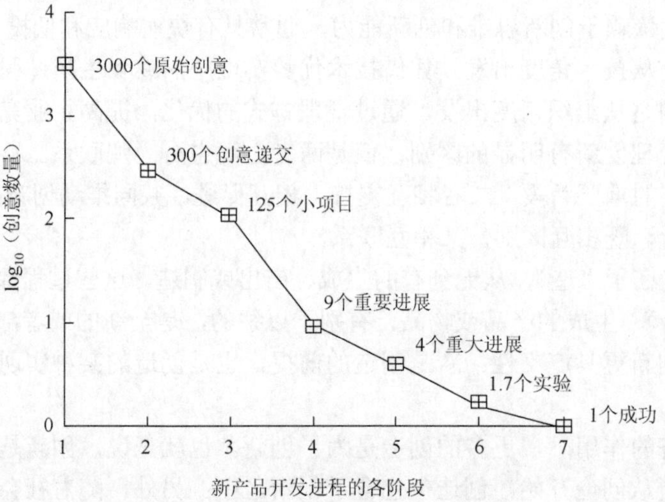

图 1.1　一个成功的产品需要 3000 个原始想法

1. 思维惯性

研发技术人员由于自身能力、技术水平以及知识体系的局限性，可能只知道并关注着属于自己专业领域的历史及未来发展，对一些属于自己专业研究领域以外的新事物却知之甚少，这也就容易产生固有思维定式，正所谓隔行如隔山，遇到问题时他们往往会先想从那些自己本身比较熟悉的研究领域中寻找答案，而很少能够尝试在其他并不完全熟悉的相关领域里面去寻找一个解决方案。问题的最佳解决方案却往往可能在另外的某一个领域，从而导致为了解决好问题需要投入巨大的资金，人力物力成本的比例过高，解决完这个问题需要持续花费的时间将会变得过长，而且解决方案也不是最优。有人曾经统计出一个规律：在一个专业领域中研究得越深，就越难从这个领域中跳出来。折中的倾向就是工程师陷入惯性思维，不能跳出自己熟悉的知识领域。

2. 错误的问题导向

有些情况下研发小组人员没有经过深入系统缜密的理论思考，只是想当然地认定了当前这个问题就是要解决的根本问题，在整个项目的进行过程中他们才渐渐发现这个问题相当难以解决。有的项目在技术方面取得了突破，但由于解决的是客户并不关心的问题，所以并没有将其转化为收益，从而造成了浪费。

3. 重复地解决问题

工程师所遇到的某一个重大技术难题，对于他自己来说有可能是一个全新技术问题，但对于一些其他行业工程师来说有可能已经有了一个还不错的技术解决方案。或者这个重大技术问题对于某一企业内部的一些工程研发人员来说是一个全新的技术问题，但对于某些其他的企业员工来说可能已经有了比较成熟有效的解决方案。某个行业范畴内产生的某种新技术问题，在一个其他技术行业中可能曾出现过，而且已经提出了一个类似问题的解决方案；也就是说它其实不是一个什么新的问题了。但由于技术知识面领域的巨大局限性，他们可能并不知道一些其他相关领域已经存在的技术解决方案，所以也不能及时地去将这个技术解决方案移植过来，从而导致产品研发效率低下。

4. 较高的试错成本

不同于专门从事技术研发的高校、科研院所等机构，企业核心技术的研发工作对产品时效性方面的要求会非常高。如果不能比任何一个竞争对手更快一步地去解决这个问题，也就很难在这个市场环境中时刻处于有利的地位，获得竞争优势。而化解这个复杂局面的一个极重要的方法就是试错法——即要不断地重复试验，不断地进行尝试，直到找到一套合适的方案。但是，这种研究方法需要投入大量的时间，并会造成大量的试验资源浪费，导致实际开发成本过高，得到的解决方案也不一定很理想。伟大的发明家爱迪生在第一次发明灯丝的时候也曾经反复做过1000多次的试验，结合当前的时间成本和资源成本观点来看，试错法并不是一种明智的做法。

1.3　发明问题的解决理论

1.3.1　TRIZ 简介

TRIZ 的诞生可以追溯到 1946 年，也就是第二次世界大战结束后不久。在苏联，以阿奇舒勒为首的研究人员开始研究 TRIZ 的理论和实践，其主要目的是研究人们在发明和解决技术问题时遵循的共同科学原则和规则。在研究分析了 250 万篇专利文献后，阿奇舒勒发现，在解决所有技术问题时都有一定的模式，通过分析大量好的专利并提取解决问题的解决方案，可以为人们学习和获得创新发明能力提供参考。为此，由来自苏联的大学、研究机构和企业等1500多人组成的研究团队对数十万项专利进行了分析和研究，总结了技术发展进化所遵循的客观趋势和规律，提取了解决不同技术和物理矛盾的发明原理、定律与法则，并从中提炼了 TRIZ 的基本原理，如图 1.2 所示。

在冷战时期，TRIZ 理论的秘密研究也一直都作为苏联的国家机密而加以特殊保护，在军事工业、航天航空等领域发挥着巨大的作用。在苏联解体之前，以美国为首的西方国家对苏联在军事工业中的创造力和创新奇迹感到惊讶，并围绕 TRIZ 理论开展了长期的情报研究活动。苏联解体后，大批在苏联发展 TRIZ 研究的技术科学家逐渐迁移到西方国家，如美国，TRIZ 技术理论的相关基础研究和应用开发与实践也得到了推广和迅速发展。TRIZ 理论回答和概括了人类进行发明创造、解决具体技术问题过程中所共同遵循的一种共同性的基本科学原理、定律和法则，已被公认为世界级的创新方法。目前许多跨国公司都采用 TRIZ 作为其核心创新方法，如三星、摩托罗拉、通用电气、中兴通讯、广州无线电集团等。

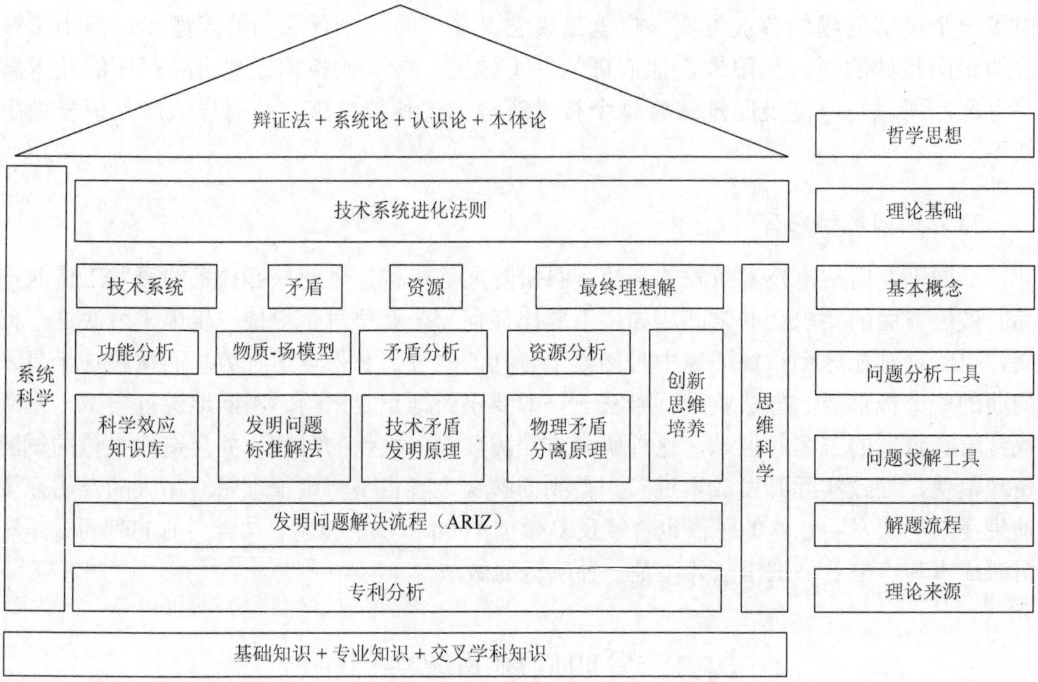

图 1.2　经典 TRIZ 的理论体系结构（丁雪燕和李海军，2009）

1.3.2　TRIZ 发展简史

根据 TRIZ 理论衍生发展的思想内容及时间范围，TRIZ 学说又进一步划分为经典 TRIZ 理论和现代 TRIZ 理论。经典 TRIZ 理论模型主要指那些由阿奇舒勒自己或他的弟子设计开发完成的模型，并经过研究论证获得他本人所认可后逐渐形成的 TRIZ 理论框架模型及理论研究工具（从 20 世纪 40 年代中期到 80 年代）。现代 TRIZ 理论方法则主要是指苏联解体后（从 20 世纪 90 年代至今）开始研究并在实践中发展总结出来的各种新型 TRIZ 技术方法和基本理论工具。具体 TRIZ 发展历程如表 1.2 所示。

接下来详细比较经典 TRIZ 理论和现代 TRIZ 理论的异同。

经典 TRIZ 理论阶段：主要思想内容都是对阿奇舒勒理论的重大理论性贡献，主要代表工具是解决矛盾、发明问题解决算法、进化法则和标准解等，这些工具大多为解决问题的工具，即遇到问题后如何利用常规思维想不到的方法去解决问题，突破思维惰性，提出创新解决方案。起源于专利分析，没有体现出问题分析的环节。

现代 TRIZ 理论阶段：目的在于找到准确的问题去解决。分析问题的工具开始流行，如功能分析、剪裁、因果链、特性传递等工具。阿奇舒勒的弟子将那些来自其他研究领域中的分析问题的工具引入到 TRIZ，阿奇舒勒认可并使这些理论成为 TRIZ 理论体系一部分，弥补了经典 TRIZ 理论在分析问题理论上存在的不足。

表 1.2 TRIZ 发展历程

年份	TRIZ 发展内容
1946～1950	阿奇舒勒开始对 TRIZ 展开研究，并且意识到解决技术矛盾在解决实际技术问题中的关键作用
1969	阿奇舒勒创建了 AZOIIT（阿塞拜疆发明创造力公共学院），成为苏联第一个 TRIZ 的培训和研究中心。 阿奇舒勒建立了 OLMI（一个发明方法的公共实验室）：第一个致力于倡议在全国范围内团结努力发展 TRIZ 的公开资源
1975	引入一种解决发明问题的新方法：物质-场模型（su-field model）
1985	ARIZ85 出现并成为唯一被正式广泛接受的 ARIZ 的版本。 发明的标准解系统按照技术系统的结构分为 5 个大类，其中包括 76 个标准解（至今仍在使用）。 除了物理效应库，还发展了几何和化学效应库
1989	首个 TRIZ 软件 Invention Machine™由 Invention Machine 实验室发布（后来经过 Invention Machine 公司逐步开发演变为 TechOptimizer™和 Goldfire Innovator™），其中包括功能分析，40 个发明原理，解决技术矛盾的矛盾矩阵，76 个标准解，物理、化学和几何效应库和特性传递（feature transfer）（也称为替代系统合并，alternative system merging）。 俄罗斯 TRIZ 协会成立
1990～1994	1990 年，俄语杂志 TRIZ Journal 俄文版出版（由于财政原因在 1997 年中断，2005 年重新出版）。 美国 Ideation International 公司发布了一个新的 TRIZ 软件包 Innovation Workbench™。 V.Timokhov 出版了生物效应库
1994～1998	俄罗斯 TRIZ 协会成为国际 TRIZ 协会。 1998 年，阿奇舒勒去世
1998～2004	不同组织 TRIZ 专家开发了属于自己版本的 TRIZ（I-TRIZ、TRIZ＋、CreaTRIZ、OTSM-TRIZ），为避免混淆，1998 年以前在阿奇舒勒的引导下发展的各种 TRIZ 工具命名为“经典 TRIZ”（classical TRIZ）。 出现了解决技术矛盾的新版矛盾矩阵（如 2003 版矛盾矩阵，这是使用最广泛的矛盾矩阵）。 出现了适应在不同应用领域（商业、艺术、建筑、具体的行业等）使用的 40 个发明原理。 TRIZ 简化版本出现，SIT 及其演化［例如，高级系统的创新思考（advanced systematic inventive thinking，ASIT 和 USIT）］
2004～2008	一些帮助复杂问题的分析和管理的新工具出现，而这仍然是 TRIZ 的薄弱环节：分解发明问题的根本矛盾分析，问题流程技术，为了复杂问题设计矛盾网状的问题网络。 基于以前的研究出现的新工具，如混合（进一步发展为替代系统合并）、功能线索（function clues）、失效预测分析（anticipatory failure determination，AFD）、功能导向搜寻、商业系统标准解、系统进化趋势雷达图。 ARIZ 的新实验版本的出现，以及新的技术进化趋势路线的提出。 许多尝试把 TRIZ 和现代质量管理的方法进行整合（如质量功能展开），如六西格玛（TRIZ 与六西格玛设计的集成）

1.3.3 发明的五个级别

在人类社会进化与文明发展演变的历史长河中，无数科技先贤发挥其自身科技创造力成功推动了人类社会经济的发展。今天再来回顾世界科技历史长河，我们往往只能注意到那些曾真正给人类社会生产力迅速发展带来巨大历史社会影响的重大科学技术发明及产品创造，例如，制陶技术的发展为早期人类提供了人造的陶瓷容器；冶金技术的发展为人类提供了早期的金属制品；十进位计数法则为后来各种科学方法理论的广泛深入系统发展与研究奠定了良好的数理基础条件等。但却很少有人能够注意到那些只是在对人类已有事物进行改造的修修补补式的小发明、小创造。正是因为有了众多简单的实用小发明、小产品、小创造的叠加整合，才逐渐有了今天我们看到的各种各样功能相对完善、结构原理又相对合理实用的生产工具、设备器材和各类生活用品。所以，无数伟大的发明的确给经济社会的长期高速稳定的发展提供了强有力的推动力，而那些数量庞大的小发明更是那些伟大发明创造的内在基础。因此，以阿奇舒勒为首的 TRIZ 专家认为有必要对发明进行分级，针对不同级别的发明选择合适的解决方案。

1. 发明的创新水平

在阿奇舒勒开始系统性地对数量庞大的专利数据进行深入分析、研究总结之初，他就遇到这样一个无法回避的核心问题：如何才能评价一个专利的实际创新水平呢？

众所周知，一项重要技术成果之所以最后能通过各国专利局审查，获得专利证书，必定是其有某些创造性。但是，在众多的专利当中，有很多的技术专利其实只是在一个现有技术的基础上，仅进行了一点很微小的改变，对现有技术的部分功能进行改善，进而使产品更有效地满足消费者的实际需求；另外有一些重要的专利则是开发出了某一种全新的技术系统，此类专利技术进一步发展为行业的必要核心技术，能够实现企业和消费者价值的双重飞跃。显然，这两种专利在总体创新技术水平指标上是有明显差别的，但是，如何制定一个相对全面客观统一的比较标准，来衡量评价二者在科技创新水平上的显著差异呢？

从现行法律角度分析来看，专利本身的作用就是准确地确定出一个权利边界，在这个边界范围之内，用法律的有效形式去对技术领域上的重大创新成果进行经济利益的合理保护。换言之，法律解决的是某一技术发明成果的创造性是否达到能够被授予专利的程度。中国的专利法将专利分为发明、实用新型和外观设计三类，粗略地将发明成果进行创造性由高到低的分级。

但是，从产品技术研发的专业角度来看，判断某一个具体产品或创新技术是否确实具有技术创新性，创新化程度的高低，最重要的是要从中识别分析出该创新产品或新技术发展的核心创新驱动力是什么。从技术角度上来说，一项重大创新技术通常会表明已经完全或部分解决了一个重大技术矛盾。克服现有技术系统中可能存在的技术矛盾，一直被认为是技术创新中的主要技术创新特征内容之一。

2. 发明级别的划分

发明的独特之处之一就在于有效解决现有矛盾，解决了现有的技术系统运行中可能存在着的某些问题。但是专利是对一项发明技术成果的最低要求，获得专利授权并不意味着该项发明创造拥有高度的创新价值。如何从这些多如牛毛的专利列表中去找出其中那些具有创新分析价值意义的专利呢？阿奇舒勒提供了一种用于评价专利创新性分析的标准。按照专利创新性分析方法的标准不同，阿奇舒勒研究组将新专利类型分为以下五个分类级别，如表 1.3 所示。

表 1.3 发明的五个级别

发明级别	创新程度	知识来源	试错法尝试	比例/%
第一级	常规设计：对系统中个别零件进行简单改进	利用本行业中本专业的知识	<10	32
第二级	小发明：对系统的局部进行改进	利用本行业中不同专业的知识	10～100	45
第三级	中级发明：对系统进行本质性的改进，大大提升了系统的性能	利用其他行业中本专业的知识	100～1000	18
第四级	大发明：系统被完全改变，全面升级了现有技术系统	利用其他科学领域中的知识	1000～10000	4
第五级	重大发明：催生了全新的技术系统，推动了全球的科技进步	所用知识不在已知的科学范围内，是通过发现新的科学现象或新物质来建立全新的技术系统	100000	<1

1）第一级发明

这类技术发明一般是指在其本专业领域范围内进行的正常设计，对已有的系统结构作一次简单技术改进、试验与技术仿制。这一类发明问题的解决，依靠发明设计工作人员自身掌握的设计常识技巧和一般的工作经验积累就可以独立完成，是发明级别层次最低的发明，被阿奇舒勒认作不是发明的发明。利用试错法去解决类似这样简单的设计问题，通常也只需进行重复 10 次及以下错误的尝试。

例如，增加一层隔热墙体材料，以显著减少室内建筑物内的辐射热量损失等；或者将原来单层玻璃门窗改为采用双层中空玻璃，以大大增加室内窗户表面的保温性和隔音装饰效果等；用一种大型的拖车来代替各种普通农用卡车，以有效实现其运输使用成本方面的明显降低。该类发明数占所有发明总数的近 32%。

2）第二级发明

这类新发明是指设计者在考虑解决某一个技术问题时，对现有的系统或者系统中某一个组件进行技术改进，是一类解决了技术矛盾后的发明。这一类技术性问题的解决，主要涉及发明人所属专业学科内所已有技术的主要理论知识和应用经验，同时设计研发人员还需要具备所在学科中其他不同专业领域方面的知识。解决这类技术问题使用的方法一般是折中法。这种技术发明能小幅度地提高现有的技术系统的性能，属于一种小发明。

利用试错法要解决这样的技术问题，通常需要预先进行 10～100 次尝试。该类发明总数约占所有发明总数的 45%。

3）第三级发明

这类发明是指对已有技术系统内的若干个系统组件进行改进。这类技术问题的成功解决，需要广泛运用某一学科门类的整体理论知识，而非局限于某几个专业技术领域。在研究设计发明的过程中，设计研发人员为了研究解决各类技术之间普遍存在并变化着的某些技术矛盾，经常需要深入了解大量来自其他相关专业领域中的技术知识。

在这类发明创造的研发过程中，为了解决技术矛盾和物理矛盾，可以选择用一些组合的物理效应。例如，利用汽车电动助力控制系统来代替普通机械控制系统；在汽车变速器上可以用汽车自动液压换挡器系统以代替汽车机械的换挡制动系统等；或者在电子冰箱控制中可以用单片机来控制空调温度控制器等。

这类发明能从根本上提升现有技术系统的性能，属于中级技术发明。利用试错法去解决类似这样的复杂技术问题，通常都需要重复进行 100～1000 次的尝试。该类发明数约占所有发明总数的 18%。

4）第四级发明

这类发明一般都是指在保持了原有功能基本不变的前提下，用组合优化的创新方法重新构建出新的技术系统，属于大发明，通常是指采用一套全新的设计原理来设计实现技术系统原有的主要功能，属于重大突破性技术创新，能够实现技术系统的全面升级优化。

在原有的技术系统中存在大量的技术矛盾，这些技术矛盾通常是运用各种其他科学技术领域中的方法来解决，进而设计研发出一套全新的技术系统。因此设计研发人员需要大量学习来自其他不同的科学领域的理论知识和应用技术，加强多学科理论层面的知识交叉，从了解科学底层结构的角度入手，充分系统地挖掘利用相关科学知识、科学原理技术来实现发明。

利用试错法要解决这样复杂的问题，通常需要进行 1000～10000 次的尝试。该类新发明在所有发明总数中所占比例一般小于 4%。

5）第五级发明

这种技术发明催生了全新时代的技术系统，推动了全球的巨大科技进步，属于人类的重大发明。利用试错法去解决这样复杂的问题，通常都需要连续进行 10 万次及以上的重复尝试。

这时，当前人们普遍已掌握的基本科学范围已无法做到完美解决此类技术问题，需要通过进一步发现新的科学现象或认识新物质来重新建立某种全新知识体系来建立新的技术系统。对于这一类发明技术来说，首先必须要发现问题，然后需要再逐步探索一种新的科学原理方法来最终解决发明技术任务。本级发明中出现的发明也为现代物理科学研究过程中存在许多重要物理问题的初步解决带来了希望。支撑着这种新发明产生的一些新知识又为今后开发许多新技术系统提供了保证，使未来人们还可以考虑用其他更好的科学方法来解决众多现有的科学矛盾，使新技术系统理论向实现最终理想方向迈进了一大步。

一般的技术设计研究人员通常没有能力来研究解决这一大类技术问题。这一类的技术问题的研究或解决，主要是依据人们对人类各种社会自然规律或在某些技术科学原理方面进行研究得出的新技术理论与发现。例如，计算机、蒸汽机、激光、晶体管技术等人类科学技术发展的一些首次与重大发明。该类发明的总数仅占到了所有发明总数的 1%或者更少。

3. 发明级别划分的意义

在以上所列出的全部五个创新发明级别中，第一级的科技发明本身谈不上是科技创新，它只是对其整个现有的技术与系统功能设计的进一步优化改善，并没有直接解决在该创新技术系统中出现的任何一个技术矛盾；第二级和第三级的发明解决了某些技术矛盾，可以看作技术创新；第四级的发明本身改进并发展完善了现有某一个应用的技术系统，但它又并没有根本地解决某种现有技术问题，而是为了开发出某种新应用或新技术来代替原有应用或技术以解决问题；第五级的技术发明是指人们利用科学技术领域里发现研究出的新科学技术现象、新技术原理等来继续推动现有领域的新技术系统达到更高层面上的科学水平。

阿奇舒勒认为，第一级发明过于简单，不能成为具有现实科学研究参考或者借鉴应用价值方案的基础；但第五级发明对于从事普通科研和研究应用的工程技术人员来说又过于深奥繁复和困难，也不具有实际科学参考与研究价值。于是，他决定着手从海量的技术专利中将那些属于第二级、第三级和第四级专利的技术挑出来，进行综合整理、研究、分析、归纳、提炼，最终发现了隐藏在这些技术专利背后的规律和原则。

TRIZ 原理是指阿奇舒勒在长期系统分析研究第二级、第三级和第四级发明专利的实践基础上而系统地归纳、总结并得证的科学规律。阿奇舒勒曾公开明确表示：利用 TRIZ 方法将可以帮助技术发明家将其发明的技术级别提高到第三级和第四级水平，而对于那些第五级的技术发明则无法通过 TRIZ 方法来完全解决。发明级别对发明的水平、获得发明所需要的知识以及发明创造的难易程度等有了一个量化的概念。

1.4 本章习题

1. 单选题

（1）按照创新性的不同，阿奇舒勒将专利分为（　　）个级别。

A. 3　　B. 4　　C. 5　　D. 6

（2）创新指在既有发现或发明成果的基础上，能够获得新的发现，提出新的见解，开辟新的领域，解决新的问题，创造新的事物，或者能够对其他成果做出创造性的运用，实现（　　）。

A. 商业化　　B. 技术化　　C. 产品化　　D. 产业化

（3）发明（invention）是指具有独创性、新颖性、实用性和（　　）的技术成果。

A. 时间性　　B. 可操作性　　C. 快捷性　　D. 盈利性

（4）阻碍创新的因素有（　　）：①思维惰性；②错误的问题导向；③重复解决问题；④试错法成本过高。

A. ①②③　　B. ②③④　　C. ①③④　　D. ①②③④

（5）不属于经典 TRIZ 理论的问题解决工具的是（　　）。

A. 物质-场分析的 76 个标准解　　B. ARIZ 算法

C. 科学效应库　　D. A 型图解法

2. 判断题

（1）发现和发明的区别主要是：发现是认识世界，发明是改造世界。（　　）

（2）创新设计所依据的科学原理往往属于本领域。（　　）

（3）创新是在人类发明创造基础上产生的。（　　）

（4）创造是人有目的地控制和调节的活动，其产物只需满足是新颖的、前所未有的即可。（　　）

（5）阿奇舒勒认为第一级的发明也算是创新的一种，因此他对第一级发明也着重进行考察。（　　）

3. 论述题

（1）请简述发现和发明的区别。

（2）请简述创造和创新的区别。

（3）请简述思维惰性的产生原因。

（4）请简述 TRIZ 产生的目的及其主要内容。

（5）请简述发明创造的五个级别。

第 2 章　传统发明创造思维方法

在阿奇舒勒提出 TRIZ 理论之前，人们尚未掌握科学高效的发明创造方法，传统的发明创造方法一般对使用者在不同技术领域的基本知识掌握程度要求不高，在实际应用中，它通常与用户经验、技能和知识积累的程度有关。本章介绍的五种传统发明创造思维方法产生于 19 世纪末 20 世纪初，包括试错法、头脑风暴法、形态分析法、和田十二法和焦点法，分别对其特点、方法的实施以及优缺点进行阐述。

2.1　试　错　法

波普尔（Popper）深受爱因斯坦思想的影响，以批判归纳法为基础，建立了创新性的科学方法——试错法，为现代科学方法灌注了新的血液。试错法是指人们运用各种各样的方法或理论，逐渐减少不可行的方案，最终获得正确解决方法的创新方法。

试错法的发明创造成果在 19 世纪是非常卓著的。钻井设备、转化器、电动机、变压器、发电机、电灯、山地掘进机、离心泵、内燃机、炼钢平炉、钢筋混凝土、硫化橡胶、汽车、地铁、飞机、收音机、电报、电话、照相机等发明都是由试错法带来的。据记载，爱迪生在发明电灯时，尝试过 1600 多种耐热灯丝材料和 600 多种植物纤维灯丝材料，试验了 7000 多次，历经 13 个月，终于找到了可以点燃 1200 小时的灯丝材料，为人类带来了光明。爱迪生发明电灯所采用的方法就是反复试验的试错法。

2.1.1　特点

试错法的本质是排除法。波普尔认为：“如果测试的结果表明理论是错误的，那么理论就被排除在外；试错本质上是排除的方法。”从根本上讲，试错是一种通过试错、批评和测试来消除错误的方法。它的主要特点是探索性、批判性和检验性。

探索性，研究人员总是使用试错法来初步提出解决方案或理论或假设，并通过寻求和消除错误，逐步寻找问题的最优解决方案。试错法的成功主要取决于进行了多少次试验以及是如何进行的。执行试验的次数越多，成功一次的可能性就越大。在试验过程中，发现低效路径也会增加成功的可能性。

批判性，标志着试错法是一种理性批判法。波普尔认为，试错法作为一种科学方法，主要是批判的方法。批判是在理性指导下进行的，包括批判性辩论、理性讨论方法和批判性反思，包括批判地选择更好的理论和消除错误的理论。波普尔指出，不仅要批判别人的理论，还要敢于批判自己的理论。

检验性，说明试错法在消除错误之前，要经过严格的批判性检验。波普尔认为，试验和批评是密切相关的，试验需要遵循一定的路线或路径。他还提出了四条检验理论的途径：①结论之间的逻辑比较，检验理论体系的内在一致性；②考察该理论的逻辑形式，目的是检验该理论是否具有实证理论或科学理论的性质；③与其他理论进行比较的主要目的是检验该理论是否经得起各种考验，是否符合科学解释；④通过实证应用理论得出的结论对理论进行检验。

2.1.2　方法的实施

如图 2.1 所示，在迷宫的每个位置，都有两个以上的方向可以选择，那么每在一个岔路口选择一个方向，即做了一次选择和试验，如果最终遇到闭路口，所选路径即是错误的路径。要查找所有路径，必须确保一条路径不能在同一位置被占用两次或两次以上，确保单条路径不会重复走过同一位置，通过不断地选择与排除，最终可以找到正确走出迷宫的路径。

图 2.1　迷宫

对解决简单的发明问题（第一级和第二级），试错法效果明显，此时可能的解决方案数目不超过 10 个或 20 个，找到正确的解决方案并不困难。对于较复杂的发明问题（第三级），由于可能存在成百上千个解决方案，试错法的效率很低，解决发明问题的周期长，成本高。

2.1.3　优缺点

从合理性方面来看，试错法有以下两方面优势。

（1）有助于培育问题意识。问题意识对社会科学研究起着重要作用，试错法这种从问题出发的研究方法恰好有助于培育问题意识。通过不断地进行验证、排除，去解决旧问题从而进一步探索新问题，都是在问题意识的引领下丰富和发展科学知识。爱因斯坦曾经说过：提出问题往往比解决问题更重要。解决一个问题只需要通过特定的方法、策略，按程序进行，而提出一个问题往往需要从新的角度、新的立场出发去思索，进而提出具有科学意义的问题，从而推动科学的不断进步。

（2）主张以科学态度对待错误和批判。在波普尔证伪主义理论诞生之前，科学研究方法都是以“证实主义”为大前提，对于错误和批评，人们通常采取消极和抗拒的态度。波普尔指出知识的易错性，主张对“错误”采取科学态度，并倡导批判精神。错误是不可避免的，关键在于对错误的态度。只有属于真理的概念才允许对错误进行合理的讨论和理性的批评，并使理性的讨论成为可能。也就是说，找到对错误的批判性讨论是尽可能消除错误的严肃目标，以便更接近真理。该理论主张对“错误”持积极态度，动摇了基于科学归纳的无误理论的长期地位，将科学方法论带入了一个“能犯错误”的时代，赋予错误和批判合理性，在发现错误的基础上积累经验、寻求真理，有利于人们大胆地进行实践探索。

从不合理性方面来看，试错法有以下两方面不足。

（1）片面夸大证伪、批判的力量，走向绝对化。在波普尔看来，演绎、归纳、分析等建立在实证主义基础上的其他科学方法都是存在问题的，故而将试错法定性为唯一的科学方法。从这方面来看，试错法片面夸大了证伪和批判的力量，否认了客观真理的存在，因此试错法存在一定的主观唯心主义错误。

（2）耗费过多的时间和精力。从问题出发到检验、批判，直到出现新问题，如此模式循环往复直至无穷的过程，需要耗费相当多的时间和精力。并且，无法保证在有限的时间和条件下一定能找到最优方法或者解决方案。

2.2　头脑风暴法

头脑风暴法由 BBDO（Batten，Barton，Durstine，Osborn）广告公司创始人亚历克斯·奥斯本（Alex Faickney Osborn）于 1939 年首次提出，并于 1953 年在《应用想象》一书中正式提出。

头脑风暴法又称智力刺激法、自由思维法或诸葛亮会见法。它的目的是产生新的想法或激发创造性的想法。头脑风暴法通常是指一群人用自己的大脑进行自由、创造性的思考和联想，并表达自己的意见，使各种想法相互碰撞，在脑海中引发创造性的“风暴”，在短时间内提出大量解决问题的想法。头脑风暴法是当今最著名和最实用的集体创造性解决问题的方法，参与者可以在不受任何约束的情况下表达和提出他们的想法。

2.2.1　特点

头脑风暴会议之所以会诞生大量新创意，主要有以下原因：①在轻松、融洽的气氛中，每个人都能敞开想象，自由联想，各抒己见；②能够产生互相激励、互相启发的效果，每个人的创意都会引起他人的联想，引起连锁反应，形成有利于解决问题的多种创意；③在会议讨论时更能激发人的热情，激活思维，开阔思路，善于突破思维定式和旧观念的束缚；④竞争意识使然，争强好胜的天性，会使与会者积极开动脑筋，发表独到见解和新奇观念。

使用头脑风暴法解决问题时，为了减少群体内的社交抑制因素，激发新思想，增强团队的创造力，必须遵循以下基本规则。

（1）暂缓评价。暂缓评价是在提出想法的阶段，只注重提出想法而不进行评价。批评现有观点不仅占用宝贵的时间和智力资源，而且容易使每个人都处于危机感之中，使其演讲变得谨慎和保守，从而遏制新观点的诞生。因为所有的想法都有可能成为好的观点、方法，并激励他人产生新的想法。参与者专注于丰富和扩展他们的想法。这种将"评价阶段"放在后面进行的"延迟评判"策略，可以营造一种有利于畅所欲言的氛围。

（2）鼓励提出独特的想法。与会者在轻松的氛围下各抒己见，避免人云亦云、随波逐流、思维僵化，有利于提出独特的见解，甚至是异想天开的、荒唐的想法。这样便可能开辟新的思维方式，提供比常规想法更好的解决方案。若要产生独特的想法，可以反过来看问题，也可以换一个角度考虑问题等。

（3）追求数量。奥斯本在解释这一原则时引用的调查结果表明，即使在同一次头脑风暴会议的后半部分，同时思考两次或两次以上想法的人也可以产生高达78%的好想法。如果追求方案的质量，容易将时间和精力集中在对该方案的完善和补充上，从而影响其他方案的提出和思路的开拓，也不利于调动所有成员的积极性。如果头脑风暴会议结束时有大量的方案，就极可能发现一个非常好的方案。因此，头脑风暴法强调所有的活动应该以在给定的时间内获得尽可能多的方案为原则。为此，与会者应该解放思想，无拘无束地、独立地思考问题，每个参与者都不需要担心他们的想法或言论是否离经叛道或荒谬。

（4）重视对想法的组合和改进。可以将他人好的想法进行组合，取长补短，进行改进，以形成一个更好的想法，从而达到 1＋1＞2 的效果。与单纯提出新想法相比，对想法进行组合和改进可以产生出更好、更完整的想法。所以，头脑风暴法更好地体现了集体智慧。

2.2.2　方法的实施

首先，确定课题，选择一个单一明确的问题，如果处理对象较为复杂，可先将其分解成若干简单的小课题，从中选择一个合适的议题；其次，会前准备，选择善于启发和鼓励的会议主持人，组成头脑风暴法小组，保持小组成员之间的信息对称，防止后期形成先入为主的情况；然后，头脑风暴会议，主持人宣布议题，与会者充分发表意见，并对所有的意见和方案进行记录；最后，创意评价，确定创意的评价和选取的标准，比较通用的标准符合可行性、效用性、经济性、大众性等。在风暴会议后，要对创意进行评价和选择，以便为要解决的问题找到最佳解决方法。

例如，某蛋糕厂为了提高核桃裂开的完整率，对"如何使核桃裂开而不破碎"进行了一次小型的头脑风暴会议，会上大家提出了近100个奇思妙想，但似乎都没有实用价值。其中有一个人提出："培育一个新品种，这种新品种在成熟时，自动裂开。"当时认为这是无稽之谈，但有人利用这个设想的思路继续思考，想出了一个核桃被完好无损取出的简单有效的好方法：在外壳上钻一个小孔，灌入压缩空气，靠核桃内部压力使核桃裂开。

2.2.3　优缺点

现代发明创新课题涉及技术领域广泛，因而靠个别发明家的冥思苦想来求得问题解决的方法收效甚微。相比之下，类似头脑风暴法这种群体式的发明战术则会显得效果更好。

作为一种令人愉悦的活动，头脑风暴法通常被参与者欣然接受。总体上说，头脑风暴法适合解决相对简单和严格定义的问题，如研究产品名称、广告口号、销售方法、产品的多样化等。集体讨论能够产生更多的高质量创意，提高工作效率，有利于将他人的创意加以综合与发展，从而形成更有价值的问题解决方案。

头脑风暴法在实施过程中也存在一些问题。例如，若会议违背了“暂缓评价”规则，出现消极评价，甚至相互批评或谴责，将妨碍与会人员的创意热情，降低创意质量。一些地位较高的人或权威可能会对其他与会人员施加各种压力，使他们很难产生突破性创意。恰当选择主持人和与会人员，可以避免个别人或权威带来的不利影响，有利于营造轻松自由的氛围。

2.3　形态分析法

1943 年第二次世界大战期间，兹维基（Zwicky）参与了美国火箭开发团队，在一周内，他提交了 576 份不同的火箭设计计划，其中几乎包括当时制造火箭的所有可能设计。1948 年，兹维基发表了他的构思技巧——形态分析法。

形态分析法是一种从系统论的观点看待事物的创新思维方法，是由美国加州理工学院教授兹维基创立的，后来与英国矿物学家莱格特（Leggett）合作发展完善。它对搜索问题的解决方案所设置的限制很有用处，利用它可以对解决方案的可能前景进行系统的分析。

2.3.1　特点

形态分析法的特点是从系统的角度看待事物。首先，将研究对象或问题划分为一些基本组成部分。然后，分别处理每个基本组件，并提出问题的解决方案。最后，通过不同的组合形成了整个问题的几个整体解决方案。为了确定每个总体方案是否可行，必须使用形态学方法进行分析。

因素和形态是运用形态分析法时要用到的两个非常重要的基本概念。因素是指构成某一事物各种功能的特征性因素；形式是指实现事物各种功能的技术手段。例如，对于一种工业产品，可将反映该产品特定用途或特定功能的性能指标作为基本因素，而将实现该产品特定用途或特定功能的技术手段作为基本形态。例如，对于机械上使用的离合器，可将其“传递动力”这个功能作为基本因素，那么摩擦力、电磁力等技术手段是该基本因素所对应的基本形态。

2.3.2　方法的实施

形态分析法的操作程序如下。

（1）确定研究课题。从发明目的的角度出发，以要解决的问题为指导，介绍要研究的课题。

（2）因素提取。就是确定发明对象的主要组成即基本因素，把问题分解成若干个基本组成部分。所确定的基本因素在功能上应该相对独立，并且因素的数量不应该太多或太少，一般以3～7个为宜。

（3）形态分析。即按照发明对象对诸因素所要求的功能列出各因素全部可能的形态。完成这一步需要有很好的知识基础和丰富的工作经验，对本行业及其他行业的各种技术手段了解得越多越好。

（4）编制形态表，进行形态组合。按照对发明对象的总体功能要求，分别组合各因素的不同形态方式，而获得尽可能多的合理方案。

（5）优选。从组合方案中选优，并具体化。

例如，智能饮水机的形态分析矩阵是指确定饮水机设计中的基本因素，然后建立每个基本因素的技术实施方案，形成整体形态表，即设计方案矩阵。智能饮水机的设计目标主要包括造型精致、功能多、能耗低、使用方便、安全性高。基于上述原则，确定了一些设计因素，包括饮水机外形、水温等级、烧水提示灯、控制装置、换水方式和液位报警器。在确定设计因素后，以饮水机外形为例，考虑到缩短设计周期、相对简化生产流程、视觉效果好等因素，建议采用四种形状设计方案，即蛋形、长方体形、圆柱体形和流线形。同样，水温等级和烧水提示灯等因素的实施计划也逐一制定。构造的形态分析矩阵，如表2.1所示。

表2.1　智能饮水机设计形态表

因素	饮水机外形	水温等级	烧水提示灯	控制装置	换水方式	液位报警器
1	蛋形	多级水温	LED灯	液晶控制（凸出）	人工换水	有
2	长方体形	两级水温（冷水、开水）	荧光灯	液晶控制（嵌入）	水泵抽水	无
3	圆柱体形				换水装置换水	
4	流线形					

根据表2.1，进行各种可能性组合，得到4×2×2×2×3×2＝192种设计方案。然后，考虑产品造型、工艺流程、重量、可靠性与耐久性、消费者的认可度等，对这些方案进行分析对比，从中选出最优的方案。

2.3.3　优缺点

形态分析法最大的优点是对每个总体方案都要进行可行性分析，有利于找到最佳的解决方案，并确保方案的可实施性。形态分析法的主要缺点是使用不便，工作量大。如果一个系统由 10 个部件组成（因素），而每个部件又有 10 种不同的制造方法（形态），那么组合的数目就会达到 100。如果使用手工的方法进行形态分析，则费时费力，极不方便。计算机可以完成这样数量级的组合，人则无法分析数量如此巨大的信息。对大量的方案进行可行性分析，往往会使发明的目标变得模糊。如果采用选择性形态分析，就可以忽略不适当的组合。例如，在确定汽车前照灯设计方案的例子中，可以根据车型和消费定位去掉某些不合适的组合。若为微型家庭轿车设计的前照灯，应尽量降低成本，所以气体放电灯和光感应的自动开关控制这些高档配置就不需要考虑了。

形态分析法特别适用于下列几个方面的观念创新：①新产品或新型服务模式；②新材料应用；③新的市场分割及市场用途；④开发具有竞争优势的新方法；⑤产品或服务的新颖推销技巧；⑥新的发展机遇的定向确认。

但是，在仅存在唯一一种问题描述方法、开发项目规模很小、涉及问题的概念特性只有一个方面等情况下，不宜采用形态分析法。

2.4　和田十二法

和田十二法，或称为稽核表法、检验表法，是由形态分析法演变而来的，就是用一张一览表对需要解决的问题进行逐项核对，从各个角度诱发多种创造性设想，以实现创造、发明、革新，或解决工作中某一问题的开发创意的方法。使用稽核表法时，为了获得解决问题所需的数据，需要构造问题列表。通过稽核表法，可以获得对问题的详述和查找规定问题解决方案的附加数据。早期最有影响的稽核表是奥斯本于 1964 年设计的。奥斯本的稽核表提纲多达 75 条，后来经过简化归纳为九个方面（用途、类比、增加、减少、改变、代替、变换、颠倒、组合）。这种稽核表在后来的创意实践中又得到修正与发展。

2.4.1　特点

和田十二法，又称“和田创新法则”或“和田革新十二法”，是中国学者徐立言、张福奎在奥斯本稽核表的基础上，借用其基本原理并加以创造而提出的一种思维技巧。这既是对奥斯本稽核表的继承，也是一项大胆的创新。例如，“连接一个单元”和“固定一定数量”的概念是一个新的发展。同时，这些技术更加用户友好、易于理解和易于推广。

和田十二法是指人们在观察、认识一个事物时，考虑是否可以进行以下操作。

（1）加一加：增加、增稠、添加更多、混合等。

（2）减一减：减轻、减少、省略等。

（3）扩一扩：放大、扩大、提高功效等。

（4）变一变：改变形状、颜色、气味、声音、顺序等。

（5）改一改：改缺点、不便、不足之处。

（6）缩一缩：压缩、缩小、微型化。

（7）联一联：因果之间的联系是什么，把某件事联系在一起。

（8）学一学：模仿形状、结构、方法，学习高级技能。

（9）代一代：替换为其他材料和方法。

（10）搬一搬：为其他目的移动。

（11）反一反：能否颠倒一下。

（12）定一定：设定界限和标准。

按照这 12 个“一”的顺序来核查和思考，可以从中汲取灵感，激发人们的创造性思维。因此，和田十二法是一种“发人深省的方法”，它打开了人们的创造性思维，从而获得了创造性的思想。

2.4.2　方法的实施

利用稽核表法进行构思创意，应从以下几个方面（角度）进行思考。

（1）现有发明的用途是什么？是否可以扩充？

（2）现有发明能否吸收其他技术，引入其他创造构思？

（3）现有发明的造型、颜色、制造方法等能否改变？

（4）现有发明的体积、尺寸和重量能否改变？改变后的结果怎样？

（5）现有发明的使用范围能否扩大？寿命能否延长？

（6）现有发明的功能是否可以重新组合？

（7）现有发明能否改变型号或改变顺序？

（8）现有发明可否颠倒过来？

例如，为了开发职工的创新能力，美国通用汽车公司给每个职工发放稽核表，如表 2.2 所示。

表 2.2　通用汽车公司的稽核表

序号	内容
1	可否利用其他适当的机械来提高工作效率
2	现有设备有无改进余地
3	改变流水线、传送带、搬运设备的位置或顺序，能否提高工作效率
4	为使各种操作同时进行，能否采用某些专用工具及设备
5	改变工序能提高零部件的质量吗
6	能否用低成本的材料来替代目前使用的材料
7	改变现有的材料切削方法，能否节省材料
8	能不能使员工的操作更安全
9	怎样能去掉无用的程序
10	现在的操作能否再简化

和田十二法简洁、实用，在日常生活中就能获得不少成果。

加一加：某学生在画画课上发现带调色板和水杯都很不方便。她想将调色板和水杯结合使用。因此，她提出了将可伸缩的旅行水杯和调色板结合起来的想法，并在调色板的中间和底部雕刻线，创造出一个可以用来冲洗笔的调色板。

减一减：某学生见爸爸装门扣时要拧六颗螺丝钉，觉得很麻烦。他想减少螺丝钉数目，提出了这样的设想：将锁扣的两边弯成卷角朝下，只要在中间拧上一颗螺钉便可固定。这样的门扣只要两颗螺丝钉便可固定了。

缩一缩：某学生觉得携带地球仪很不方便，认为如果地球仪不用时可以压缩，携带起来会很方便。他认为，如果用制作塑料球的方法制作地球仪，这个问题就可以解决。塑料薄膜制成的地球仪可以通过在支架上吹足够的空气来旋转；不用时，放出气体，它会很快收缩，携带非常方便。

改一改：一般的水壶在倒水时，由于壶身倾斜，壶盖易掉，而使蒸汽溢出烫伤手，某学生想了个办法克服水壶的这个缺点。他将一块铝片铆在水壶柄后端，但又不太紧，使铝片另一端可前后摆动。灌水时，壶身前倾，壶柄后端的铝片也随着向前摆，而顶住了壶盖，使它不能掀开。水灌完后，水壶平放，铝片随着后摆，壶盖又能方便地打开了。

联一联：某地发生了一起事件，在收获季节，有人发现甘蔗地的甘蔗产量增加了 50%。这是因为在种植甘蔗的前一个月，有人在这块地上撒了一些水泥。经过分析，科学家认为水泥中的硅酸钙提高了土壤的酸度，从而增加了甘蔗产量。这种将结果与原因联系起来的分析方法通常使人们能够发现新的现象和原理，从而产生发明。由于硅酸钙可以改善土壤的酸性，人们开发了一种用于改善酸性土壤的“水泥肥料”。

定一定：药瓶上有刻度和标签，标明每天服用多少次、何时服用；城市十字路口的红绿灯是红停绿行。这些都是规则，有了这些规则，人们的行为才能准确有序。应该用某些方法来发现一些有益的规定并加以实施。

简单的 12 个字概括了解决发明问题的 12 条思路：加、减、扩、缩、变、改、联、学、代、搬、反、定。

2.4.3　优缺点

和田十二法促进了思维的流畅性、灵活性和独特性，使原本固定的思维向创造性转变，从而提出了许多创造性的思想。当人们从事创造性活动时，如果能够从加、减、扩、改等多个角度激活思维，可能会迸发灵感，产生意想不到的新想法，提高创造性效率。如果只把和田十二法作为一门理论知识来学习，很容易形成肤浅的认识。在实际的创作情境中，只能使用简单的加、减、缩、扩，但对如何添加、如何连接、如何扩展没有更深入的思考和理解，这将阻碍和田十二法的有效性。和田十二法提供的 12 个考察项目，只指出了创造性思维的 12 个方向，却没有提供严格的内容定义。和田十二法的作用只是提供一个大致的思考方向，在此基础上，还需要真正理解和田十二法的内涵。

2.5 焦 点 法

焦点法是美国管理学家赫瓦德创造的方法，是一种典型的强制联想方法，也称为联想组合法。以预定的物体为中心和焦点，随机选择一个物体作为刺激物，并与列出的元素逐一形成关联点。通过刺激物和焦点之间的强制关联，寻求新产品、新技术和新思想的推广与应用，以及对某个问题的解决方案，并获得新的想法和解决方案。焦点法的特点是与扩散思维、收敛思维和联想思维中的强迫联想相结合。

2.5.1 特点

焦点法可以从一个思想出发推广到各领域，刺激物选择多样，基本可以不受技术或产品类别的限制。同一种产品或技术选择不同的事物做刺激物，通过焦点法得到的解决途径不同，易于高效地获取新的创造灵感。同一个人即可选择不同刺激物，利用焦点法获取多种解决方案。在方法的使用过程中更有趣，方法使用者的门槛较低。

2.5.2 方法的实施

焦点法操作程序：选择研究对象，并以此作为研究焦点；选择任意一个物体作为参考物；列出参考对象的各种特征，然后根据这些特征进行不同的联想；把由这一事物引起的联想与焦点联系，进行组合联想，并列出设想方案；对设想方案进行评价、选优。

以“新式办公桌”作为焦点、以“汽车”为参考物，应用焦点组合法提出新式办公桌的设想方案。其中，焦点是新式办公桌，刺激物是汽车（刺激物可起到触发物的作用）。

列出汽车的各种特征。再从这些特征出发进行发散联想。

A：汽车装有车灯，能在夜晚起到照明的作用，视野开阔；装有车轮，便于汽车的灵活高速移动；带有后备箱，便于储物。

B：汽车形状各式各样，一般呈立方体结构，视觉上层次高低错落有致，简洁大方。

C：汽车一般带有透明天窗，补充车内光源，利于空气流动。

D：汽车发动机盖线条流畅，减小行驶的空气阻力。

E：车内设备齐全，如收音机、音响、导航、行车记录仪等，带给驾驶者便捷服务和丰富的娱乐体验。

将列出的各种启发性特征与焦点新式办公桌相联系，并由此进行组合性联想。可以得到以下方案。

选 A：带“眼睛”（带车灯）的新式办公桌；带“车轮”（桌腿安装小轮子）的新式办公桌；带“后备箱”的新式办公桌（可折叠的；材质轻巧 + 折叠设计，是一个很好的储物柜）。

选 B：有立体感；高低错位的；层次分明；具有视觉上一致性效果；营造空间层次感。

选 C：办公桌抽屉侧面设计成透明翻盖状，便于查找抽屉内物品。

选 D：应用了人机工程学原理，使用了一体化设计，可以最大限度地利用空间，利用了隔断兼容。

选 E：桌面板自带显示屏，可以显示日期、天气、湿度，能播放音频视频和语音视频通话等功能的新式办公桌。

再次进行联想发散，并将结果再次与办公桌进行强制组合。

灵活性——可以灵活移动；可调的；高度、倾斜度可调的办公桌。

人性化——集和谐、均衡之美；简洁轻快，整体更加完美结合。

多功能——方便拆装的元素，帮助改变空间的运用。

流线形——造型严谨的流线形，既给整个造型增添了不俗的气质，又给人一种稳重的感觉。

一体化——形成多种形式、多重变换的工作组，以其完善的功能，适合不同空间，满足现代办公的不同需求。

合理层次化——合理规划，层次分明，空间化、层次化的办公桌。

多样性——组合的多样性成就灵活的思维。

将列出的各种启发性特征与新式办公桌相联系，得到造型严谨的流线形、多功能、一体化、层次感、灵活的、人性化、可自由组合、多样性等可以和办公桌设计结合的元素。可以得到以下方案。

方案 A：灵活的 + 多功能的办公桌。

即外形漂亮，空间宽敞，配置也很丰富的新式的“汽车”办公桌。它可以变成一个移动的办公室，它的外观将灵活性与舒适性更加完美地融合在一起。带有可折叠的“后备箱”的新式办公桌，可以放一些资料和文件，是个很好的储物柜，有异曲同工之妙。

方案 B：空间化 + 合理层次化 + 人性化的办公桌。

造型简洁、现代、大方的外观设计，与金属的直线装饰线条浑然一体，将办公生活简易化的概念导入产品的设计中。此外，在侧面、上方设置可旋转、隐藏的装置以增加功能和层次感。

方案 C：可自由组合 + 一体化 + 多样性 + 人机组件的办公桌。

形成多种形式、多重变换的工作组，以其完善的功能，适合不同空间，满足现代办公的不同需求。简洁轻快的和谐、均衡之美。

方案 D：人性化 + 灵活性 + 多功能 + 节约空间的办公桌。

改变办公桌的外形，突破以往有棱角的常规，可以做成节约空间的圆球形和箱子形，展开以后又能变成办公桌。

方案 E：智能化 + 一体化 + 合理层次化 + 多功能的办公桌。

时代智能办公空间的典型代表，大大提高了办公空间的灵活及实用性。将具体功能进行局部细分，做成局部可调高度、角度。具有视觉上一致性效果。

经过筛选，以多功能、可以自由组合、模块化、高度倾斜度可调、一体化、人机组件、节约空间、层次感作为设计的要点，进行办公桌的造型设计。诸如汽车形的办公桌、可调节高度倾斜度的人机型办公桌、节约空间的圆球形和箱子形办公桌等许多种可能的创新发明目标。

2.5.3 优缺点

焦点法是一种强制关联法，具有全面性、直观化、系统化、结构化、扩展性强等特点，突破常规思维的禁锢，避免传统直线思维的盲目性。另外，焦点法利用知识关联语境与触发机制，是跨领域学习和思维碰撞的一种实践。然而，焦点法的实施效果与所选择的刺激物有较大的关系，尤其涉及多学科和不同领域的技术问题，其实施方案是否可行存在一定的不确定性。

2.6 本章习题

1. 单选题

（1）发明问题的传统方法包括（　）。

A. 头脑风暴法　　B. TRIZ 创新方法　　C. 六西格玛创新方法

（2）指人们通过反复尝试运用各式各样的方法或理论，使错误（或不可行的方案）逐渐减少，最终获得能够正确解决问题的方法的创新方法是（　）。

A. 试错法　　B. TRIZ 创新方法　　C. 头脑风暴法

（3）形态分析法的特点是从（　）的角度看待事物。

A. 方法论　　B. 系统论

（4）焦点法是需要以预定事物为焦点，选择一个（　）的事物作为刺激物，通过强制联想，获得新设想、新方案的方法。

A. 确定　　B. 随机

2. 判断题

（1）形态分析法是一种从方法论的观点看待事物的创新思维方法。（　）

（2）因素和形态是运用形态分析法时要用到的两个非常重要的基本概念。（　）

（3）头脑风暴法强调所有的活动应该以在给定的时间内获得尽可能多的方案为原则。（　）

第 3 章　现代发明创造方法体系

本章主要介绍 TRIZ 理论、SIT 理论与其他创新方法的现代发明创造理论。首先介绍 TRIZ 的发展历史，并分别介绍 TRIZ 中的典型思维方法如九屏幕法、尺寸—时间—成本（size，time，cost，STC）法、聪明小人法、金鱼法和最终理想解（ideal final result，IFR）法；然后介绍 SIT 理论的起源，并对 SIT 理论的五大工具的实施步骤和注意事项进行阐述；最后介绍 I-DMAIC 改进模型。

3.1　TRIZ　理　论

3.1.1　TRIZ 发展的历史

TRIZ 之父阿奇舒勒，14 岁便获得了首个专利证书，并不断进行发明创造。阿奇舒勒在对成千上万的专利进行分析研究的基础上于 1946 年总结出了发明背后的模式，形成了 TRIZ 理论的基础。1956 年，阿奇舒勒发表了第一篇关于 TRIZ 理论的文章《发明创造心理学》；1960 年，阿奇舒勒发表了第一本关于 TRIZ 的书籍《如何学会发明》，对 TRIZ 理论进行了进一步的系统性阐释。TRIZ 理论自 1946 年首次由阿奇舒勒提出后，就一直处于不断的发展与完善之中。目前普遍认为 TRIZ 的发展经历了两个时期，即经典 TRIZ 理论和现代 TRIZ 理论。经典 TRIZ 理论从 20 世纪 40 年代中期到 80 年代中期，主要由阿奇舒勒和他的团队研究开发。经典 TRIZ 理论形成时间如表 3.1 所示。

表 3.1　经典 TRIZ 理论形成时间表

时期	内容
1946～1971 年	40 个发明原理
1946～1985 年	分离原则
1959～1985 年	ARIZ 85C
1970 年	矛盾矩阵
1973～1981 年	物质-场效应
1975～1980 年	进化模式/发明的演进形态
1977～1985 年	76 个标准解、ARIZ85
1985 年	完成整个经典 TRIZ 理论

由表 3.1 可见，经典 TRIZ 理论经过 40 年的不断发展与完善，已形成较完善的体系，形成了以八大工程系统进化趋势原则、39 工程参数结合矛盾矩阵、物质-场分析的 76 标

准解、ARIZ 以及科学效应数据库等为主要内容的问题解决工具。

20 世纪 80 年代中期，TRIZ 逐步在美国、德国、瑞典、以色列、日本、韩国等推广应用，其应用领域也从军事领域推广到航空航天、汽车制造、机械制造等其他工程技术领域，并在福特、西门子、奔驰、宝马、通用、克莱斯勒、施乐、洛克威尔、强生等跨国公司中应用。TRIZ 一开始出现时，主要应用于工程技术领域，但随着 TRIZ 理论不断地被人们应用到经济社会生活中的各个领域，其内容得到不断扩充，内涵进一步延伸，TRIZ 理论也正在与社会科学、管理科学等领域相互碰撞，与六西格玛、质量功能展开等理论方法融合应用，处于不断地发展完善和进化演变之中。

3.1.2　九屏幕法

九屏幕法是 TRIZ 中典型系统思维方法，通常也称九窗口法。在技术系统中解决寻找资源问题时常常通过九屏幕法去寻找其工作流程所需用来解决问题的资源。该方法不仅研究问题的现状，也考虑与之相关的过去、未来和子系统、超系统等方面。值得注意的是，任何技术系统都是按照一定客观规律向前进化的，超系统、当前系统、子系统都是相对概念，即当前系统的选择影响着超系统和子系统的选择。

九屏幕法用空间维度的方法来全面理解技术系统的状态，其以时间为横轴考察过去、现在和未来的技术或者工艺状态，以空间为纵轴考察“当前系统”及其“组成”和“系统的环境与归属（超系统）”，如图 3.1 所示。

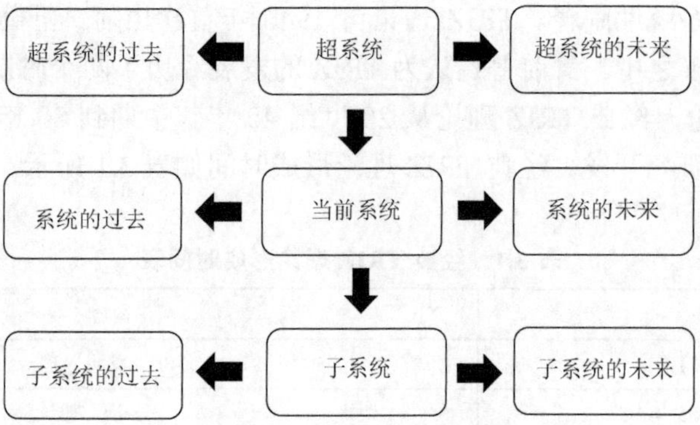

图 3.1　九屏幕法示意图

应用九屏幕法的步骤，绘制图表如图 3.2 所示，按照表 3.2 的步骤填写。

	过去	现在	未来
超系统		3	
系统	4	1	5
子系统		2	

图 3.2　九屏幕法图表

表 3.2　九屏幕法步骤

步骤	内容
步骤一	将要研究的技术系统填入格 1
步骤二	格 2 和格 3 分别填入技术系统的子系统和超系统
步骤三	格 4 和格 5 分别填入技术系统的过去和未来
步骤四	剩下的格中填入技术系统超系统和子系统的过去和未来
步骤五	针对每个格子，考虑可以用各种类型的资源
步骤六	利用资源规律，选择解决技术问题

下面以汽车为例，分析这一技术系统的资源，从时间和空间两个维度掌握这个产品隐含的并且没有被注意到的资源，如图 3.3 所示。

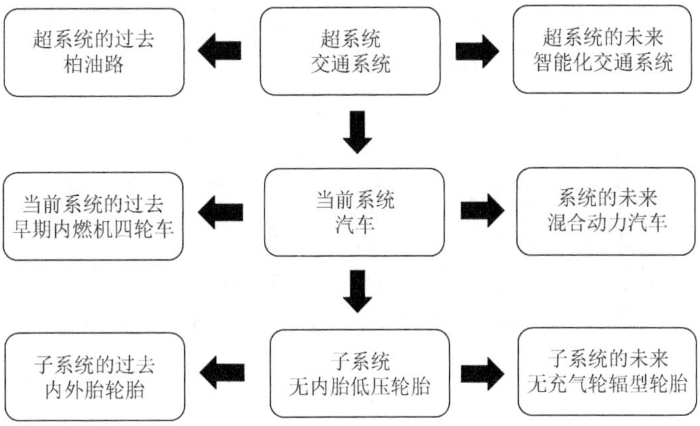

图 3.3　用九屏幕法分析汽车

通过对九屏幕法的分析，理解产品的角度将不再是“点”，而是在空间维度的立体，更能捕捉到改进其功能、提高其价值的“着眼点”。

3.1.3　STC 法

STC 法实际上是从尺寸、时间和成本三个维度对现有技术系统进行考量的方法。系统的尺寸、时间和成本在现有状态下受思维定式的影响不能充分变现系统固有，因此可以使用 STC 法考虑尺寸、时间和成本三个因素，并将上述三个因素按照三个方向进行变化，分别递增和递减，直到发现系统中有用的特性，其具体步骤如表 3.3 所示。

表 3.3　STC 法的步骤

步骤	内容
步骤一	明确现有系统
步骤二	明确现有系统在尺寸、时间和成本方面的特性

续表

步骤	内容
步骤三	假设逐渐增大目标系统的尺寸，使之无穷大（$S\to\infty$）
步骤四	假设逐渐减小目标系统的尺寸，使之无穷小（$S\to 0$）
步骤五	假设逐渐增大目标系统的作用时间，使之无穷大（$T\to\infty$）
步骤六	假设逐渐减小目标系统的作用时间，使之无穷小（$T\to 0$）
步骤七	假设逐渐增大目标系统的成本，使之无穷大（$C\to\infty$）
步骤八	假设逐渐减小目标系统的成本，使之无穷小（$C\to 0$）
步骤九	修正现有系统，得出解决方案，如果需要则重复步骤二至步骤八，进而得出方案

实际上，STC 法这种极限的思维方式，与阿奇舒勒在 1985 年提出的 TRIZ 的解题流程中的很多思想同步，如最大或最小限度地改变会对系统产生何种影响？总的来说，STC 方法能让人的大脑有规律地向多个维度发散，在一些极端条件下，会促进很多新想法的生成，因此，这种思维方式也是非常行之有效的。

对尺寸、时间和成本这三个范畴的界定也与当时的技术发展条件有关，或者说，把与技术系统相关的其他要素都进行了简化，只保留了这三个决定技术系统功能实现的重要方面。也就是说，在这个改进中，功能是被良好地实现并且保留的。

例如，采摘苹果的常规方法是使用活梯，这种方法劳动量非常大。解决这一问题，尝试用 STC 法进行分析。如何让采摘苹果变得更加方便、快捷和省力，如表 3.4 所示。

表 3.4　STC 法示例采摘苹果问题

步骤	内容
步骤一	假设苹果树的尺寸趋于零高度。 在这种情况下，不需要活梯。 解决方案：种植低矮的苹果树。
步骤二	假设苹果树的尺寸趋于无穷大。 在这种情况下，可以建造通向苹果树顶部的道路和桥梁。 解决方案：将这种方法转移到常规尺寸的苹果树上，将苹果树树冠变成可以用来摸到苹果的形状，比如带有梯子的形状。梯子形状的树冠就可以代替活梯，让人们方便地采摘苹果。
步骤三	假设收获的成本费用必须是不花钱。 解决方案：摇晃苹果树。
步骤四	假设收获的成本可以无穷大，而且没有任何限制。 在这种情况下，可以使用昂贵的设备。 解决方案：发明一种带电子视觉系统和机械手控制器的智能型摘果机。
步骤五	假设收获的时间趋于零。 在这种情况下，必须使所有的苹果在同一个时间落地。 解决方案：借助轻微爆破或者压缩空气喷射。
步骤六	假设收获的时间不受限制。 在这种情况下不必采摘苹果，而是任由苹果自由落下而保持完好即可。 解决方案：在果树下铺设一层软膜，以防止苹果落地时摔伤；也可以在果树下铺设草坪或松散土层。如果让果园的地面具有一定的坡度，足以使苹果在落地时滚动，那么苹果还会在斜坡的末端自动地收集起来。

从这个例子可以体会到 STC 法这种极限的思维对个人思维的开拓，尽管有些解决方案看上去会不切实际，但这种发散性的思维、更多的想法正是每个人都需要的。

3.1.4　聪明小人法

在介绍聪明小人法之前，还需要对戈登于 1944 年提出的综摄法有一定的了解。

实际上，人类的不少发明创造都是来自日常生活中的事物的启发。戈登认为可以利用外部事物来激发人的灵感，从而提出了综摄法。综摄法能够开发创造潜力，利用外部事物启发新的思考方式，其已经在如广告创意、产品改进与设计等方面得到了广泛的应用，并且取得了一定的成效。

在戈登提出的综摄法中，同质异化和异质同化是两个重要的思考出发点，如表 3.5 所示。

表 3.5　综摄法运用过程

过程	内涵	实例
变陌生为熟悉	把自己接触到的新事物用自己和别人都熟悉的事物去思考和描述	如计算机领域的“病毒”等就是利用人们比较熟悉的语言，描述计算机很专业的事物或现象
变熟悉为陌生	对已有的、熟悉的事物，运用新知识或从新的角度来观察、分析和处理，得出新东西	如拉杆天线原是收音机用的，可以把它用作相机支架、伞把、鱼竿等

根据这两个出发点，戈登提出了四种模拟技巧，十分具有实践性，即人格性的模拟（把自己假设成目标事物，再考虑其感觉和行为逻辑，然后寻找解决问题的方案）、直接性的模拟（以作为模拟的事物为范本，在把研究对象范本联系起来进行思考的基础上提出处理问题的方案）、想象性的模拟（充分利用人类的想象能力来寻找灵感，以获取解决问题的方案）以及象征性的模拟（把问题想象成物质性的，即非人格化的，然后借此激励脑力，开发创造潜力，以获取解决问题的方法）。

此外，在运用综摄法时常常按照表 3.6 所示的十个步骤实施，但在实施的时候以下步骤并不是按部就班地完成的，需要根据具体问题的需求进行变通。

表 3.6　综摄法的实施程序

步骤	程序	内容
步骤一	确定综摄法小组的构成	小组成员以 5～8 名为宜。包括主持人 1 名，与讨论问题有关的专家 1 名，再加上各种科学领域的专业人员 3～6 名
步骤二	提出问题	会议应该解决的问题一般由主持人向小组成员宣读。主持人应该和专家一起预先对问题进行详细分析
步骤三	专家分析问题	由专家对该问题进行解释，以便成员理解。主要目的是使陌生者熟悉
步骤四	净化问题	消除前两步中所隐含的固化和肤浅的地方，进一步弄清问题
步骤五	理解问题	从选择问题的某一部分来分析入手。每位成员应尽可能利用荒诞模拟或胡思乱想法来描述所看到的问题，然后由主持人记录下各种观点

续表

步骤	程序	内容
步骤六	模拟的设想	小组成员使用切身模拟、象征模拟等技巧，获得一系列设想，这一阶段是综摄法的关键，主持人记录每位成员的设想，并写在纸上以便查看，从而再激发设想
步骤七	模拟的选择	主持人依据与问题的相关性，以及小组成员对该模拟的兴趣及有关这方面的知识从各成员提出的模拟中选出可以用于实现解决问题的模拟
步骤八	模拟的研究	在结合解决问题的目标的基础上对选出的模拟进行研究
步骤九	适应目标	将在现实中能使用的设想与前述步骤得到的启示结合起来
步骤十	编制解决问题的方案	最大限度地发挥专家的作用制定解决问题的方案

阿奇舒勒对于聪明小人法的描述，相当于形象化的最终理想解法，也就是说，“小人”是一个理想的结构或者系统，它能够让设计者保留好的功能，而并不产生不好的影响。例如，佩戴的口罩，功能是阻挡“灰尘”，如图 3.4 所示。在呼吸运动中，灰尘颗粒和空气中氧气分子及其他气体分子的运动轨迹是一样的。由于灰尘的颗粒比较大，因此，灰尘颗粒被拦截在口罩细密的网眼之外，部分气体分子通过网眼到达人的鼻子，完成过滤作用。

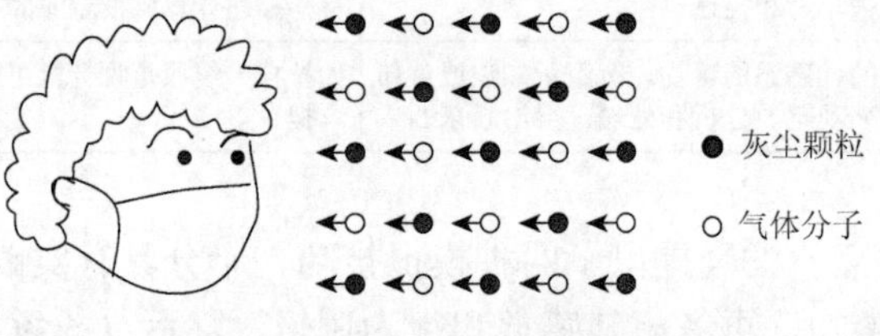

图 3.4　口罩的功能示意图

应用聪明小人法，可以把口罩定义为小人，这个聪明的小人可以拦截任何的灰尘颗粒，但是不拦截气体分子，就像交通警察一样，核查物质的身份，“好的”通过，“坏的”拦截，如图 3.5 所示。

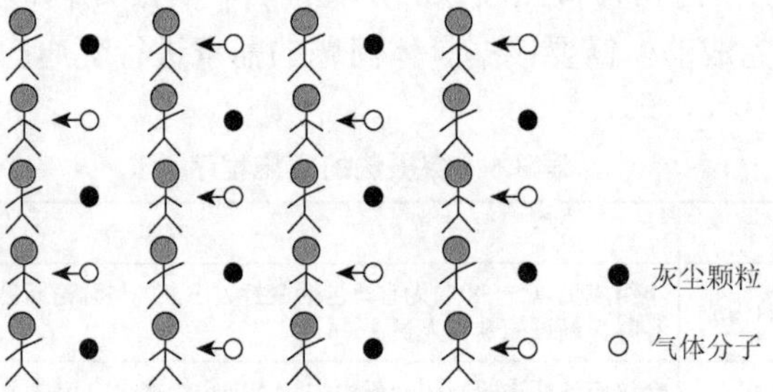

图 3.5　聪明小人法示意图

然后，根据小人的功能进行头脑风暴，思考用什么方式或者什么材料，能够实现小人的这个功能。目前，已经有一种液体口罩被广泛应用，它的功能示意如图 3.6 所示，就是通过液体与灰尘颗粒的结合进行除尘，与灰尘颗粒相比，气体分子的质量实在是微不足道。因此，雾化之后的口罩液体，与空气中有“质量”的灰尘颗粒结合，改变它的运动方向。

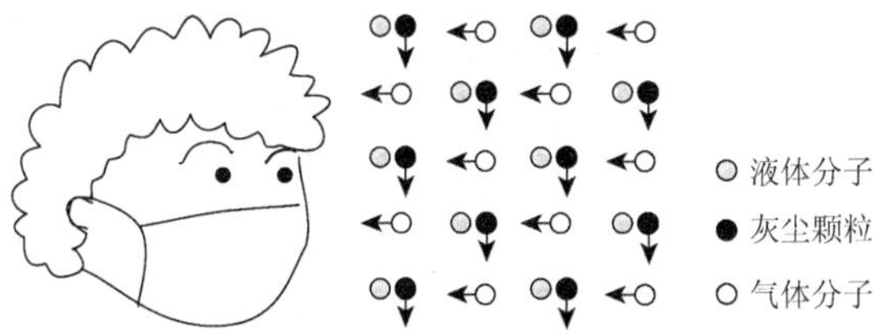

图 3.6　液体口罩的功能示意图

3.1.5　金鱼法

作为 TRIZ 的一种重要思维方法，金鱼法从幻想式解决构想中区分现实和幻想的部分，再从幻想的部分继续分出现实与幻想两部分，反复进行这样的划分，直到问题的解决构想能够实现。

金鱼法的名字源自童话故事《渔夫和金鱼》。故事讲述了一位贫苦的老渔夫与老婆婆相依为命，一次老渔夫出海打鱼，捞上来一条会说话的金鱼，老渔夫将其放回大海，金鱼非常感激他。老婆婆知道这件事之后向金鱼索要报答，从最初的清苦，继而拥有财富的故事。金鱼法借助《渔夫和金鱼》这个故事的名气，要表达的是“一次又一次发问”循环往复的提问过程。

金鱼法包括以下六个步骤：①将难以实现的问题解决方案设想为幻想方案，从而将问题分为现实部分和幻想部分；②提出问题 1：幻想部分为什么不现实？③提出问题 2：通过创造什么条件，可以把幻想部分转换为现实？④列出系统中（包括超系统和子系统）可以利用的资源；⑤从可利用资源出发，将部分或全部幻想方案变为现实；⑥如果构想中仍然存在幻想部分，回到第一步，重复上述思考过程。

例如，在一个正方形中，定位了一个“点”，如图 3.7 所示。如果想知道这个“点”的位置，不能观看，不能测量，只能借助提问来确定位置。那么，应用金鱼法，进行表 3.7 的提问。

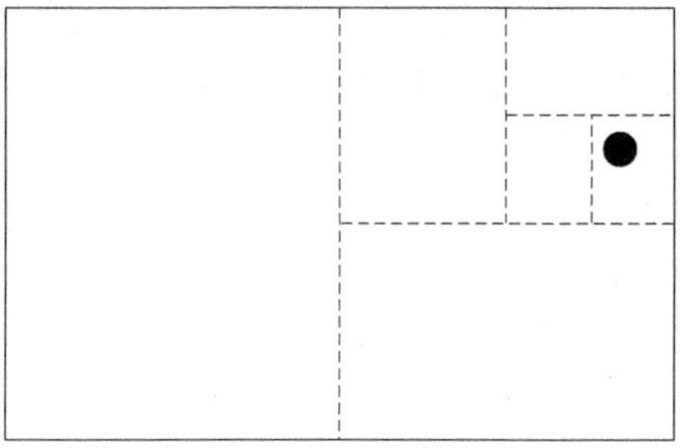

图 3.7　通过金鱼法确定点的位置

表 3.7　应用金鱼法提问确定点的位置

序号	问题	回答
1	点在左边吗？	不是
2	点在右边吗？	是的
3	点在右边的上半部分吗？	是的
4	点在右边的上半部分的左边吗？	不是
5	点在右边的上半部分的右边的上半部分吗？	不是
6	点在右边的上半部分的右边的下半部分吗？	是的
7	点在右边的上半部分的右边的下半部分的左侧吗？	不是
8	点在右边的上半部分的右边的下半部分的右侧吗？	是的
9	点在右边的上半部分的右边的下半部分的右侧的上半部分吗？	是的

以此类推，提问越多，越能准确地定位这个点，这就是金鱼法，一种通过不断提问进而穷尽答案的办法。

阿拉伯神话故事中会飞的魔毯曾经引起人们无数遐想，可现实生活中会有这样的魔毯吗？如何让毯子飞起来？按照金鱼法的步骤进行提问和回答。

（1）将问题分解为现实和不现实两部分。

现实部分：毯子是存在的。

幻想部分：毯子能飞起来。

（2）幻想部分为什么不现实？

毯子比空气密度大，而且它没有克服地球重力的作用力。

（3）在什么情况下，幻想部分可变为现实？

施加到毯子向上的力超过毯子自身重力。

毯子的重量小于空气的重量。

地球引力消失，不存在。

（4）列出所有可利用的资源。

超系统：空气；风（高能质子流）；地球引力；阳光；来自地球的重力。

系统：毯子，形状，重量。

子系统：毯子中交织的纤维。

（5）利用已有资源，基于之前的构想（第三步）考虑可能的方案。

毯子的纤维与太阳释放的微中子流相互作用可使毯子飞起来。

毯子比空气轻。

毯子在不受地球引力的宇宙空间。

毯子上安装了提供反向作用力的发动机。

毯子由于下面的压力增加而悬在空中（气垫毯）。

磁悬浮。

3.1.6　最终理想解法

最终理想解（IFR）是一种符号、一个替代方式，在 TRIZ 中是用来替代极限化状态的一种完善的解决方案，类似于求解方程式中的符号 a、b、c 或者 X、Y、Z。

最终理想解法是在解决问题的初期，不考虑实际的各种限制因素，用最优的模型结构来替代实现预期目标的一种思维方式。这种方法能够有效地帮助人们克服思维惯性，并且确立正确的解题目标。

最终理想解法的应用步骤如表 3.8 所示。

表 3.8　最终理想解法的应用步骤

步骤	内容
第一步	设计的最终目的是什么？
第二步	最终理想解是什么？
第三步	达到理想解的障碍是什么？
第四步	出现这种障碍的结果是什么？
第五步	不出现这种障碍的条件是什么？
第六步	创造这些条件存在的可用资源是什么？

例如，实验室中要研究热酸对金属的腐蚀作用，将被测金属块放在容器底部，然后泼酸液，关上容器并加热。实验持续两周后打开容器，取出被测金属块在显微镜下观察表面的腐蚀程度。这时发现酸把容器底部腐蚀了，影响了实验数据的精度。如采取惰性较强的材料，如铂金、黄金等贵金属，会造成实验成本的上升。如何既不增加成本又能够准确地进行测量？

应用表 3.8 的步骤进行分析，如表 3.9 所示。

表 3.9　运用最终理想解法既不增加成本又能够准确测量

步骤	内容
第一步	设计的最终目的是什么？不经常更换盛放酸液的容器。
第二步	最终理想解是什么？合金能够自己测试抗酸腐蚀性能。
第三步	达到最终理想解的障碍是什么？合金对容器腐蚀，同时不能自己测试抗酸腐蚀性能。
第四步	出现这种障碍的结果是什么？需要经常更换测试容器，或者选择贵金属作为测试容器。
第五步	不出现这种障碍的条件是什么？有一种廉价的耐腐蚀金属。
第六步	创造这些条件时可用的已有资源是什么？将实验金属做成容器。

综上，可以将 TRIZ 中的五种创新思维方法进行比较，如表 3.10 所示。

表 3.10 五种创新思维方法

序号	方法	特点
1	聪明小人法	拟人设计，形象建模，转化方案
2	金鱼法	注重逻辑，幻想思维，层层递进
3	STC 法	寻找特性，放大特征，关注价值
4	九屏幕法	寻找资源，系统思维，系统分析
5	最终理想解法	明确方向，双向思考，产生方案

3.2 以色列的系统创新思维理论——SIT 理论

3.2.1 起源

以色列人生存环境十分恶劣，严重缺水、土地贫瘠。基于这样的环境，以色列人必须从有限的资源出发去创新。截至目前，除北美之外，在纳斯达克上市的以色列技术公司数量位居各国第一。

科学家发现，在资源充足的时候，人们往往倾向于遵循经验处事，缺乏动机去寻找创新的方式解决问题。这意味着，创造力并不像世人之前所想象的那样是天才或是伟人才可能拥有的特质。当有条件约束时，限制会带领每个人走出舒适圈，最大化利用所拥有的资源，产生创新的想法，遇到的问题、挑战和机会则会变得更加容易掌控。

系统创新思维（SIT）理论于 20 世纪 90 年代中期起源于以色列，源自阿奇舒勒的 TRIZ 工程学，是针对创造力、创新和问题解决的实用方法，成了著名的创新方法理论。SIT 理论的核心：创新问题解决理论，即创新解决方案的模式是大同小异的，更关注创新解决方案的共同点而非不同点。“从现有资源找答案”的思想是每个人都需要的，而这也正是 SIT 理论所推崇的“盒内思考”创新方法的精髓。有的时候，问题的本身就可以成为解决问题的方案。如何利用好所拥有的资源从而获得创新的结果，这是 SIT 理论的宗旨，也是帮助产生创新结果的利器。

3.2.2 五大工具

学者发现，尽管现有的创新产品及服务多种多样，实际上它们都具备相同的原理及特色，甚至连模式都十分相似。于是，学者对这些模式进行了进一步的归纳和提炼，开发出了 SIT 理论的核心——创新思维工具。其中，最基本的五个工具为：减法工具、除法工具、乘法工具、任务统筹工具和属性依存工具。

1. 少即是多：减法工具

一般来说，人们常常会主观地认为减法就是简单地破坏或削减原有产品的形式。而作为 SIT 系统中一种创新思维方法论的工具，减法工具的核心在于删除一个产品中重要的组件，并且为这样创造出来的虚拟产品找到新的实用价值和市场。通过使用减法来应用“形式决定功能”的最大阻力路径，可以帮助客户获得真正有效的创新想法。

正确发挥减法工具的作用，需要遵循以下五个步骤。

（1）列举产品或服务的内部组成部分。

（2）可以选择其中一个基础元素并想象将其删除，有两种相对的方法。

A. 完全删除，将这个基础部分从产品中完全移除。

B. 部分删除，删除该基础部分中的某个特性或功能。

（3）想象删除之后的结果。

（4）考虑以下问题：删除某个部件后，这个产品的好处是什么？能够满足哪些市场需求？有什么价值？哪些顾客需要这种产品？顾客为什么认为它有价值？在解决具体问题时，它如何发挥作用？经过认真考虑后，尝试从未被删除的“框架”中寻找一个替代物，这个替代物既可以是内部构件，也可以是外部构件。然后考虑：调整后的产品有什么好处？有什么价值？它能够满足哪些市场需求？

（5）在确保创新性之后再考虑可行性，确保能生产出产品或者提供服务。

例如，一家生产洗衣液的公司想研发新产品，创新灵感从何而来？洗衣液的减法如表 3.11 所示。

表 3.11　洗衣液的减法

步骤	内容
第一步	列出产品组成部分，洗衣液的组成部分有三：用来去污的活性成分；香精；增加黏性的黏着液。
第二步	删除其中一种成分，最好是基础成分。去污的活性成分是洗衣液的基础成分，减去活性成分。
第三步	想象删除后的结果。洗衣液中只剩香精和黏着液了，是要生产洗不干净衣服的洗衣液吗？
第四步	明确新产品优势和市场定位。有人想到，被去掉的活性成分，虽然能洗净衣物，但也会损伤衣物，导致掉色。那就不叫洗衣液，新产品叫“衣物清新剂”。
第五步	没有洗衣液的洗衣液——衣物清新剂，宝洁每年从“衣物清新剂”中获利超过 10 亿美元。

使用减法工具时，需要注意以下问题。

（1）不应仅删除产品中有缺陷的部分。这种操作并非减法工具，只是通过调整产品的特性来提高其性能。例如，删除苏打水中的糖分以获得无糖饮料只是饮料的新版本，而不是减法工具的运用，因为配方已经发生了改变。同样地，从咖啡中去除咖啡因也不是减法工具的一部分。

（2）删除基本成分。对于一些人而言，删除基本成分会让他们感到负罪，因为他们可能会认为这会破坏原有的产品。此外，有些人也不太相信减法工具的有效性。因此，关键在于将注意力集中在所拥有的东西上，而不是已经失去的。我们可以将所有剩余的成分视为构成新产品的一个整体，这样就不会继续纠结于已经删除的那个部分了。

（3）不要急于寻找替代品。删除基本成分往往会引起情感上的抗拒，使人内心潜藏的“固定结构”浮出水面，导致心理上的不适强烈到让人迫不及待地寻求“拯救”产品的冲动。需要强调的是，基础成分既非核心成分，又不是次要成分，而是处于中间的地位。因此，如果删除了它们，可能会导致一个重要的构成部分无法弥补。然而，删除可能是创新的开端，就像索尼公司发明随身听一样。当然，这种情况非常罕见。所以，在删除基本部件之后，要记得在框架内寻找替代品。

（4）避免认知偏差。人们往往会将缺少某个部分的产品想象到某种场景中去评估，例如，“删除电视机的屏幕”这一想法会让大多数人想到收音机。然而，这不是完全正确的，因为电视机播放的是电视节目，而不是广播节目，其信号来源于电视台而不是广播站。而且，技术人员也认为，电视机的电子元件、波长以及其他相关参数都证明了即使缺少了屏幕，它仍然是一台电视机，而不是收音机。再如，一些旅行社会以低报价销售低标准的服务（通过降低住宿成本和交通成本以达到低价），虽然旅游路线未变，但所有的服务内容以及享受的设施都会降低一个档次。因此，减法工具并不等同于“低配”，有时也会带来实实在在的好处。

2. 分而治之：除法工具

作为SIT理论的创新工具之一，除法工具在于将产品或服务的组件进行拆分并重组，从而产生出新的虚拟产品。除法工具主要的作用在于帮助客户打破结构型思维定式，引导人们对产品的原有结构或服务的固定流程进行新的思考，找到创新的解决方案。

为了最大限度地发挥除法工具的作用，需要遵循以下五个步骤。

（1）列举出产品或服务的内部组成部分。

（2）以下列任意一种方法分解产品或服务。

A. 功能型除法，是在产品或服务中选取某个功能，并改变其使用方式或位置。

B. 物理型除法，是将产品按照随机的原则分成若干部分的方法。

C. 保留型除法，是指将产品按照原有比例缩小或放大。

（3）设想新组成的产品或服务。

（4）考虑新产品或服务的潜在好处、市场需求以及目标客户等。

（5）在上述基础上确保可行性，灵活使用三种不同类型的除法工具使其完善。

例如，如何对冰箱进行创新？冰箱的除法如表3.12所示。

表3.12　冰箱的除法

步骤	内容
第一步	列出冰箱的组成部分：门；隔板；灯泡；制冰格；压缩机……
第二步	用功能型除法、物理型除法、保留型除法分解产品：把“压缩机”放在冰箱外的某个地方。
第三步	设想新组成的产品：把“压缩机”放在屋子外面呢？一种新产品形态出现了。
第四步	明确新产品优势和市场定位：厨房会安静许多；厨房的热量会降低；维修方便；冰箱容量变大；一台外置压缩机可以带动多个冰箱；单独的蔬菜柜和饮料架……
第五步	可行性：脱离冰箱主体的独立冰镇抽屉出现在市场上，其中包括通用电气 Hotpoint 系列的抽屉型电器。

运用除法工具时的注意事项如下。

（1）进行时间与空间的重新设计。在对产品或服务进行分解时，可以将各个部件按照时间或空间的顺序重新排列组合。在空间重组时，需要将分解后的部件放置在不同的位置，如将冰箱压缩机放置在室外。在时间重组时，需要确保分解后的部件在不同的时间出现，即在特定的时间内它的位置不变，如分时收费公寓。

（2）启动创新之旅的第一步可以从列举部件清单入手。列举部件清单能够让人看到新的视角，打破内心的“结构性固着”和“功能性固着”，从而最大限度地激发创新思维。

（3）如果在重新组装分解后的部件时遇到困难，有必要调整“分辨率”。这意味着，需要调整“框架内的世界”和所使用的部件清单之间的距离。如果放大“框架”，就能更清晰地看到其中一个部件。如果缩小“框架”，就可以从更大的背景中看到整个部件。通过调整“框架”的大小，可以更好地根据除法工具来形成有价值的想法，并恰当地改变其配件清单。

灵活运用三种不同类型的除法工具分解对象是关键，能够极大地激发每个人的创造力。

3. 生生不息：乘法工具

人类历史上很多重大创新都得益于乘法工具，如摄影中的单片新月形镜头、双闪光灯、双面胶、双焦眼镜、三路灯泡、开普勒仪器和“不水平”的水平仪等。在使用乘法工具时，人们需要将产品中现有的一个组件进行单次或多次复制，并对复制件进行一定的调整，使它们能发挥与原先不同的作用。

要最大限度地发挥乘法工具的功效，须谨遵以下五个步骤。

（1）列举产品或服务的内部组成部分。

（2）选择其中一样进行复制。

A.列举出该部分的属性，属性是指一些可能发生变化的特性，如颜色、位置、方式、温度等。

B.以一种颠覆的方式选择一个基本属性加以改变。

（3）设想新产品或新服务的样子。

（4）考虑新产品的潜在好处、市场需求以及目标客户等。

（5）确保可行性，努力使其更加完善。

清新剂的乘法如表 3.13 所示。

表 3.13　清新剂的乘法

步骤	内容
第一步	列出产品的组成部分：液态香精；容器；外壳；插头；电热丝。
第二步	复制其中一个组成部分：复制容器。
第三步	设想新组成的产品：两瓶空气清新剂，一根电热丝，听上去摸不着头脑。
第四步	明确新产品优势和市场定位：一个电热丝，两个瓶子，放上不同的香水，交替发出气味。
第五步	可行性：进一步改进，最终变成一瓶除臭剂、一瓶清新剂，交替加热，散发香气。

和对待其他创新策略一样，需要以正确的方式使用乘法工具，这样才能收获有益的结果。以下是使用乘法工具时需要注意的一些事项。

（1）不要只是给产品或服务做简单的加法。许多公司想要通过给产品添加新功能来超越竞争对手，但这种简单的加法方式往往会误导创新方向。这种简单的加法并不能给产品带来明显的改变，只会被华丽的设计所迷惑，不断地为产品或服务增加新的内容，而这些内容往往只是针对市场需求、客户喜好和激烈竞争而增加的，并不一定是正确的。因此，不要仅对产品或服务进行简单的加法。

（2）在运用乘法工具时，必须对产品的某些部件进行改动，否则只是单纯的添加，不会提高产品的价值，只会增加复杂度和冗余。以剃须刀为例，即使添加了十个刀片，也不能算是创新。这种错误往往是由于没有对该部件进行属性清单列举所导致的。因此，在进行改动时，关键是让其看起来不合逻辑，这会为后续的“形式优先、功能次之”的思维模式提供平台，使人们能够利用这个看似怪异的框架来获得有价值的创意。

（3）不要使用乘法工具来度量特定属性，因为这些属性是部件的可变特征。例如，闹钟的铃声是其中的一个部件，铃声的分贝则是它的属性。同样地，食物的味道是部件，而味道的类型和强度则是它的属性。

（4）在运用乘法工具时，建议多复制几份部件。初次实践时，许多人因“功能性固着”和“结构性固着”而只复制一份部件，这种情况下往往无法发挥出其最大的效益。因此，专家强烈建议至少复制两份部件，但最好复制 3 份、6 份，甚至 25 份。可以选择任意一个数字，越奇特越好！复制的部件再经过加工处理，将成为开启创新思维的一把钥匙。

4. 一专多能：任务统筹工具

在使用任务统筹工具时，需要为一个现有的资源赋予一个额外的任务。任务统筹工具能够帮助人们打破功能性思维定式，通过将其代入“形式决定功能”流程，帮助人们对产品及产品环境中的资源进行系统化的重新审视，找到解决问题的新可能性或创新的想法。任务统筹工具是 SIT 理论的核心工具之一，在广告及市场沟通领域有较广泛的应用。

要最大化发挥任务统筹工具的优势，必须遵循以下三个基本步骤。

（1）列举某项产品、服务或流程中其框架内部和外部成分的所有部分。

（2）在这些选项中任选一种方式，将其中一个成分分配给新的任务。

A. 选取一个外部组件，并为其分配产品本身可以完成的任务。

B. 选取一个内部组件，并为其分配一个新任务或附加任务。

C. 选择一个内部组件，让它发挥外部组件的功能，即挪用后者的功能。

（3）评估部件或元素是否能有效执行新任务并带来新价值或解决新问题。如果发现创意有意义且可行，则成功应用了任务统筹模板。否则，重复上述步骤。

例如，伊丽莎白·法劳特发现一位老太太用一条普通的项链挂眼镜，每次戴上眼镜时都要费力找眼镜腿。法劳特因此设计了一款带旋转环的项链并创建了 LA LOOP 品牌，眼镜可以随身体移动而平衡，不再晃动或掉落。眼镜项链能方便用户戴、摘眼镜，同时也是时尚饰品。眼镜项链的任务统筹如表 3.14 所示。

表 3.14　眼镜项链的任务统筹

步骤	内容
第一步	列出眼镜项链的组成部分：眼镜、项链、耳朵、脖子、视力、光线。
第二步	选择元素：项链。为项链赋予新任务：从装饰变为眼镜支撑，方便调节眼镜位置。
第三步	评估效果：项链成功实现支撑任务，还能保持装饰功能。用户无须担心眼镜丢失，也无须频繁手动操作眼镜，而且可以根据个人喜好选择不同风格的项链，增添个人魅力。

和对待上述其他创新工具一样，必须正确使用任务统筹工具，才能使其发挥出最大成效。以下是这一工具使用过程中需要注意的事项。

（1）不要过于追求稳定，应该将新任务只分配给那些明显能够胜任这项工作的部门或人员。可以服从第一反应，也可以从所有元素中随机选择。虽然随机选择的结果可能与直觉相反，但是却更有可能带来突破性的创新。

（2）确保发现并识别“框架内”明显的组成部分。不要放过任何可能被忽略的元素，不要受限于固定功能的思维定式，可以通过与他人的协作来捕捉每一个细节。例如，可以向客户询问这个“框架”有哪些成分，因为不同的视角会提供新的思路。如果不确定，还可以通过搜索引擎深入了解内部和外部组成部分。例如，搜索“飞机零部件”，会检索出一系列相关信息，清楚地展示框架的内部元素。接下来，可以想象与飞机相关的各种人：乘客、飞行员、航空管制员、机修人员、空中服务员等，他们就是飞机这个“框架”中的外部元素。

（3）“任务统筹”和“任务集结”是两个不同的概念。“任务集结”就像瑞士军刀和多功能腕表，将很多不同的部件集中到一个设备里，但每个部件只能发挥其原本的功能，没有协同作用完成额外的任务。相反，“任务统筹”是指将不同的任务组合在一起，并且形成协同作用，以最大限度地实现任务目标。因此，这是两个截然不同的概念。

（4）尽可能综合运用三种任务统筹工具。

任务统筹工具给热爱发明创造的人们提供了一条路径，使他们得以利用框架内的资源从自己的想法中挖掘更多的价值。任务统筹式的思维方式为人们开启了一个无穷大的创新宝库，可以将它与其他工具配套使用，这会让人在创新之旅中获得更多的收获。

例如，当通过减法工具构思出了一个新念头时，试着给那个“框架内”的替代物分配一个额外的任务。同样，运用除法工具时，也花时间想一想被分解出去的某个部分是否可以因为位置的改变而承担一项新任务。例如，将计算机屏幕分解成若干个小块之后，可以给这些不同的区域分配不同的任务，如显示不同的软件应用程序。运用乘法工具时，对复制后的那个部分稍加改动，以使它在现有功能的基础之上拥有一项新功能。在“框架内”多进行这种类型的思考，会让创意拥有更多的改进空间。

5. 巧妙相关：属性依存工具

属性依存工具的基础在于建立或打破产品和环境中两个变量之间的联系。在进行创新时，属性依存工具推荐挑选两个原本无关的属性，以一种新的方式使它们相互依存。虽然这个工具比其他工具更为烦琐，但在新产品开发中依旧经常被使用，大约有35%的创新来自该工具。在生活中，基于相同思路的新产品层出不穷，尤其是在食品行业。

为了最大限度地发挥属性依存工具的功效，须遵循以下六个步骤。

（1）列出变量清单。

（2）将变量排成行与列。

（3）根据当前的市场动态填表。

（4）根据可能的依存关系填表。

（5）设想新的依存关系，考虑潜在好处、市场需求以及目标客户等。

（6）确保可行性，努力使其更加完善。

注意：前四个步骤与其他创新工具有很大差别，后两个步骤则相同。

例如，如果我们给咖啡杯装上一根进度条，让它与温度依存呢？你可能会在你喜欢的咖啡厅，看到一种可变色的咖啡杯盖，专门用于咖啡杯上。当杯里的咖啡很烫时，咖啡杯盖的颜色是红色的，随着咖啡温度的逐渐降低，杯盖会慢慢恢复棕色。只要观察杯盖的颜色，就不会被咖啡烫着。再如，如果我们给比萨饼的盒子装上一根温度计，让它也与温度依存呢？澳大利亚的必胜客提出一个“永不再吃冷比萨”的口号，他们在外卖比萨饼的包装盒上，装了一个温度标记，如果到手的比萨温度低于承诺，顾客就可以不付钱或者少付钱。

与对待其他创新工具一样，必须正确地使用属性依存工具，才能使之发挥出最大作用。以下是一些注意事项。

（1）成分与变量是不同的概念。在属性依存工具中，与其他四种工具不同的是使用了变量而不是成分，许多人常常将它们混淆。

（2）制作表格时需要用心。尽管制作一张精美的表格可能需要花费一定的时间，但这将使得本来难以理解的创新策略变得简单易学。从长远来看，用心制作表格实际上可以节省时间，并帮助我们发现所有的创新可能性。

（3）选定一组变量后，可以尝试探索它们之间的相关性，包括正相关和负相关。

（4）在建立依赖关系时，应该只考虑那些能够被掌控的变量。例如，在一个产品或服务内部的变量之间可以建立独特的依赖关系，因为这些变量都在掌控范围内。而在一个内部变量和一个外部变量之间建立的依赖关系应该是灵活的，因为其中一个变量（如天气）是不能被控制的。但是，在两个都不受控制的外部变量之间建立依赖关系是不可行的。

3.3 I-DMAIC 改进模型

3.3.1 DMAIC 模型

在六西格玛管理中，最重要的方法就是 DMAIC 这一改进过程的结构化的方法，DMAIC 可用于改进变异、周期和产量等问题，是一个突破性策略。六西格玛管理针对现有流程的改进模型为 DMAIC 或传统 DMAIC（T-DMAIC），即定义（define）、测量（measure）、分析（analyse）、改进（improve）和控制（control），如图 3.8 所示。

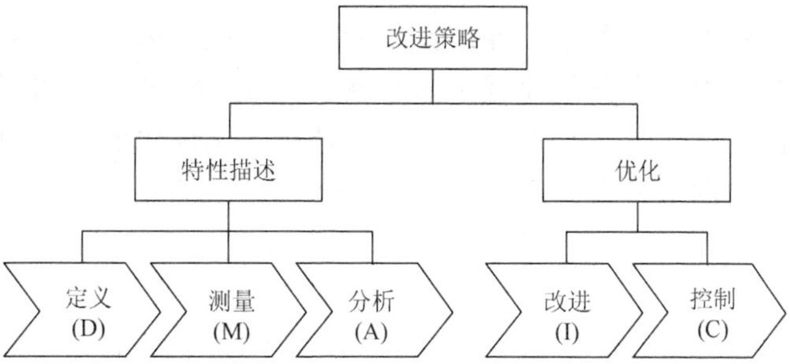

图 3.8 DMAIC 改进模型

3.3.2 I-DMAIC 创新过程

I-DMAIC 是由 T-DMAIC 综合 TRIZ 理论所形成的新模型，I-DMAIC 和 T-DMAIC 一样，均包括定义、测量、分析、改进、控制五个阶段，具体阶段的工作流程说明如下。

1. I-DMAIC 定义阶段

通过在 T-DMAIC 的定义阶段中综合 TRIZ 理论，得到了 I-DMAIC 定义阶段的五步骤模型，如图 3.9 所示。I-DMAIC 定义阶段的工作流程说明如下。

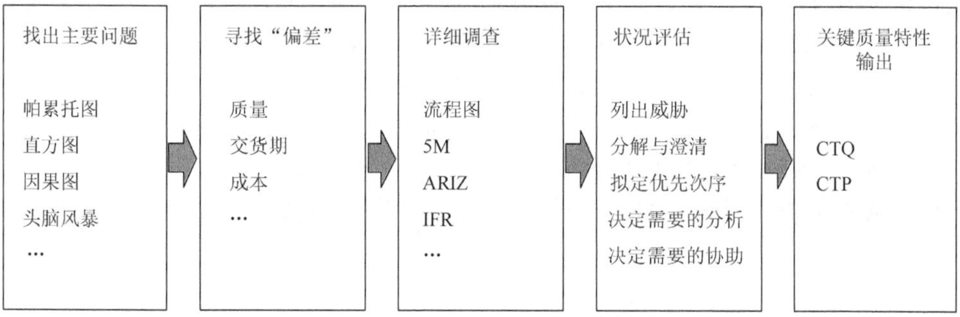

图 3.9 I-DMAIC 定义阶段的工作流程

第 1 步：及时收集企业运营过程中的“偏差”，即不能达成目标的问题现象。“偏差”的来源主要有两个途径：一方面是被动的方式，如市场或用户的投诉、抱怨的方式；另一方面是主动的方式，其目的是掌握产品或服务的状况以及相关动态，如市场调研、客户走访、咨询行业权威部门的有关信息等的方式。

第 2 步：通过适当的质量控制工具找出占大多数产品缺陷比例的少数缺陷类型。缺陷与缺陷类型之间的比例关系基本符合“80/20”原则。关注少数重要的缺陷类型有助于提高解决问题的效率。

第 3 步：调查和收集缺陷及缺陷产生的条件、环境、缺陷的历史等相关信息，这些信息是分解复合问题的基础。在 ISQ（innovation situation questionnaire，创新情况调查表）中，流程图可以帮助团队界定问题的边界，区分哪些是“合法”的流程，哪些是“非法”但又不得不存在的流程（如隐藏工厂）；5M 的信息可以使团队从过程条件方面掌握其状况；ARIZ 中的“问题分析”是从系统进化的角度来审视当前系统的状态及有何种程度的创新机会；最终理想解表达了系统的功能处于理想时的状态，通过描述最终理想解可以帮助团队制定富有挑战性而又符合技术系统进化规律的六西格玛项目目标。

第 4 步：SA（situation appraisal，状况分析）是状况评估技术，通过使用 SA 技术易于使团队达成共识，可以帮助团队找到“正确”且重要的问题，对六西格玛项目在一开始就进入正确的方向提供保证。

第 5 步：通过前面四个步骤，获得 I-DMAIC 定义阶段的输出，即 CTQ 或 CTP。I-DMAIC 定义阶段的第 3 步和第 4 步融入了 TRIZ 工具，因此将增强定义问题的正确性和缜密性，减少了随意性，这些特点将会改善 T-DMAIC 定义阶段所存在的弱点。

2. I-DMAIC 测量阶段

I-DMAIC 测量阶段的目的与 T-DMAIC 测量阶段的目的相同，主要是确定过程的当前能力水平。换句话说，团队必须确定每个关键质量特性（critical to quality，CTQ）或者关键过程特性（critical to process，CTP）的目前状态。如果不能测量它们，那么也就不可能改进它们。CTQ 或者 CTP 就是过程的输出，对于顾客来说非常重要，而且通常会被规定规格范围或目标。在测量变量 Y 的状态之后，就能得出它的当前水平。当要想改进 Y 的状态时，必须通过改变与 Y 有关系的过程输入变量 X_S 的状态实现。

为了确保所收集数据的准确性，团队在进行数据收集之前需要进行测量系统分析，包括对测量系统的重复性和再现性等方面进行评估，以排除与检测系统相关的任何问题，确保所收集到的数据真实地反映变量的状态和水平。

I-DMAIC 测量阶段结合 TRIZ 的创新工具后的工作流程如图 3.10 所示。

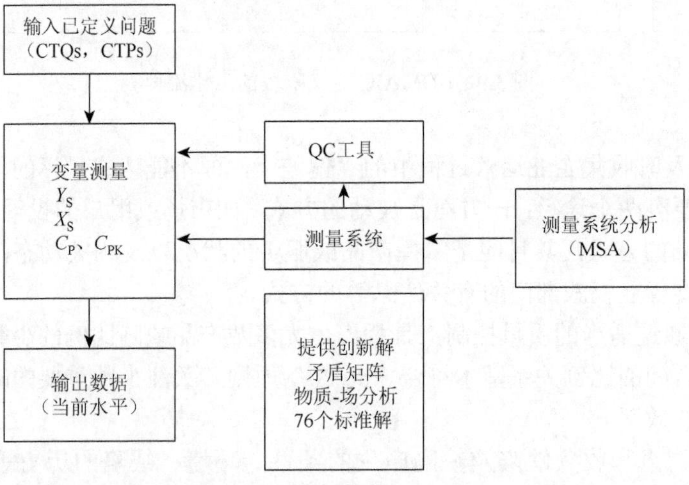

图 3.10　测量阶段的工作流程

通过在 T-DMAIC 的测量阶段中综合 TRIZ 理论，得到了 I-DMAIC 测量阶段的三步骤模型。I-DMAIC 测量阶段三步骤的作用说明如下。

第 1 步：输入。所输入的问题就是在定义阶段所定义的问题，即 CTQ 或 CTP。

第 2 步：测量变量。在针对所定义的 CTQ 或 CTP 以及影响它们的输入变量 X_S 测量之前，需要对检测系统进行分析，以确保测量的数据正确、有效。TRIZ 工具用来解决检测系统所存在的问题。质量控制工具如因果图等用来确定哪些输入变量 X_S 影响 Y_S。

第 3 步：输出结果。所输出的结果就是所测量的变量 Y_s 和 X_s 的当前水平的数据。

3. I-DMAIC 分析阶段

在 T-DMAIC 分析阶段使用的工具中，通过结合问题分析（problem analysis，PA）模式以及当前现实树（current reality tree，CRT）得到 I-DMAIC，I-DMAIC 分析阶段的工作流程图如图 3.11 所示。

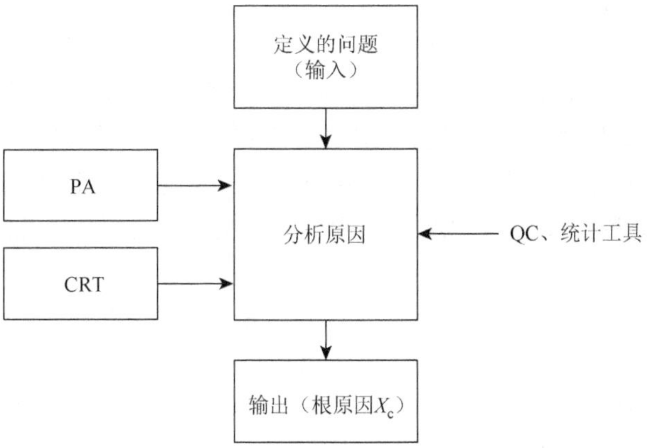

图 3.11　I-DMAIC 分析阶段的工作流程图

4. I-DMAIC 改进阶段

在 T-DMAIC 改进阶段使用的基础上，结合决策分析（decision analysis，DA）模式、潜在问题分析（potential problem analysis，PPA）模式，TRIZ 理论的矛盾矩阵、分离原理、技术系统进化模式、最终理想解，佐藤允一的问题构造法以及约束理论的矛盾解决图表（conflict resolution diagram，CRD）和未来现实树（future reality tree，FRT）等系统工具，得到 I-DMAIC 改进阶段的工作流程。为了更加清楚地表达这些新增工具在 I-DMAIC 改进阶段的作用，将此阶段的工作流程图分为两部分，如图 3.12 和图 3.13 所示。图 3.12 主要表达使用约束理论的 CRD 和 TRIZ 的矛盾解决方法来识别关键输入变量 X_c 存在的矛盾关系以及消除矛盾的过程方法（第 1 步～第 5 步）；图 3.13 主要表达最终解决方案的产生过程（第 6 步～第 10 步）。

第 1 步：输入。此步骤输入的内容为分析阶段的输出内容，即关键变量 X_c（根原因）。

第 2 步：识别矛盾。使用 CRD 识别 X_c 中存在的矛盾。为了达到一个目标所需的两个必要条件中，如果两个必要条件所对应的两个先决条件之间具有相反的要求，那么就说明了两个先决条件存在矛盾。

第 3 步：矛盾判断。经第 2 步的 CRD 对 X_c 的矛盾性识别后，如果不存在矛盾，那么就直接将 X_c 输出；如果存在矛盾，则将矛盾双方输入 TRIZ 工具中进行解矛盾。

第 4 步：解矛盾。通过 TRIZ 的矛盾矩阵或分离原理，消除 X_c 之间的矛盾，所得到的解就是消除矛盾的解决方案。

第 5 步：输出。此步骤的输出为无矛盾的 X_c 和消除矛盾的解决方案。当关键变量 X_c 之间的矛盾关系消除时，便可以产生最终解决方案。

第 6 步：输入。输入的内容就是关键变量 X_c 和矛盾的解决方案，将它们输入给问题构造步骤。

第 7 步：问题构造。此步骤的目的是将无矛盾的关键变量 X_c 和矛盾的解决方案进行分类，区分出手段、障碍、约束，以便决定对它们实施改进的次序。此步骤完成后将结果输入给 DA 的制定方案环节。

第 8 步：产生解决方案。使用决策分析模式的主要目的是产生最有希望解决问题的方案，以及对其解决方案进行比较和决策，DA 模式的输出为所定义问题的最佳解决方案。在 DA 模型的决策过程中，TRIZ 的进化模式和理想最终解以及佐藤允一的对策顺序作为对“期望目标”设定的主要依据。在 T-DMAIC 改进阶段使用的传统工具如实验设计、头脑风暴等工具用于本流程 DA 模式中的制定方案环节上，其目的是定量地优化所制定的方案。

第 9 步：潜在问题分析。使用 PPA 的目的就是在已确定的解决方案实施之前，要对方案在未来实施过程中可能会发生的问题或后果进行系统的思考，并对找出的“未来”问题做出对应的措施以避免发生影响目标达成的各种问题。使用 PPA 模式后将产生起保护解决方案成功实施作用的保证方案。

第 10 步：问题解决方案的实施。当使用如图 3.13 所示的制定解决方案流程后，便可以得到解决六西格玛项目问题的解决方案和使解决方案成功实施的保证方案。得到了这些方案后，六西格玛团队便有了实施改进的条件。在如图 3.13 所示的流程图中，使用约束理论的未来现实树（FRT）是为了检验期望得到的结果（目标）与所采取方案之间的因果逻辑，审视有无负面结果产生的可能性。由于 FRT 具有图示化表达的特点，因此便于相关人员理解和掌握。

5. I-DMAIC 控制阶段

控制阶段的主要目的是保持改进成果并维持稳定的统计控制状态。在 T-DMAIC 控制阶段，主要使用控制图、推移图、过程能力指数等工具，来监控当前过程或系统性能的水平和变化趋势。这些工具虽然可以预测过程的性能，但无法预测由过程的特殊原因引起的不良产品批量。不良产品可能是过程内存在的潜在失效因素及其必要条件引起的。T-DMAIC 原有的工具并不能探测出这些潜在失效原因及其产生不良的方式和程度，因此需要其他工具来探测。

如果不能有效地消除这些原因，那么即使通过六西格玛团队所得到的改进成果，交给过程的所有者进行正常的管理后，也无法有效地维持。因此，为了充分体现六西格玛持续改进的宗旨，必须消除存在于过程内的潜在失效原因，以防止其阻碍过程达到更高能力水平。

在 T-DMAIC 的控制阶段结合了精益生产体系的 Poka-Yoke（防误系统）、标准作业以及 TRIZ 的 AFD（失效预测）技术后，得到了 I-DMAIC 控制阶段的工作流程，如图 3.14 所示。

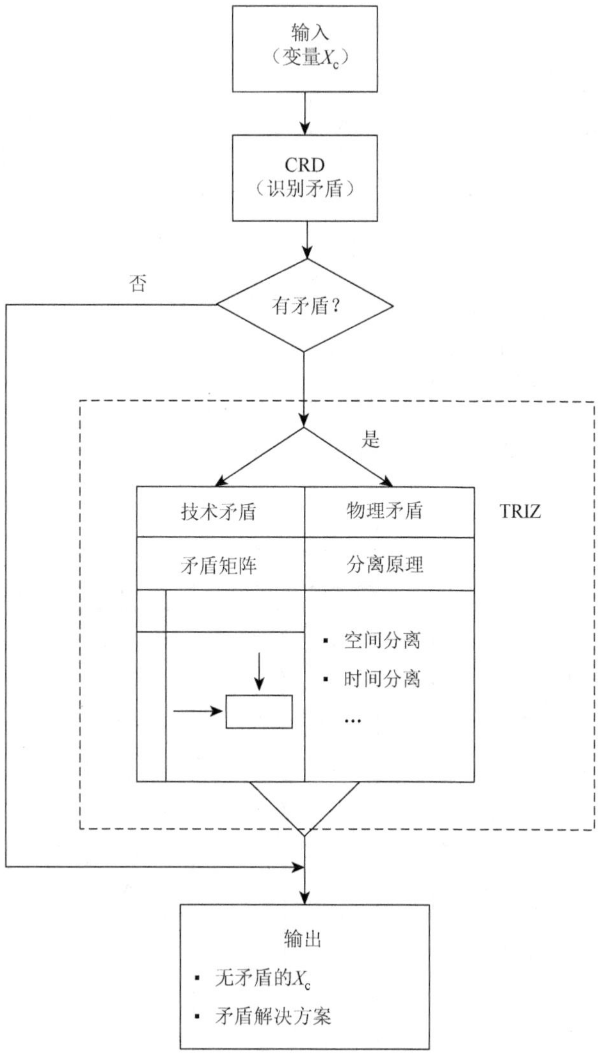

图 3.12　使用 CRD 和 TRIZ 消除矛盾的过程

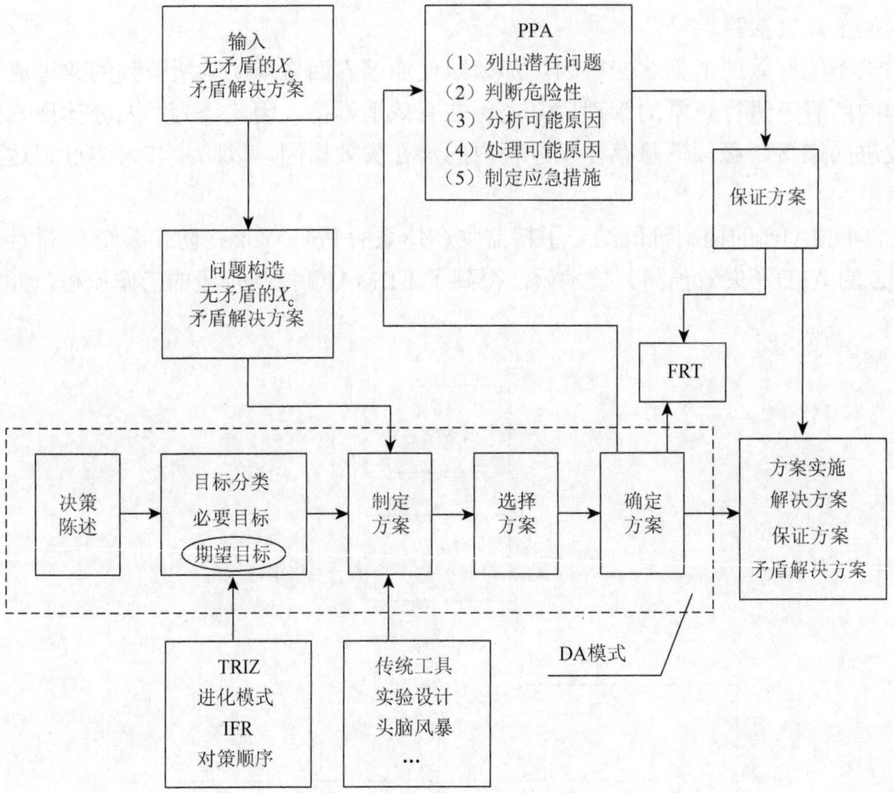

图 3.13　I-DMAIC 改进阶段的制定解决方案流程图

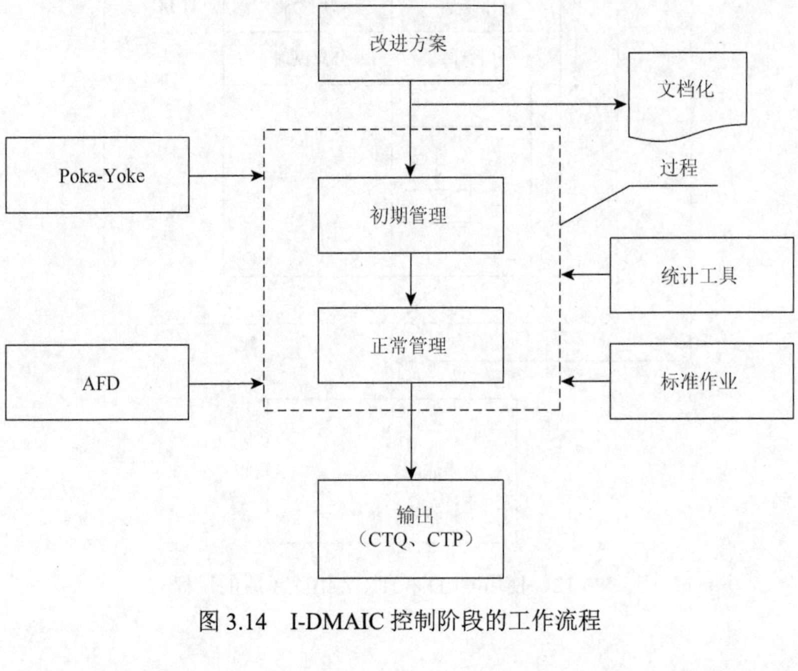

图 3.14　I-DMAIC 控制阶段的工作流程

3.3.3　I-DMAIC 创新案例

为了更好地说明 I-DMAIC 的创新效果，以“柴油型车辆供油系统”的设计作为案例进行说明。

1. 问题描述

柴油车辆使用人员对柴油车辆供油系统的需求总共体现在七个方面：确保基本的供油和燃油雾化功能，能够在较宽温度范围尤其是低温环境下正常供油，智能控制，节省燃料，寿命长，维护成本低和抗破坏能力强。以上这些需求都来自客户，称为需求 1，需求 2，需求 3，……，需求 7。为了考虑这些需求，我们设计了 KANO 调查问卷，并将结果填入 KANO 评价表，如表 3.15 所示。通过下面的公式，可以计算出客户的满意度（更好）S_i 和不满意度（更差）D_i。

$$S_i = \frac{A_i + O_i}{A_i + O_i + M_i + I_i} \tag{3.1}$$

$$D_i = \frac{M_i + O_i}{A_i + O_i + M_i + I_i} \tag{3.2}$$

其中，A 为魅力需求；O 为期望需求；M 为必备需求；I 为无差异需求；i 为需求序数。

为了确定柴油车辆供油系统的关键质量特性，需要对多个需求进行调查和计算。以“能够在较宽温度范围尤其是低温环境下正常供油”为例，通过统计数据计算得到需求 2 的 Better-Worse 系数，S_2 为 91%，D_2 为 56%。对于其他需求，同样计算了它们的 Better-Worse 系数，并绘制了卡诺模型四分位图，分界线为系数均值，见图 3.15。

根据卡诺模型四分位图，我们确定了需求 2 和需求 4 为期望属性。因为需求 2 的 Better 系数远高于需求 4，所以最终选择了“能够在较宽温度范围尤其是低温环境下正常供油”作为关键质量特性，这正是客户所需要的。

转换表达：我们需要关注那些影响产品质量的重要特性。在产品技术创新中，将面临供油系统无法在低温环境下正常运转的问题。由于项目实施地区为内蒙古，冬季气温非常低，因此供油系统常常无法正常工作，导致柴油发动机无法操作。这实际上是高寒地区柴油车辆面临的主要问题。通过卡诺模型分析发现，需求 2 的 Better 系数最高，同时反映了该主要问题，这是客户最需要解决的问题。为了解决这个问题，需要找到适合低温环境的供油系统。

表 3.15　KANO 评价表

		不提供此功能				
		喜欢	理所当然	中立	可以接受	不喜欢
提供此功能	喜欢	1	45	50	97	245
	理所当然	0	4	1	4	12
	中立	0	4	4	1	7
	可以接受	2	1	0	4	5
	不喜欢	1	0	0	1	0

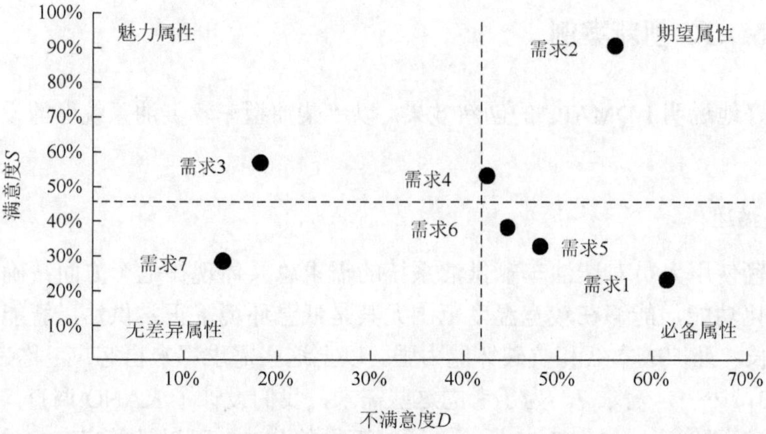

图 3.15 卡诺模型四分位图

2. 问题分析

使用 TRIZ 工具深入分析"供油系统无法在低温环境下正常供油"这个问题。首先进行功能分析，包括以下三个步骤：组件分析、相互作用分析和建立功能模型。针对柴油车的供油系统，其组件包括油箱、油管、柴油滤清器、输油泵、进油歧管和喷油嘴；作用对象为柴油，其超系统组件包括冷空气和蜡。根据相互作用分析表，如表 3.16 所示，建立功能模型，其中"+"代表两个组件之间存在相互作用，"–"代表不存在相互作用。通过建立的功能模型图（图 3.16）可以看出，冷空气对柴油进行冷却，导致燃油通路中产生蜡，与柴油一同在整个供油系统回路中存在，对组件产生堵塞的有害功能。同时，冷空气对整个系统产生冷却功能，令产生的蜡无法融化，在整个回路中积聚，从而导致供油不畅。

表 3.16 相互作用分析表

	油箱	油管	柴油滤清器	输油泵	进油歧管	喷油嘴	柴油	冷空气	蜡
油箱	–	+	–	–	–	+	+	+	+
油管	+	–	+	–	–	–	+	+	+
柴油滤清器	–	+	–	+	–	–	+	+	+
输油泵	–	–	+	–	+	–	+	+	+
进油歧管	–	–	–	+	–	+	+	+	+
喷油嘴	+	–	–	–	+	–	+	+	+
柴油	+	+	+	+	+	+	–	+	+
冷空气	+	+	+	+	+	+	+	–	+
蜡	+	+	+	+	+	+	+	+	–

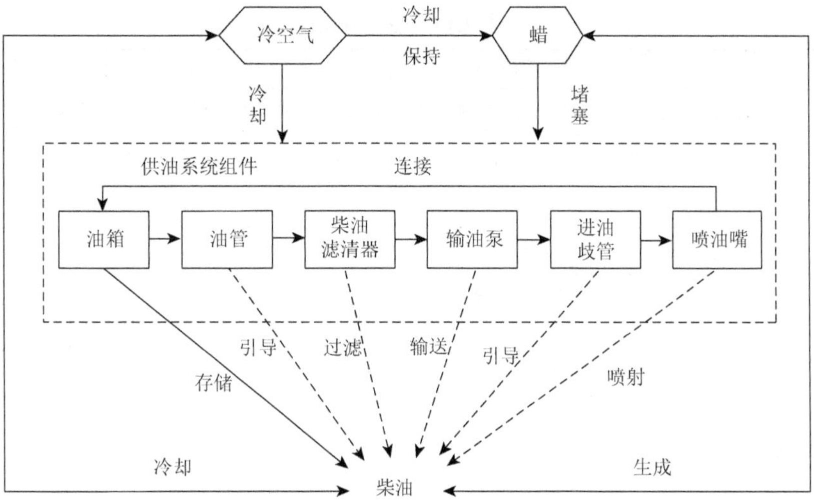

图 3.16　功能模型图

针对“供油系统无法在低温环境下正常供油”的问题，进行因果分析。绘制因果链图找出关键问题，如图 3.17 所示。由图可知，末端原因为柴油属性和冷空气环境温度低导致柴油结蜡。客户走访显示，虽然可通过更换抗冻柴油来满足不结蜡的要求，但其成本高且更换不便，无法从根本上解决问题。结合功能模型，关键问题为“环境温度低导致柴油结蜡”，需要隔绝或消除冷空气以防止柴油结蜡。这为设计人员确定“做什么”提供了突破点，从而确定产品技术创新的路径。对供油系统进行资源归类，分为系统内部资源和系统外部资源，并分析其资源可用性，如表 3.17 所示。利用这些可用资源能为问题提供解决资源。

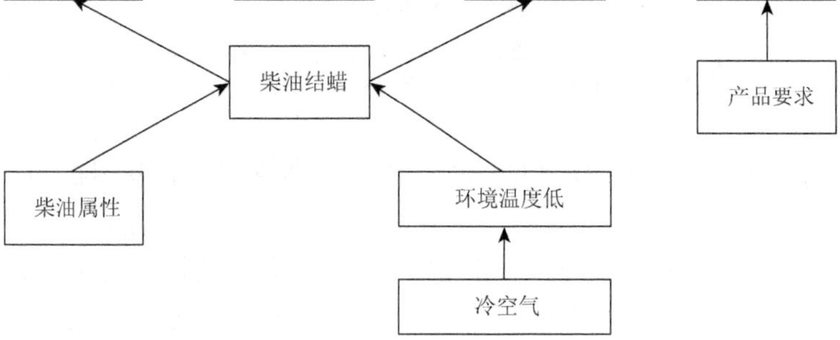

图 3.17　因果链分析图

表 3.17　资源分析

分类	资源名称	类别	可用性
系统内部资源	柴油、油箱、输油泵、油管、柴油滤清器、喷油嘴、进油歧管、蜡、传感器等	物质资源	可用
	重力场、热场、压力场、相位能、振动场、动能等	能量资源	可用
	温度、压力、流量、液位、密度等	信息资源	可用
系统外部资源	冷空气、热空气、水箱、冷却水、控制系统、液压系统等	物质资源	可用
	光能、热能、风能、电能等	能量资源	可用
	重力、阻力等	信息资源	可用

3. 方案设计

最终的理想解决方案是：柴油车辆的供油系统可以在任何环境温度下稳定运行并正常供油。这是柴油车供油系统设计的最高目标，并据此设计出了新的柴油车供油系统概念方案，如图 3.18 所示。由于该案例的解决涉及 TRIZ 理论中的矛盾矩阵和物质-场分析，因此，本方案仅做一般性介绍，暂不需掌握。

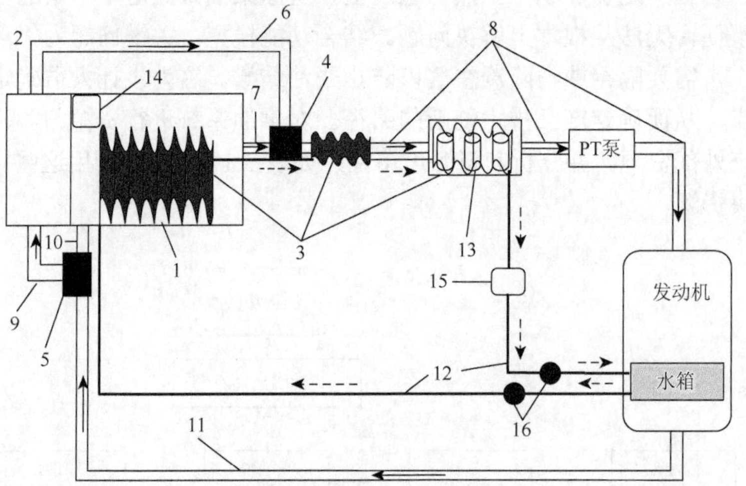

图 3.18　新供油系统原理图

1.主油箱；2.副油箱；3.热交换器；4.出油三通电磁阀；5.回油三通电磁阀；6.副油箱出油管；7、8.主油箱出油管；9.副油箱回油管；10.主油箱回油管；11.主回油管；12.输水管路；13.柴油滤清器；14.温度传感器；15.温控开关；16.截止阀

车辆采用两个油箱——主油箱和副油箱，其中主油箱储存高标号的 0 号柴油，副油箱储存低标号的柴油（如 35 号柴油）。在冬季启动车辆时，使用的是副油箱里的低标号柴油。发动机正常运转后，产生的热量通过预热水管进入主油箱、油管和柴油滤清器中的热交换器，从而使它们变得更加温暖。当车辆启动一段时间后，供油系统内部的温度升高，温度传感器会检测主油箱内的温度是否达到预定值。如果达到了，那么温控开关就会断开，预热回路也就关闭了。此时，通过三通电磁阀，油箱从副油箱切换到主油箱，也就是从低

标号柴油切换到 0 号柴油。此时，供油系统的预热已经完成，并且系统内部的温度能够达到较高的水平，系统也可以正常运行了。因此，在冬季，能够使用 0 号柴油来进行供油。

如果主油箱内的温度降到规定的数值以下，那么温度控制开关将会打开，继续为主油箱、油管和柴油滤清器等部件加热，以确保燃油供应系统的温度保持在正常水平。当车辆即将停止运转时，为了避免温度降低导致 0 号柴油结冰，必须手动控制三通电磁阀，切换至低标号柴油，这样才能将它流经整个系统回路，然后才可以熄火。此时，整个油路都被低标号柴油充满，确保下一次启动车辆时能够正常运转。

根据定义阶段的融合路线，成功明确了客户需求和产品设计的关键问题，有助于柴油车辆供油系统的设计。这种融合以客户需求为起点，正确地指引了产品创新设计的方向，避免了不必要的设计错误，降低了设计成本，提升了设计效率。

一家矿业公司在其柴油矿用车辆上安装了新的供油系统，使得改造后的车辆可以在冬季使用普通 0 号柴油，而不必使用价格较高的低标号柴油，从而降低了燃油费用。改造前，该公司每年冬季需要使用价格较高的低标号柴油，导致年平均燃油费约为 1.22 亿元。改造后，年平均燃油费约为 1.01 亿元，节约了燃油成本约 2100 万元。新的柴油车辆供油系统适用于各种柴油型车辆和工程设备，不受车型和地区限制，可以提高发动机的热效率和燃油经济性，具有很好的社会效益和经济效益。

3.4　本章习题

1. 单选题

（1）系统之外的高层次系统称为（　　）。

A. 超系统　　　B. 子系统

（2）系统之内的低层次系统称为（　　）。

A. 超系统　　　B. 子系统

（3）STC 法是一种让人类的大脑有规律的（　　）维度思维的发散方法。

A. 多　　　B. 单

（4）最终理想解法是在解决问题的初期，（　　）实际的各种限制因素，用最优的模型结构来替代实现预期目标的一种思维方式。

A. 不考虑　　　B. 考虑

（5）I-DMAIC 分为（　　）个阶段。

A. 4　　　B. 5　　　C. 6　　　D. 7

2. 判断题

（1）聪明小人法从幻想式解决构想中区分现实和幻想的部分，再从幻想的部分继续分出现实与幻想两部分，反复进行这样的划分，直到问题的解决构想能够实现。（　　）

（2）在技术系统中解决寻找资源问题时，常常会借由九屏幕法去寻找其工作流程中的所需，用来解决问题的资源。（ ）

（3）九屏幕法以空间为横轴考察过去、现在和未来的技术或者工艺状态，以此来全面理解技术系统的状态。（ ）

（4）I-DMAIC 测量阶段的目的与 T-DMAIC 测量阶段的目的相同。（ ）

（5）I-DMAIC 控制阶段的主要目的是保持改进成果。（ ）

第 4 章　技术系统进化理论

本章主要介绍技术系统进化理论，包含三个方面：技术系统进化趋势、技术系统 S 形进化曲线和技术系统进化八大法则。技术系统进化趋势是 TRIZ 的一个重要组成部分，阿奇舒勒运用发明专利数据大量分析之后，表明技术系统的进化和生物系统进化一样，都满足技术系统 S 形进化曲线。TRIZ 理论确定的技术系统的进化法则分别是：技术系统完备性法则；技术系统能量传递性法则；提高理想化法则；子系统不均衡进化法则；子系统协调性法则；动态性进化法则；向微观级和场的应用进化法则；向超系统进化法则。

4.1　技术系统进化趋势

技术系统进化趋势是 TRIZ 的一个重要组成部分。在阿奇舒勒开发 TRIZ 时，人们只是在抽象层面上谈论趋势、法则、模式和路线。如今，趋势更具操作性，因为人们已经发现了更多“如何在实践中利用趋势”的知识。每次矛盾的解决，都意味着技术的进步——解决矛盾是进化的唯一方法。系统的大小不是绝对的，而是相对的。因此，相较于原系统，更小的部分称作子系统；原系统是另外更大系统的小部件；更大的系统称作超系统，即技术系统所隶属的外部环境。

因为价值提高趋势具有普遍性，所以它处于趋势层次结构的顶端，在此之下又分为五个趋势以及其他子趋势，如图 4.1 所示。

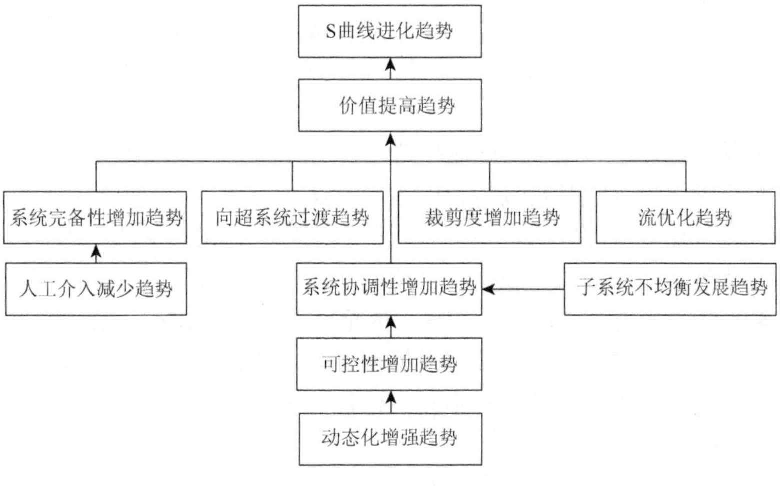

图 4.1　趋势的层次结构

4.1.1　价值提高趋势

因为价值提高趋势具有普遍性，所以它处于趋势层次结构的顶端。该趋势表明：随着系统的进化，它的价值也在提高。其中，价值是总的功能与成本的比值。如果称其为理想度提高趋势，那么其中的理想度则是系统产生的好处与支付因素的比值。这两个定义非常相似，在现代 TRIZ 中，该趋势的首选名称是价值增加趋势。所有其他趋势都是这一趋势的机制。因此，可以通过裁剪、将系统与其他系统集成、提高系统完备性等方法来提高价值。换句话说，有很多方法可以提高系统价值。因此，其他趋势是价值提高趋势的机制。此外，价值提高趋势有内部机制，这些机制是以 S 曲线进化趋势为基础的。根据产品在 S 曲线上的不同位置，如图 4.2 所示，有不同的提高产品价值的建议模式。

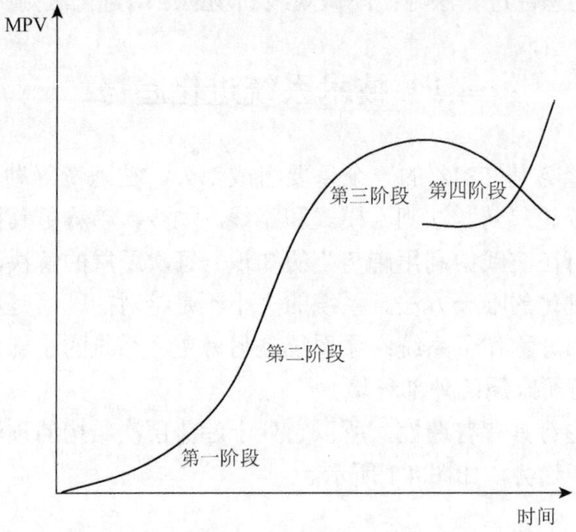

图 4.2　根据 S 曲线的位置提高价值的建议

MPV 为主要价值参数（main parameter of value）

在第一阶段，最合理的建议是在提高功能的同时降低成本。在 S 曲线的每个阶段都建议使用这种方法，因为它是提高价值的最快方法，但在后续阶段使用这种方法会比较困难。因为当系统还非常年轻时，很多东西可以改变和开发，这意味着有很多机会在降低成本的同时改进功能。例如，在电子计算机所在的早期阶段，出现了基于真空管的计算机，随着半导体的出现，转向基于半导体的组件对功能和成本产生了极大影响。

在第二阶段，功能增加应该比成本增加快得多，或者功能增加而成本不变。根据系统完备性增加趋势，在第二阶段，许多新组件被添加到系统中。因此即使成本增加了一点，功能也应大幅增加。

在第三阶段，应该寻找降低成本的方法，不再试图提升功能。

在第四阶段，应该改用功能性相对较差的廉价产品，如一次性产品。例如，陶瓷杯的功能性比一次性塑料杯高很多，但一次性塑料杯便宜得多。

4.1.2　系统完备性增加趋势

阿奇舒勒在研究中指出，系统通常有四类功能：执行装置功能、传动装置功能、能量源功能和控制系统功能，如图 4.3 所示，这些功能是系统运行所必需的。当执行机构执行主要功能时，能量（场）从能量源传输到执行装置，使系统运行。控制系统（既可以是系统的一部分，也可以是超系统的一部分）用于控制运行和其他所有功能。

图 4.3　系统完备性增加趋势

系统完备性增加趋势表明：一个系统最初通常仅有执行装置和某种传动装置，能量源和控制系统一般是从超系统中借用的。例如，最开始的缝纫工作只使用针和线，人体肌肉是能量源，人脑控制着缝纫系统：缝纫机被开发出来时，踏板和飞轮合并，成为新的传动装置；人们开始使用电机驱动缝纫机时，能量源被嵌入系统中；现代缝纫机包含不同程序的控制单元，用于缝制不同的纺织品，此时人工介入最小化。

在系统完备性增加趋势开始时，系统集中于最重要的事情上，即系统的主要功能。因此，执行装置是最先创建的。其他功能模块则通常按以下顺序获取：传动装置、能量源、控制系统。

通常，这种逐步获得功能的过程不仅仅包含一连串的四个步骤。在大多数情况下，这个过程被分成更多不完整的步骤。例如，缝纫机的控制系统最初仅有一个电源开关，它可以完成不同类型的缝合工作；之后出现了更复杂的程序，如用于产生扣眼和其他缝制结构。

汽车也是按照这种逐步发展的方式进化的。多年来，工程师已经设计出具有越来越多控制功能的汽车，如防抱死制动、动力转向、巡航控制或自适应巡航控制、加速控制、驾驶员睡意检测、车道偏离警告等，这些功能最初都是由驾驶员来完成的。如今的驾驶员只需要执行“驾驶”这一主要控制功能（真正的自动驾驶汽车除外）。虽然自动引导车（automated guided vehicle，AGV）包含控制系统，但其主要功能不如在道路上行驶的汽车的主要功能复杂。

系统完备性增加趋势与 S 曲线的第二阶段非常吻合。在此阶段，系统的功能显著增加。各趋势在系统的整个 S 曲线上都对系统产生影响。但在系统的不同进化阶段，某些趋势比其他趋势更具主导性。研究趋势在 S 曲线的哪个阶段最活跃，可以得出进行系统开发的相关建议。

4.1.3 裁剪度增加趋势

裁剪指的是在去除系统中某些组件的同时保留被裁剪组件的有用功能的过程。有些人认为“裁剪”就是简单地去除系统中的某些组件，不过，保留有用功能同等重要。通常，有用功能被分配给其他组件来执行，因此得以保留。所以，在裁剪之前必须进行深入细致的功能分析，否则可能会在不知道某个组件执行了有用功能的前提下将其裁掉。在这种情况下，不但没有改进产品，反而可能使产品变得更糟。例如，剃须凝胶本应是剃须泡沫的一个改进版本，但它并没有提供剃须泡沫所具有的全部有用功能。由于剃须凝胶是透明的，使用者无法确定已经剃过哪些部位，因此，在把使剃须泡沫上色的组件裁掉时也把有用功能裁掉了。裁剪度增加趋势表明：随着技术系统的进化，将裁掉越来越多的组件；既可以裁掉设备的组件，也可以裁掉技术流程的组件；既包括系统组件，也包括一些技术流程中的步骤。在裁剪过程中，虽然系统组件被裁掉了，但系统的价值仍然会增加。因为裁剪通常通过节省材料、减少工作和其他因素来降低成本，系统的有用功能保持不变。裁剪是一种普遍的趋势，可以在系统进化的全过程中使用；但通常在后期，如第三和第四阶段更为重要。

裁剪总体上指在去除组件的同时保留有用功能的过程，但也有变体。例如，“部分裁剪”指的是：要裁剪系统中的某个特定组件 A 时，将 A 的有用功能分配给其他组件来执行；在寻找能够执行上述有用功能的组件时，A 已经由于功能范围的变化不再需要被裁掉了。因此，“部分裁剪”可能会产生这样一种情况：本来需要被裁掉的组件最后没有被裁掉，因为裁剪过程使这个组件发生了变化，所以不需要将其裁掉了。在某些项目中，团队试图完全裁剪某组件，却没有意识到“部分裁剪”的好处。例如，系统中某个组件的体积很大，因为需要节省空间，所以想把它裁掉。假设这个组件有三个有用功能，需要把有用功能分配给其他组件执行，在成功分配了两个有用功能后，这个组件已经缩小了，可以对剩余的有用功能稍作改动而使其留在原系统中。因此，一个实用的建议是：在裁剪过程中，随时检查问题是否消失，如果问题消失，则不需要继续裁剪。

裁剪度增加趋势是价值提高趋势的主要子趋势之一，通过功能分析和裁剪技术等分析工具可以使用该趋势及其子趋势。为在现实生活中使用裁剪度增加趋势，需要了解三个子趋势（或机制），即裁剪子系统、裁剪操作、裁剪价值最低的组件，如图 4.4 所示。

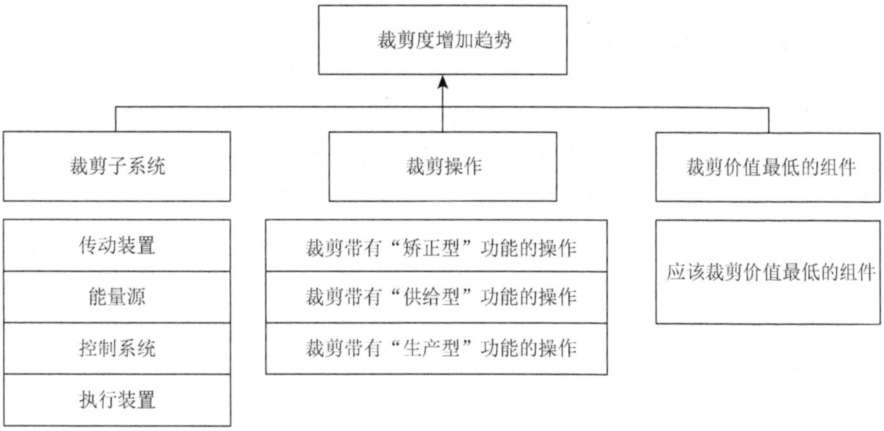

图 4.4　裁剪度增加趋势

4.1.4　向超系统过渡趋势

趋势和 TRIZ 工具是相互关联的，特别是在这一趋势的子趋势（或机制）中，可以发现熟悉的系统工程方法。这一趋势基本上是指一个技术系统将与其他系统集成——主要是与超系统或其组件集成。这样的集成对系统非常有益，主要有两个原因。

第一个原因，一个系统在耗尽了自身资源后，就可能与其他系统集成。系统与其他系统集成后，就可以使用其他系统的资源，这些资源可以使系统进一步发展。

第二个原因，系统的集成常常会使一些组件变得多余，如果将这些组件裁掉，那么系统的成本会降低。如图 4.5 所示，另一个例子是椅子的设计：两把椅子共八条腿，如果你将两把椅子集成一个有两个座位的新系统，那么它就不需要八条腿，六条腿或更少的腿就足够了，你可以裁剪一些腿来节约成本。

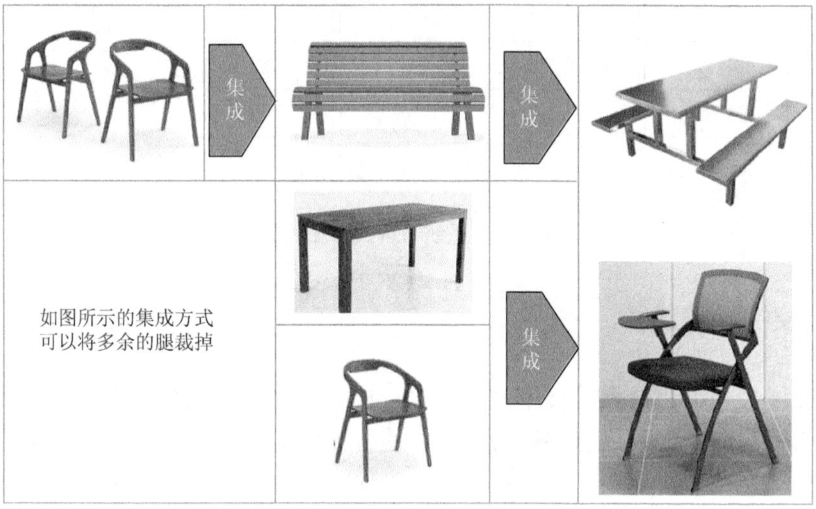

图 4.5　通过与其他系统集成向超系统过渡

4.1.5　系统协调性增加趋势

阿奇舒勒很早就发现了这个趋势，这个趋势表明：随着技术系统的进化，内部协调性越来越强，周围的超系统协调性也越来越强。这意味着随着系统进化，系统组件之间的问题将越来越少，系统与超系统的相互作用将越来越顺利。

系统协调性趋势主要涉及“如何增加协调性”以及“协调什么”，下面的子趋势详细地解释了为加速系统进化，应该如何协调以及协调什么。除了下述子趋势，还有一些新的候选子趋势。这些都是从业者在会议上讨论过的，如果被证明有用，那么它们可能会成为本方法的一部分。趋势仍在发展当中，所以像这样的新想法总是层出不穷。

例如，参数整体协调可能会变成一个子趋势，与其他子趋势不同，它不专注协调某一类具体参数，而是整体讨论如何协调参数。此外，从业者已经确定了另一个可能的子趋势：图像协调。

如图 4.6 所示，系统协调性增加趋势可以分为如下子趋势：形状协调、节奏协调、材料协调、动作协调、参数整体协调。

上述子趋势不像其他趋势的子趋势那样有特定的顺序或序列，而是以包含多条目的（不分先后顺序的）清单的形式提供建议。除动作协调外，还没有发现任何特定顺序。

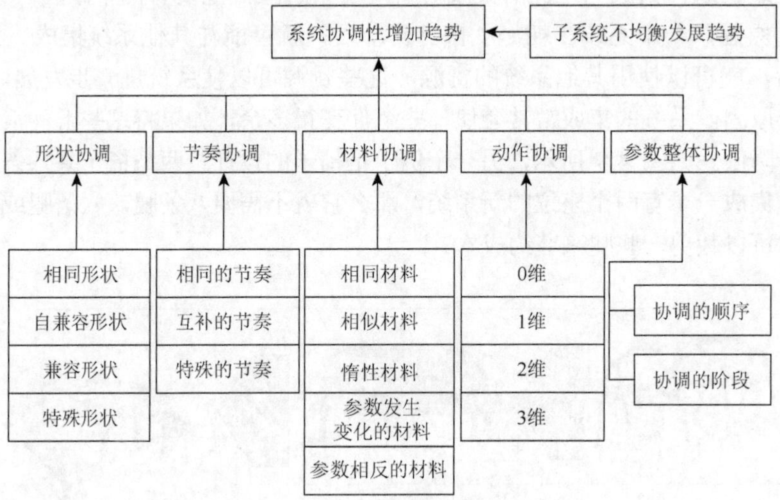

图 4.6　系统协调性增加趋势

4.1.6　可控性增加趋势

可控性增加趋势是指随着技术系统进化，控制它的方法也会更多。它是系统协调性增加趋势的子趋势，因为只有参数可控，才能协调它们。请记住：非常稳定的系统并不难控制，如果系统非常稳定，就不用花太多时间考虑可控性；如果系统是动态的，但又相对稳定（如骑自行车），就需要进行更多的控制——主要是在系统不稳定时进行更多控制，如低速转弯时。不稳定系统需要很高的可控性。在考虑如何提高技术系统的可控性时，应牢记稳定性和可控性之间的这种关系。

这个趋势有两个子趋势：系统内控制水平提高、可控状态的数量增加。

如图 4.7 所示，下面将讨论这两个子趋势，指导人们促使系统沿该趋势进化。

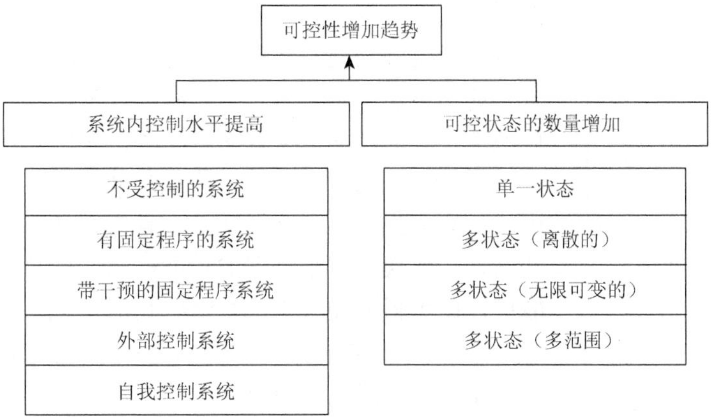

图 4.7　可控性增加趋势

4.1.7　动态化增强趋势

动态化增强趋势是可控性增加趋势的子趋势。如果系统的可控性增加，就应该有可以改变的参数，如果没有可以改变的参数，就不能控制。因此，动态化增强趋势表明：随着技术系统的进化，系统及其组件变得更加动态化。在这里，“动态”指的是参数值可以随着时间推移发生变化。

如图 4.8 所示，此趋势包含三个子趋势：设计的动态化、组合方式的动态化、功能的动态化。

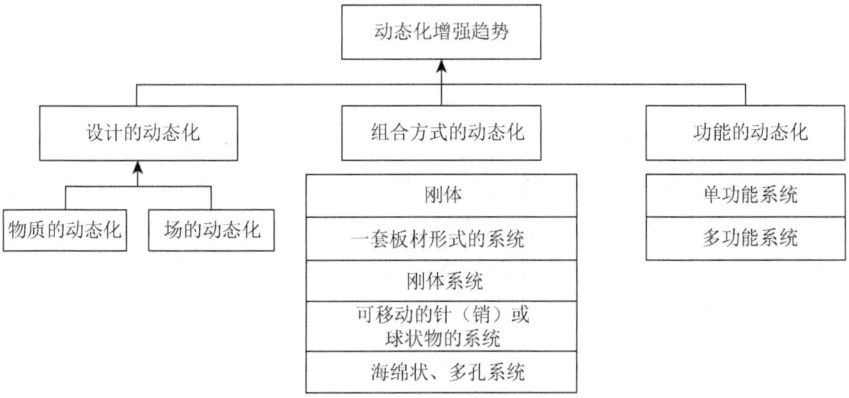

图 4.8　动态化增强趋势

4.1.8　人工介入减少趋势

人工介入减少趋势
人类全部参与
主要功能转移
传动功能转移
能量源功能转移
控制系统功能转移
决策功能转移

图 4.9　人工介入减少趋势

人工介入减少趋势是系统完备性增加趋势的子趋势。这个趋势基本上是说，随着技术系统进化，技术系统中由人执行的功能的数量减少。一开始，人类执行系统的所有功能；然后，人类按以下顺序逐渐将这些功能交给系统：①传动功能；②能量源功能；③控制系统功能；④决策功能。

如图 4.9 所示，人工介入减少趋势可以被看作系统完备性增加趋势的反面；根据这一趋势，系统开始时仅有一个执行装置，其他的所有功能模块都是从超系统或其他系统中借用的，人类执行了大部分功能，且人类是非常易得的组件。通常，系统接管越来越多的功能后，如传动功能、能量源功能等，就不再需要人类执行这些功能了。

图 4.10 的路线展示了不同的运动技术，人类的介入程度在一步一步地降低，但控制功能还没有完全转移给系统。

步行	老式脚踏车	自行车	电动自行车	电动平衡车

人类全部参与	主要功能转移	传动功能转移	能量源功能转移	控制系统功能转移

图 4.10　人类运动中人工介入减少

4.1.9　子系统不均衡发展趋势

这一趋势将技术与哲学联系起来。因为系统组件的进化速度不同，所以系统内部不断出现矛盾，而解决矛盾推动了系统的进化。如果系统的一部分进化得比其他部分更快，那么促使系统进步的不同部分间就存在差异，子系统不均衡发展导致新的矛盾产生。

由于这一趋势与组件发展的协调性有关，因此，它是系统协调性增加趋势的子趋势。通常，进化首先出现在执行装置中，然后出现在系统的其余部分。如图 4.11 所示，发动机是早期的汽车中最先进的部分。后来，发动机的发展与其他组件之间的发展产生差异，动力系统、传动系统、车身、控制系统等的发展都源于这些差异。

图 4.11　子系统不均衡发展驱动系统的变化

4.1.10　流优化趋势

在 TRIZ 中，流指的是物质和场的流动。更具体地说，有三种流：物质流、能量流和信息流。流优化趋势说明：随着技术系统的进化，物质、能量或信息的流速会发生变化，或者说流得到了更好的利用。这一趋势来自阿奇舒勒的能量传导法则。但是流优化趋势要先进得多，它还考虑了物质和能量。它有两个子趋势，而这两个子趋势又包含进一步的子机制。①改善有用流：增加流的传导性；提高流的利用率。②减少有害流或次要流的负面效果：减少有害流或次要流的传导性；减少有害流的影响。

如图 4.12 所示，人们并不总是希望增加（或改善）流。行动建议取决于这个流是有用的还是有害或浪费的。也可能存在中性流，本书对此不深入展开。就有用流而言，应尝试增加流的传导性和提高流的利用率；就有害流而言，行动相反。首先，考虑如何处理有用流。为了改善这种流，可以增加流的传导性，或更进一步利用它。

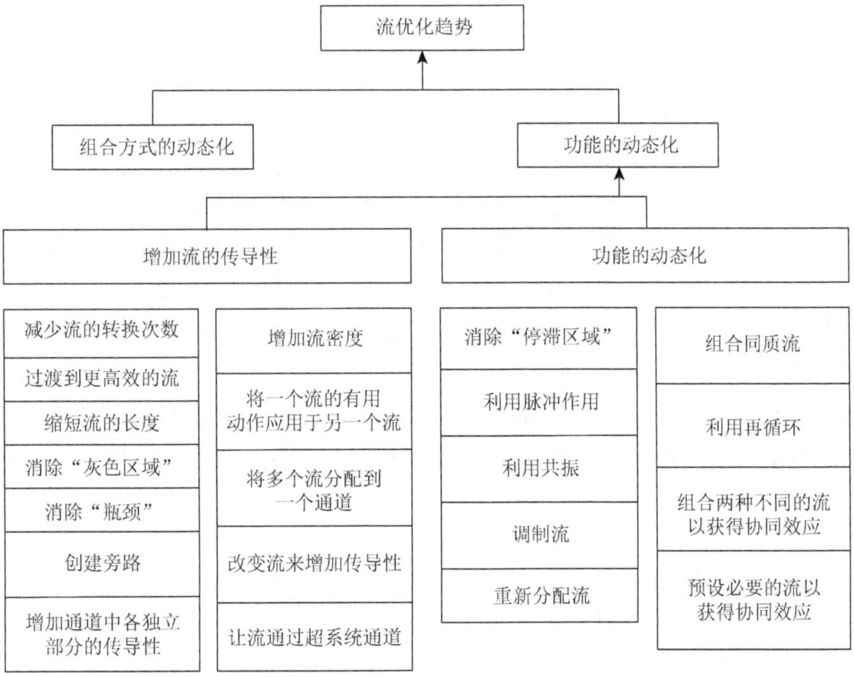

图 4.12　流优化趋势

4.2 技术系统 S 形进化曲线

在对专利数据进行广泛分析后，阿奇舒勒证明，技术系统的演化就像生物系统的演化一样，符合技术系统 S 形进化曲线，又称 S 曲线。

按照时间序列来描述一个完整的技术系统的全生命周期，用 S 形进化曲线最为合适。因此，将其用来预测技术系统成熟度也很常见。经历了婴儿期、成长期、成熟期和衰退期四个阶段，技术系统的全生命周期的演化过程中，都会有不同的表现特征。如图 4.13 所示，横轴代表时间，纵轴代表技术系统的一个重要性能参数。

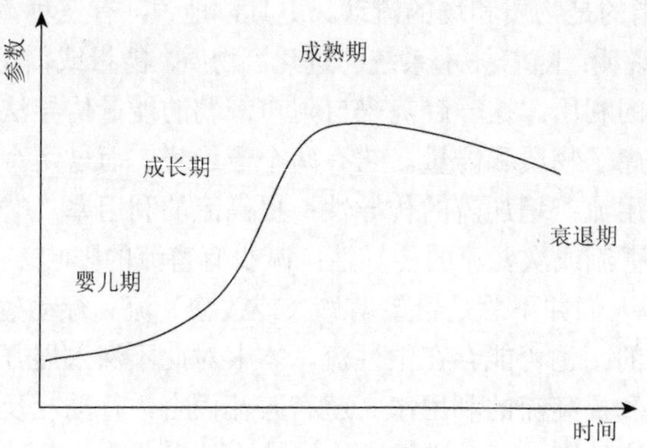

图 4.13　技术系统 S 曲线

1. 婴儿期

当有了新的需求，并且这个需求是有意义的，一个新的技术系统就会诞生，系统就会进入第一个阶段——婴儿期。此时期的技术系统人们很难把握它的未来，风险也很高。只有少数有独特眼光的人会投资它。在这个阶段系统的人力和物力投入是非常有限的。

系统在婴儿期的特点是性能改进非常缓慢。此时，新的技术系统刚刚诞生，虽然能提供一些新的功能，但是系统本身存在着效率低、缺陷多、可靠性差等问题。同时，由于大多数人对系统的未来发展心存疑虑，缺乏信心，人力、物力的投入均很乏力，因此，这一阶段系统的发展缓慢。

婴儿期具有以下特征：当实现系统功能的原理出现后，系统也随之产生；新系统的各组成部分通常是从其他已有的系统中“借”来的，并不完全适应新系统的要求。

2. 成长期

进入技术系统成长期后，系统中的缺陷得到逐步改善，产出效率和稳定性都得到了一定程度的提升，其价值得到了社会的认可，发展潜力也开始显现，这吸引了大量的人力、财力、资金投入推进系统用于高速发展。

系统的性能在其成长阶段快速增长，在这一阶段产出的专利质量有所下降，但专利数量增加。在这个阶段，社会已经认识到新系统的价值和市场潜力，为系统发展投入大量人力、物力和财力。系统中存在的各种问题被很好地解决，效率和性能都有很大程度的提高，系统的市场前景很好，能吸引更多投资，从而促进其高速发展。

成长期具有以下特征：制约系统的主要“瓶颈”问题得到解决，系统主要性能参数快速提升，产量迅速增加，成本降低；随着收益率的提高，投资额大幅增长；特定资源的引入使系统变得更有效。

3. 成熟期

在获取大量资源的情况下，系统会很快从成长期进入成熟期，一个成熟的系统处于它的最佳性能水平。仍然会有很多专利，但它们将处于较低水平。系统发展到这一阶段，大量人力和财力投入使技术系统日臻完善，性能水平接近上限，所获得的利润达到最大并有下降趋势。实际上，此时大量投入所产生的研究成果大多是现有水平的系统优化和性能改进，有见识的一些投资者渐生去意。

成熟期具有以下特征：系统发展趋于缓慢；生产量趋于稳定；新出现的矛盾会阻碍系统的进一步发展。

4. 衰退期

成熟期过后，系统可能会进入衰退期。此时，技术系统将到达发展的天花板。该系统正面临着市场的淘汰，因为它不再有需求的支持。经济衰退时的策略：寻找仍有竞争力的新领域，如体育和娱乐；专注于投资，发现、选择和研究可进一步提高产品性能的替代技术；短期和中期是降低成本，开发服务组件和改善美学设计；长期以来，该产品或其部件通过改变工作原理克服了局限性，解决了矛盾；深度定制，替代系统的集成，以及向超系统转移的技术和产品的集成。

衰退期具有以下特征：相同功能的新技术系统开始替代老系统；现有系统带来的收益在下降。

如图 4.14 所示，在一个技术系统经历四个时期以后，必然会出现一个新的技术系统来替代它，如此不断地替代，就形成了 S 曲线跃迁。

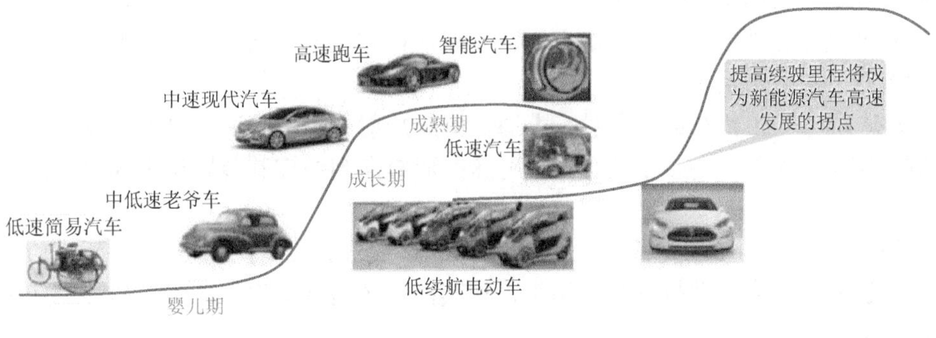

图 4.14　汽车技术的 S 曲线跃迁

4.3 技术系统进化八大法则

技术系统的演化不是随机的，而是遵循一定的客观演化模式。所有技术都朝着“最终理想解决方案”的方向发展，系统进化的模式可以在过去的发明中找到，并可以应用于其他系统的开发。TRIZ 理论的辩证思维使人们能够在不确定的情况下找到解决发明问题的有针对性的方法。

TRIZ 理论确定的技术系统演化法则主要分为以下八种。

1. 技术系统完备性法则

要素之间存在着不可分割的联系，系统具有个体要素所不具备的系统特征。为了实现系统功能，系统必须具备最基本的要素。

建立系统是为了实现功能，而实现功能是系统的目的。一个完整的系统包括四个基本元件：动力装置、传动装置、执行机构和控制装置。这是系统的最低配置，这是必不可少的。它们的目标是使产品达到最理想的功能和状态。

（1）动力装置。从能量源获取能量，并将能量转换为系统所需要的形式的装置。

（2）传动装置。将能量输送到执行机构的装置。

（3）执行机构。直接作用于产品的装置。TRIZ 理论中划分了两个概念：产品和工具。产品是指系统完成其功能的产物，也称工件或对象；工具是指系统直接作用于产品的部分，即执行机构。因此，工具与产品间相互作用的效率直接影响系统的工作效率。

（4）控制装置。协调和控制系统其他要素的装置。完全自动的系统是不存在的，需要利用系统外部的控制来指挥系统内部的控制装置。

系统的各个部分之间存在着物质、能量、信息和功能上的联系。技术系统从能量源获取能量，将能量转换并传输到需要能量的部件，并作用于对象，即“能量—动力装置—传输装置—执行器—产品”的工作路径。控制装置改变系统中的能量流，增强或削弱一个元件，从而协调整个系统。如果一个系统缺少任何组件，就不能称为完整的技术系统；如果系统的任何部分出现故障，整个技术系统将崩溃；技术体系存在的必要条件是基本要素和最基本的工作能力的存在。

技术系统完备性法则有助于确定如何实现所需的技术功能和节省资源。它可以用来简化效率低下的技术系统。

［**案例 4.1**］　自行车的完备性。人通过脚施加能量于动力装置脚蹬，该力通过传输装置链条传递给车轮，自行车即可运动起来，而方向则由控制装置车把操控，如图 4.15 所示。

［**案例 4.2**］　电钻的完备性。作为动力装置，电动机的转子切割磁场而做功运转，通过传动机构齿轮组驱动执行装置钻头，使其能有效地洞穿物体，而控制装置开关则可控制电钻起停及转向。

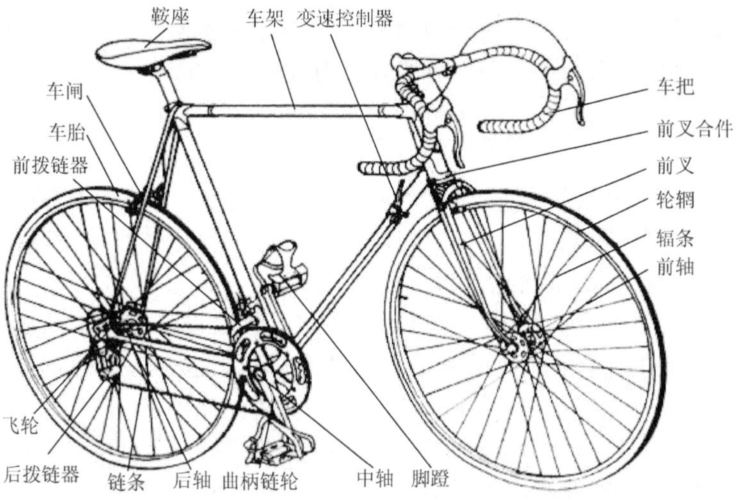

图 4.15　自行车结构图

2. 技术系统能量传递性法则

为了发挥作用，技术系统必须确保能量渗透到系统的所有部分。每个技术系统都是一个能量传输系统，通过该系统，能量从发电厂传输到执行机构。为了实现技术系统某一部分的可控性，必须确保该部分与控制装置之间的能量传递。

技术系统的能量传递规律主要体现在两个方面。

（1）能量可以从能源流向技术系统的各个组成部分。如果技术系统的一部分不能接收能量，将影响其功能，整个技术系统将无法执行其有用功能，或其有用功能的性能将大大降低。

（2）技术系统的演化应该沿着缩短能量流动以减少能量损失的路径发展。

掌握系统能量传递规律有助于减少技术系统的能量损失，确保技术系统在特定阶段的最大效率。

［**案例 4.3**］　绞肉机代替菜刀剁肉馅。用刀片旋转运动代替传统的垂直往复运动，缩短能量传递路径，减少能量损失，提高工作效率，如图 4.16 所示。

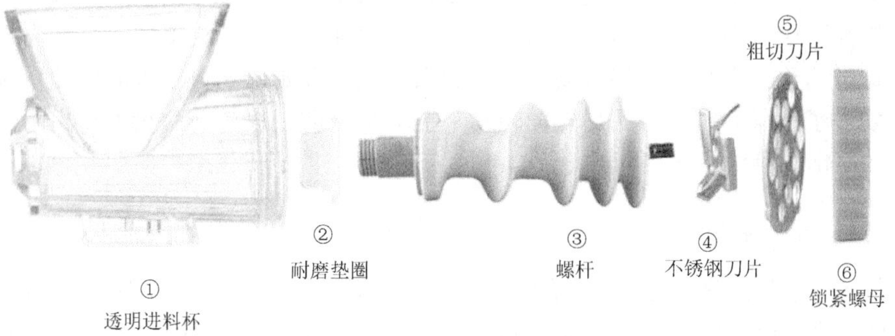

图 4.16　绞肉机示意图

［**案例 4.4**］ 蒸汽机火车是化学能转换为热能再转换为机械能，而柴油机火车是化学能转换为机械能，电力火车则由电能转化为机械能。

3. 提高理想化法则

理想化是推动系统演化的主要动力。技术系统朝着最终的理想解决方案发展，并趋向于更简单、更可靠和更有效。TRIZ 理论中最理想的技术体系是没有实体，不消耗任何资源，但可以实现所有必要的功能。

理想改善规律是技术系统演化规律的核心，代表着所有技术系统演化规律的最终方向。理想化在 TRIZ 中的应用包括理想机器、理想方法、理想过程、理想材料和理想系统。

提高技术体系理想性的原则包括以下四层含义：①一个制度在实现其功能的同时，必须有利有弊；②理想是指有益效果与有害效果的比例；③系统改进的总方向是最大化理想比例；④在制定和选择创造性方案时，应努力提高理想化水平。

［**案例 4.5**］ 扫描打印复印一体机。随着技术的不断发展，原本独立的扫描仪、打印机、复印机已经集合成一台集成一体机，产品功能得到增强，但价格远低于三台独立机器价格之和。

4. 子系统不均衡进化法则

技术系统由多个子系统（组件）组成，这些子系统（组件）实现各自的功能。每个子系统以不同的速率进化，导致子系统进化不平衡。系统越复杂，各部分的发展就越不平衡。其主要性能如下：①各子系统沿各自的 S 曲线演化；②不同的子系统根据各自的时间进度演化；③不同的子系统在不同的时间点达到其极限，导致子系统之间发生矛盾；④首先达到极限的子系统将抑制整个系统的演化，系统的演化程度取决于子系统；⑤要不断完善制度，消除矛盾。

通常设计师忽略"桶效应"的缺点，并且会过度地关注系统的重要子系统，而导致整个系统开发进展非常迟缓，子系统的非平衡演化规律则非常有助于设计师快速且及时地发现和改进。

［**案例 4.6**］ 自行车的进化。早在 19 世纪中期，自行车还没有传动系统，脚蹬直接安装在前轮上。此时，自行车的速度与前轮直径成正比。因此，人们用增加前轮直径的方法来提高速度，但是一味地增加前轮直径，会使前后轮尺寸相差太大，从而导致自行车在前进中的稳定性很差，很容易摔倒。后来，人们开始研究自行车的传动系统，在自行车上安装了链条和链轮，用后轮的转动来推动车子前进，且前后轮大小相同，以保持自行车的平衡和稳定，如图 4.17 所示。

5. 子系统协调性法则

在技术系统的进化过程中，子系统的匹配和不匹配交替出现，以改善性能或补偿不足。技术系统的进化沿着各子系统之间，以及技术系统和其超系统之间更协调的方向发展。

图 4.17　自行车的不均衡进化

1）协调

系统各子系统的节奏协调是技术系统基本活力的必要条件。技术体系的协调类型包括结构协调、节奏（频率）协调、性能参数协调和材料协调。

（1）结构协调。在技术系统开发过程中，为了优化功能，系统各部分之间以及系统与之交互的对象之间的结构要相互协调。在结构上，身份协调体现在系统与其交互对象之间的结构形式相同、结构标准化；互补协调体现在结构上，系统可以补充其他对象以达到一定的形状；确保特殊类型的相互作用体现在系统的获得依赖于其相互作用的对象的性能和动作特征，并允许其保证特殊类型相互作用的结构。

（2）节奏（频率）协调。在技术系统开发过程中，系统的工作节奏（频率）与其交互对象的工作节奏（频率）和性能应该相互协调。在节奏（频率）方面，身份协调反映在系统和其他对象的共同节奏中；互补协调体现在系统是其他客体活动的间歇活动；确保特殊类型的相互作用反映在系统的获得依赖于其交互的对象的性能和动作特征，并允许其确保特殊类型交互的节奏。

（3）性能参数协调。在技术系统开发过程中，技术系统各部分的性能参数以及技术系统与超系统之间的性能参数相互协调。在性能参数方面，同一性协调表现为系统各部分与其子系统之间具有同一类型的性能参数的协调。参数不一定相等，但它们的值应该一致；非恒等协调表现为系统各部分及其子系统之间各类参数的协调；内部协调体现在技术系统开发过程中自身参数的协调；外部协调体现在技术系统开发过程中系统参数与其他对象参数之间的协调；直接协调体现在系统参数与其动作对象参数之间的协调；相对协调体现为系统与不与系统交互的对象之间的参数协调。

（4）材料协调。在技术系统的开发过程中，系统的各个部分之间以及技术系统与其超系统之间都会发生物质上的协调。在材料方面，身份协调反映在系统或其部分可以与它所作用的对象材料一起产生；相同的协调反映在物料生产系统或其与其他系统特征的部分；惰性协调体现在物质生产系统或其部分中，系统的对象可用于其相互作用；机动性协调反映在系统可以使用具有其他对象特征的材料生产系统或其部分，但这些特征具有其他意义；对立体现在系统可以用与其他对象特征相反的材料来生产系统或其部分；协调功能反映在系统对已使用材料的其他对象的协调功能中。

2）失调

在系统演化的下一阶段协调中，为了提高绩效或弥补不足，参数发生了有针对性的变化，并开始出现不平衡。协调与失衡会交替出现，形成动态协调失衡。提高系统协调性的机制是提高系统的动态性。

技术系统失调类型包括被动失调、专业失调和动态协调失调：①被动失调是由于系统中某个子系统结构不能按期完成任务（或环境和超系统要求发生变化）而引起的。②专业失调是一种为了保证良好利益而有意识的失调。③动态协调失调是系统周期演化的最后阶段。此时，系统参数可控制（自动）变化，根据工况获得最佳值。

［**案例 4.7**］　键盘及鼠标的协调性。当使用键盘时，前臂通常会自然形成一个弯度，普通的键盘的构造，要求在敲击键盘时保持平行，所以手腕会拗折。新键盘采用反向倾斜设计，整个键盘的最高点从操作者这一侧向前与桌面形成 20°夹角，因为人手向下的自然姿势是最舒适的，操作时可将手腕放在加宽加厚的手托上。同时又考虑到左、右手的位置，键盘设计增加了从中间向两边侧向倾斜，与桌面成 10°的夹角，从而舒缓手与前臂造成的压力，使手腕和前臂保持一贯的姿势。实验证明，手腕的仰起角度在 15°～30°时是人体感觉最为舒适的状态，一旦过高或者过低，都会让肌肉处于紧张的拉伸状态，加速疲劳。除此以外，由于手掌在握住鼠标时处于半握拳状态，只有鼠标同时符合以上两个要求，才能有较为舒适的使用感受。在单击鼠标的时候，设计优秀的人体工学鼠标还应保证五个手指都不悬空，并且处于自然伸展状态。

6. 动态性进化法则

技术系统的演化正朝着结构柔性、流动性和可控性的方向发展，这是动态演化的规律。动力学定律主要包括：①结构动力学的演变。技术体系应该沿着结构动力学的方向发展。整个系统的结构应划分为多个工作区。不同的领域有不同的表现。如有必要，互动并再次转向所需区域。②朝着增强机动性的方向发展。技术系统应该朝着增强系统整体机动性的方向发展，系统应该沿着固定不动部分、移动进化、整体机动性的路线发展。③朝着增加自由度的方向发展。技术系统应沿着增加系统自由度的方向发展，使系统具有灵活性。该系统沿着刚体、单铰链、多铰链、柔性体、液体/气体、场的方向发展。④系统功能的动态变化。技术系统应该沿着系统功能和行动对象数量的动态变化方向发展。⑤提高可控性。技术系统应该沿着增强系统整体可控性的方向发展。该系统沿着直接控制、间接控制、反馈控制、自我控制的路线发展。

［**案例 4.8**］　早期的计算机显示器与主机是不可分离的，整体移动性很差，后来出现了可移动的显示器，即使主机由于性能落伍而被淘汰，显示器仍可继续使用较长的一段时间，随着笔记本电脑的出现，显示器和主机之间通过圆铰链或球铰链连接，可移动性进一步增强，而平板型笔记本电脑的出现，更使显示器变身为一部电脑，既可独立使用，也可与主机部分配合使用，可移动性空前增强，如图 4.18 所示。

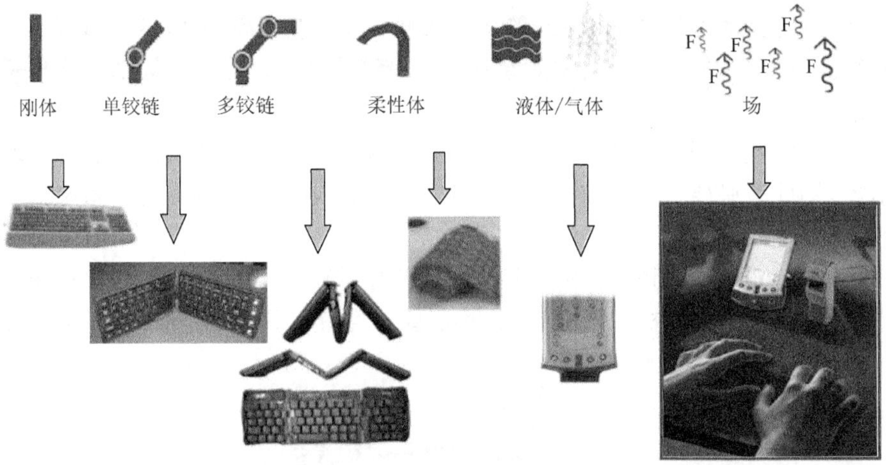

图4.18　键盘结构的进化

7. 向微观级和场的应用进化法则

在进化过程中，技术系统及其子系统正朝着缩小原有规模的方向发展，这是进化到微观层面的遗产。技术体系向微观层次的演进路径包括：①尺度微型化。即组件从初始尺寸演化到原子和基本粒子的尺寸，可以更好地实现系统的功能。②增加分散度。通过改变材料的相关性来增加材料的分散度，这反映在向多孔毛细管材料的转化和增加材料的中空度上。③引入孔，通过在单个物体中引入其他材料或孔，然后将孔分成几个部分，孔的数量将增加，重量将减少，催化材料和场可以引入孔中，这样可以提高系统组件占用空间的有效利用率，减轻系统重量，降低成本。

［**案例4.9**］　高压喷水的水净化器，是高压水对废气分子链进行切割、断链、燃烧、裂解改变废气的分子结构；激光净化器通过电势差使烟气发生电离，烟气的正负电荷在电场作用下运动至相应的收集端。

8. 向超系统进化法则

当一个系统达到极限时，该系统将与其他系统结合，演化为超系统，使原有系统突破极限，向更高层次发展。超系统演化规律是一个重要且常用的规律。在超系统演化过程中，系统参数、系统主要功能、系统深度和系统数量的差异将逐渐增大。

（1）系统参数的差异逐渐增大。包括：系统与主功能相同的系统结合，增强系统原有功能；系统与功能互补的系统相结合，增加了系统的功能；该系统与能够消除原系统缺陷的系统相结合（该系统无法完成主要功能，但可以抑制原系统的缺陷），从而消除系统发展的障碍。沿着同一制度组合、相似差异制度组合、相似竞争制度组合的路径发展。

（2）系统主要功能的差异逐渐增加。具有相似有用功能、相似对象、相似使用条件、相似工艺流程的系统、能够相互使用资源的系统和功能相反的系统共同构成一个超系统，因此组合系统比原始系统具有更多功能。沿着竞争体系、相关体系、不同体系、相对体系的路径发展。

（3）系统深度逐渐增加。系统的连接深度从零连接逐渐增加到物理连接和逻辑连接，并逐渐将系统的功能渗透和转移到超系统。沿着无连接、连接、局部简化和完全简化的路线发展。

（4）系统数量正在逐渐增加。在系统的开发过程中，一些对象不能有效地完成所需的功能，因此有必要将一个或多个对象引入到系统中。该系统沿着单系统、双系统和多系统的路线发展。

［**案例 4.10**］　早期的飞机要携带笨重的副油箱，为飞机补充能量，现在副油箱被放在超系统——空中加油机中，这样飞机不需要再携带超级重的副油箱了，如图 4.19 所示。

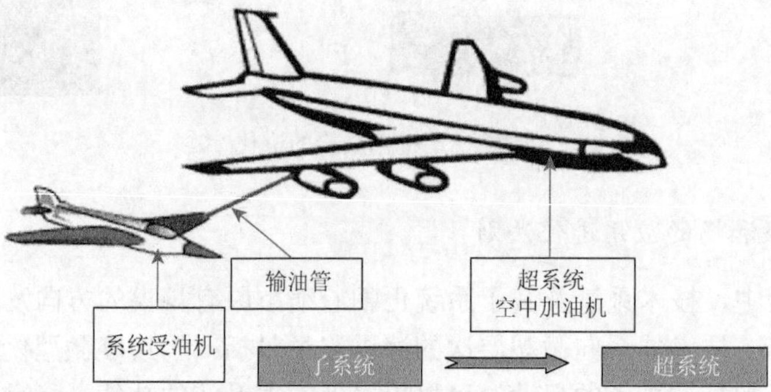

图 4.19　飞机燃油系统向超系统跃迁——空中加油机实例

4.4　本 章 习 题

1. 单选题

（1）在价值提高趋势中，随着系统的进化，价值会（　　）。

A. 提高　　B. 降低

（2）在系统完备性增加趋势中，系统通常有（　　）类功能。

A. 1　　B. 2　　C. 3　　D. 4

（3）在裁剪度增加趋势中，裁剪指的是（　　）。

A. 裁剪的动作　　B. 裁剪掉的功能　　C. 裁剪者

D. 去除系统中某些组件的同时保留被裁剪组件的有用功能的过程

（4）在向超系统过渡趋势中，这一趋势基本上是指一个技术系统将与其他系统集成，主要有（　　）个原因。

A. 1　　B. 2　　C. 3　　D. 4

（5）在系统协调性增加趋势中，随着技术系统的进化，内部协调性越来越（　　），周围的超系统协调性也越来越（　　）。

A. 强；弱　　B. 强；强　　C. 弱；强　　D. 弱；弱

（6）在可控性增加趋势中，如果系统是动态的，但又相对稳定（就好比骑自行车），就需要进行（　　）的控制。

A. 更多　　B. 更少

（7）在可控性增加趋势中，有（　　）个子趋势。

A. 1　　B. 2

（8）在动态化增强趋势中，有（　　）个子趋势。

A. 1　　B. 2　　C. 3

（9）在人工介入减少趋势中，人类按（　　）顺序逐渐将这些功能交给系统。

A. ①传动功能。②能量源功能。③控制系统功能。④决策功能。

B. ①传动功能。②控制系统功能。③能量源功能。④决策功能。

C. ①决策功能。②能量源功能。③控制系统功能。④传动功能。

D. ①控制系统功能。②能量源功能。③传动功能。④决策功能。

（10）在子系统不均衡发展趋势中，进化首先出现在（　　）装置中。

A. 执行装置　　B. 动力系统　　C. 传动系统　　D. 控制系统

（11）在流优化趋势中，有（　　）。

A. 物质流　　B. 能量流　　C. 信息流　　D. 以上三种都是

2. 判断题

（1）按照时间序列来描述一个完整的技术系统的全生命周期，用 S 曲线最为合适。（　　）

（2）经历了婴儿期、成长期、成熟期和衰退期四个阶段，技术系统的全生命周期的演化过程中，都会有不同的表现特征。（　　）

（3）要素之间存在可以分割的联系，系统具有个体要素所不具备的系统特征。（　　）

（4）成熟期过后，系统不会进入衰退期。（　　）

第 5 章　发明问题的描述和分析

5.1　功 能 分 析

功能分析是价值工程的中心内容，它从抽象的角度描述了价值工程的目标，并将其分类、整理和系统化。它还可以根据功能和费用的匹配关系，量化地计算出目标的价值，从而决定改善目标。在产品设计的过程中，将抽象的系统和设计理念转换为各个系统部件之间的交互，从而使设计者能够理解产品所需要的功能和特征。

以俄罗斯索博列夫为代表的 TRIZ 学者，在价值工程的基础上，提出了以构建为基础的功能分析方法。通过对现有技术体系进行分解，得到正常、不足、过剩、有害等功能，使工程师能够更加细致地了解技术体系中各部分的交互作用，使技术体系功能和结构得到优化，使技术体系结构得到简化，在技术体系中得到更小的变化，从而优化技术体系。在 TRIZ 中，以构件函数为基础，通过对 TRIZ 问题的识别和分析，使 TRIZ 的知识库得到了极大的扩充。经典 TRIZ 的理论体系结构如图 5.1 所示。

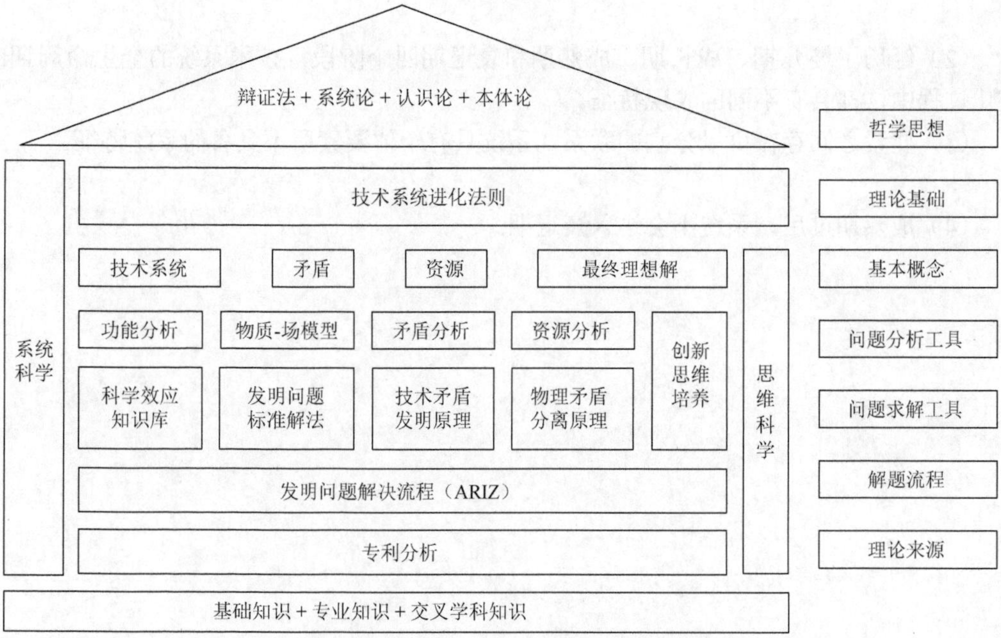

图 5.1　经典 TRIZ 的理论体系结构

5.1.1　技术系统的概念

相互关联的部件和部件间的相互作用与子系统构成了一个技术系统，这些部件和子系统构成了一些功能。技术系统存在的目的是实现某种（些）特定的功能（function），而这种（些）功能是由一系列组件的集合实现的。例如，汽车是一种技术系统，发动机、车体、车厢、座位、轮胎等部件则是构成此项技术系统的子系统和系统组件。

组件是指工程技术系统或超系统的一部分。它是由物质或场组成的物体，如汽车发动机，属于汽车系统的组成部分。在基于成分的 TRIZ 函数分析中，物质是指具有净质量的物体，场是指没有净质量的物体，但场可以传递物质之间的相互作用。

超系统是指由被分析的技术系统作为一个组件的系统或与系统及其组件有一定关联但不属于系统本身的系统。例如，在驾驶过程中，根据驾驶员的操作，车辆需要道路的支撑，也会受到空气阻力的影响。驾驶员、道路和空气是车辆系统的超系统。由于超系统本身不属于现有的技术系统，因此无法对其进行修改，这是根据超系统自身特征来决定的：①超系统不仅无法裁剪也无法改变；②超系统可能产生系统技术弊端；③超系统是一种可解决问题的工具，能够提供技术系统的资源；④通常只考虑对技术系统产生影响的超系统。

5.1.2　功能定义的表达及分类

功能定义的表达是指对一个事物或系统的功能进行明确定义和描述，以便更好地理解它们的作用、性能和特点。这种定义通常涉及该事物或系统的主要目标、任务、用途、功能和关键特性等方面。

在 TRIZ 理论中，函数被定义为“函数载体改变或保持函数对象参数的行为”。函数的结果是参数变化是否沿预期方向变化或偏离预期方向，即函数是否有用或有害。

有用功能是指在产品或服务中能够满足用户需求、提升使用体验或解决问题的特定功能，这是设计师和用户想要实现的功能。在实际过程中，技术系统中有用功能的功能对象参数的改进值可能与预期的改进值存在一定的差异，这称为有用功能的性能水平。当实际改善达到期望值时，称为正常功能（normal function，NF）；当实际改善大于期待值时，称为功能过度（excessive function，EF）；当实际改善小于期待值时，称为功能不足（insufficient function，IF）。任何局部必要功能的缺乏或不足都会影响整体功能的发挥，破坏功能系统，影响用户的使用效果。功能定义阶段需要确定各有用功能的性能水平，为后续功能分析及裁剪提供有力依据。技术系统的不利因素包括功能的性能水平过度和不足，除功能载体自身原因导致功能不足和功能过度外，多数情况下是由根原因产生的，经过功能链的传导而产生差异。因此，多数情况下，应用 TRIZ 的因果分析查找出产生问题的根原因并加以消除，那么经由功能链传导而产生的功能不足和功能过度可随之消失。

有害功能是功能载体提供的可能对人体、环境、社会等方面产生负面影响的功能。它不仅不会在期望的方向上改善函数对象的参数，甚至还会恶化参数。有害功能是技术系统问题产生的主要原因。通过对系统或产品的功能进行分析，找出其中可能存在的有害功能，并依靠切割等工具对系统进行微小改动，从而解决技术系统的问题，最终提高技术系统的理想性。对于有害作用不用确定其等级，也不用确定其性能水平。在 TRIZ 的功能分析中，不采用折中方法来减少有害影响，而是必须消除有害功能。

系统或产品的功能可以按照其重要性分为主要功能、基本功能和辅助功能。主要功能是指反映了系统或产品的核心功能，也是系统或产品创建和设计的目标与意义所在，其技术实现是系统或产品的技术体系本身。基本功能则保证了各个组件能够完成主要功能，其技术实现直接作用于系统对象的组件上。辅助功能则是保证基本功能正常运行所必需的组件，其技术实现指涉及系统或超系统中的各种组件。

5.1.3 功能分析的定义及目的

功能分析是一种分析工具，用于识别系统或超系统组件的功能、特性和成本。功能分析是指在开发新系统时，对现有技术系统（或已有产品）或系统要完成或实现的主要功能进行功能分解。系统定义了各部件的有用功能和功能级别、性能级别和有害功能，以帮助工程技术人员更详细地了解技术系统中部件之间的相互作用，建立部件功能模型。功能分析是 TRIZ 中大多数工具的基础，包括因果链分析、裁剪、技术矛盾、物理矛盾、物质-场模型甚至 ARIZ 等。TRIZ 中的功能分析作为识别系统和超系统组件的功能、等级、性能水平及成本的分析工具，主要内容包括：①确定技术系统提供的主要功能；②研究各个组件对系统功能的积极作用；③分析系统中的益处和弊端；④对于益处，确定功能等级与性能水平的正常、不足、过度等方面；⑤建立组件功能模型，并绘制功能模型图。

功能分析作用包括：①发现系统中存在的画蛇添足的功能；②采用 TRIZ 其他方法和工具（如矛盾分析、物质-场分析、裁剪等），完善、取代系统中的不足功能，抛弃弊端；③废除系统中画蛇添足的功能；④改进系统功能结构，提高系统功能效率、降低成本。基于组件功能分析的步骤：首先，识别技术系统及其超系统组件的组件，建立组件列表，分析组件的层次关系；其次，识别、分析组件间的相互作用，同时建立相互作用矩阵图；最后，依据功能定义三要素原则，基于交互矩阵，定义组件功能，识别和评估组件的级别和性能级别，并建立功能模型。

功能分析目的包括：①从完成功能的角度出发，来弄清楚发明事务所须具备的全部功能；②识别出产品的不足功能、有害功能等；③拓展方案创作的设计理念，开展以功能分析为核心的方案设计，可以有效拓宽思路，构思出更高价值、更好效果的方案。

功能分析步骤包括：①组件分析，分类列出技术系统与超系统的组件；②结构分析，描述组件之间的相互作用关系；③建立功能模型，用规范化的功能描述，揭示整个技术系统所有组件之间的相互作用关系，以及如何实现系统功能。

5.1.4　组件分析

组件是技术系统或超系统的组件。成分可以是物质和场。物质是具有净质量的物体。场是一个没有净质量的物体，它传递着物质之间的相互作用（如热场、电场、磁场等）。

技术系统的功能承载体是功能技术系统的行为对象，属于特殊的超系统构件。

组件分析是指对一个系统或产品的各个组成部分进行详细研究和评估，以确定它们如何相互作用、影响系统性能和实现功能。组件分析是识别技术系统的组件及其超系统组件，并获得系统和超系统组件列表，如表 5.1 所示。在组件列表中，应说明技术系统的名称和主要功能，以及系统组件和超系统组件。

表 5.1　组件列表

技术系统	主要功能	系统组件	超系统组件
技术系统的名称	TO/verb/Target	组件 1 组件 2 ⋮ 组件 n	组件 1 组件 2 ⋮ 组件 m

5.1.5　结构分析

结构分析是对部件相互作用关系的分析，可以用来识别技术系统部件与超系统部件之间的相互作用。结构分析的结果是在组件列表中构建系统组件和超系统组件的交互矩阵，以描述和识别系统组件及超系统组件之间的交互关系。相互作用为接触。

结构矩阵的第一行和第一列均为组件列表中的系统组件和超系统组件，如图 5.2 和表 5.2 所示。如果组件 i 和组件 j 之间有相互作用关系，则在相互作用矩阵表中两组件交汇单元格中填写“＋”，否则填写“–”。判断组件 i 和组件 j 存在相互作用的依据是组件 i 和组件 j 必须存在相互接触（touch）。应注意，有的组件靠场相互接触，容易被忽略（不一定有物理接触），如磁铁、广播等。

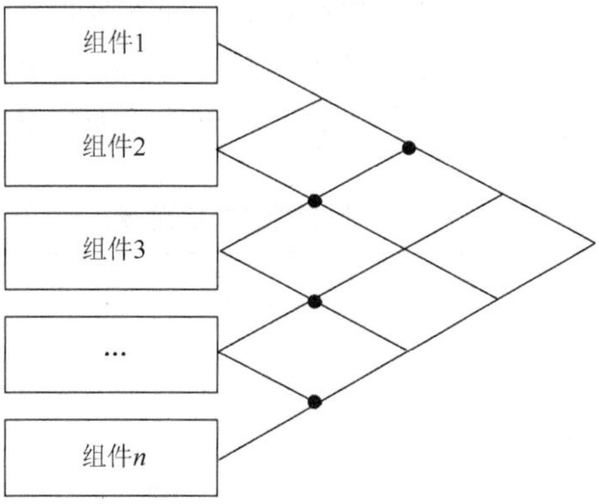

图 5.2　结构矩阵

表 5.2　结构矩阵

项目	组件 1	组件 2	组件 3	…	组件 n
组件 1		–	+	–	–
组件 2			+	–	–
组件 3				+	+
…					+
组件 n					

确定组件之间是否存在相互作用，必要条件是确定两组件间是否存在相互接触。当按照相同的顺序将组件列表中的组件和超系统组件构造结构矩阵的行和列之后，依次识别不同的行元素和列元素之间是否存在相互作用。如果某一行（列）与其他元素均不存在相互作用，需要移除这一行（列），同时在组件列表中移除该组件。

一般情况下，结构矩阵的左下角和右上角呈对称状态，组件 i 对组件 j 产生一个作用，那么组件 j 对组件 i 必产生一个反作用，这种情况下一般不列出反作用，但在后续功能分析过程中，必须识别是否需要考虑反作用影响。如果组件间存在多个相互作用，在构造矩阵列表时，不用特别指出，但在后续的功能分析中，必须全部指出并进行相关分析工作。

5.1.6　功能模型

系统中的任何组件都必须有其存在的目的，即提供功能。通过功能分析可以重新发现系统组件的用途和性能，找到问题的症结所在，并使用其他方法进一步改进。功能分析为后续技术系统的创新和突破性创新提供了可能性。功能分析的结果就是功能模型。而功能存在具有三个条件：①功能的载体和功能的对象都是组件，即物质或场；②功能的载体与功能的对象之间必须要相互作用，即两者必须相互接触；③功能的对象至少一个参数应该被这个相互作用改变或保持。

功能模型（functional modeling）描述了技术系统及超系统组件的相关功能，以及益处、性能及成本等级。功能模型建立流程如下：①识别系统及超系统组件；②建立结构矩阵，识别及确定指定组件的所有功能；③确定及指出功能等级；④确定及指出功能的可能水平，确定实现功能的成本水平；⑤对其他组件重复步骤①至④。

功能模型可以用列表或图例等方式表达，功能模型常用图例如表 5.3 所示，其中，弊端、非必要功能统称为问题功能，问题功能承载组件称为问题组件。

表 5.3　功能模型常用图例

功能分类	功能等级	功能类型	图形符号
有用功能	基本功能	充分的功能	
	辅助功能	不足的功能	
	附加功能	过度的功能	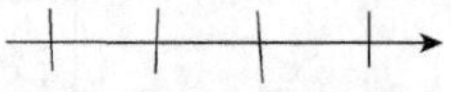
有害功能	有害功能		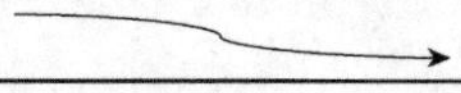

功能模型有两种表示方法，分别为功能模型图和功能列表。功能模型图和功能列表如图 5.3 和表 5.4 所示。

其中，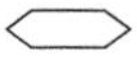代表超系统，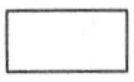代表元件，代表制品，它们分别代表不同的系统组件。

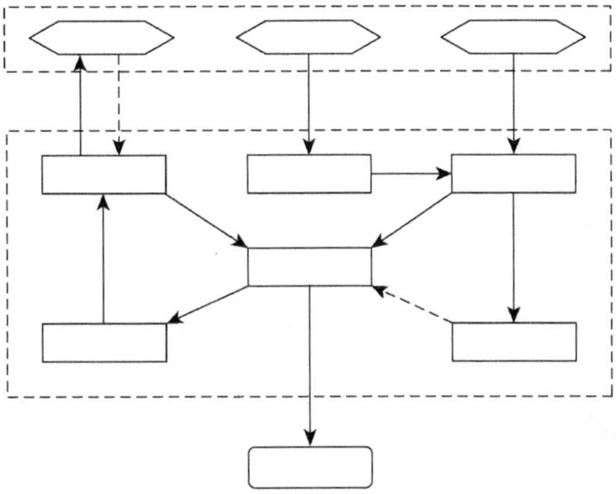

图 5.3　功能模型图

表 5.4　功能列表

序号	主动组件	作用	被动组件	参数	功能类型
1					
2					
3					
…					
n					

例如，车移动人，包括功能的载体车、作用和功能的对象人，以及作用，以此实现了系统功能。

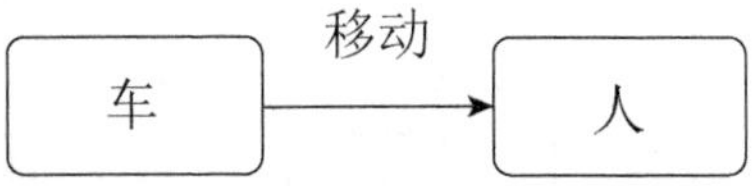

建立功能模型时的注意事项：①针对特定条件下的具体技术系统进行功能定义；②组件之间只有相互作用才能体现出功能，所以在功能定义中必须有动词来表达该功能且采用本质表达方式，不建议使用否定动词；③严格遵循功能定义三要素原则，缺一不可；④功能对象是物质，不能仅仅使用物质的参数。

5.2　因果链分析

因果链分析是通过一系列连续性的因果问答形成分析的过程。例如，丰田汽车公司曾经面临着一系列因素的挑战和问题，这些问题导致了公司的财务困境、声誉受损和产品质量下降。为了重新夺回消费者信任并恢复盈利能力，丰田汽车公司将每个失误看作一个学习机会，反思并不断改进和完善，追求更高的标准。

诊断性技术检验，主要用于识别因果关系链。使用的前提是要能够充分了解问题信息。针对生产线的机器经常停转的五个为什么。

一个生产线的机器时常发生停转，检修过多次仍不见其好转。

问："为什么机器停了？"

答："因为超过了负荷，保险丝就断了。"

问："为什么超负荷呢？"

答："因为轴承的润滑不够。"

问："为什么润滑不够？"

答："因为润滑泵没办法吸上油。"

问："为什么吸不上油来？"

答："因为油泵轴老化产生磨损及松动的现象。"

问："为什么磨损了呢？"

答："因为未安装过滤器，导致其内部落入铁屑等杂质。"

解决办法：在油泵轴上安装过滤器。

在初始缺陷和每个潜在缺陷之间建立逻辑关系，并找到解决问题的突破口。因果链分析是一种全面识别工程系统缺陷的分析工具。根本原因和结果之间的一系列因果关系构成一个或多个因果链。因果链分析：通过构建因果链指出事件原因和结果的分析方法。找出问题产生和发展链中的"弱点"，找到解决问题的起点。因果链分析过程图如图 5.4 所示。

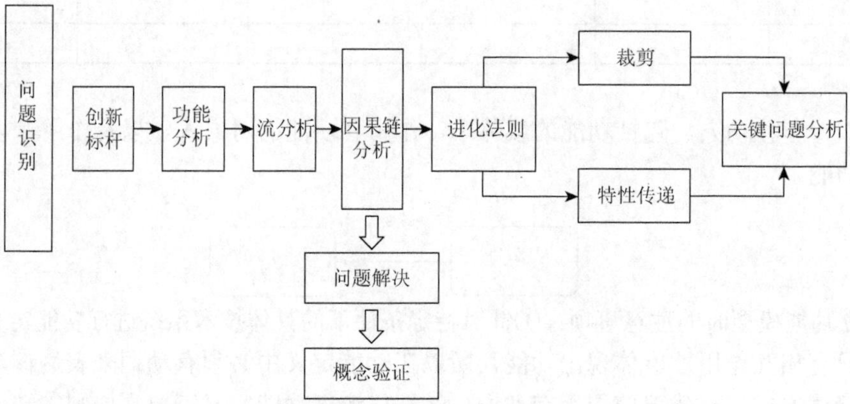

图 5.4　因果链分析过程图

5.2.1　因果链分析术语

初始缺点：通常由项目目标的反面决定。如果项目的目标是降低成本，那么初始缺点就是成本过高；如果目标是提高效率，那么初始缺点就是低效率。

中间缺点：指处于初始缺点和末端缺点之间的缺点，它是上一级缺点的原因，又是下一级缺点造成的结果。在列出中间缺点时，需要注意以下问题。

（1）需要明确上下层级的逻辑关系。在寻找下一层缺点的时候，需要找的是直接缺点，特别是在物理上直接接触的组件所引起的缺点，而不是间接缺点，避免跳跃。

（2）有时候，造成本层级缺点的下一层缺点可能不止一个，如果同一层级的缺点超过一个，则通常可以用 AND 或者 OR 运算符将若干个缺点连接起来。

（3）寻找中间缺点的方法有：①在功能分析、成本分析和流分析中发现的缺点列表中寻找。②运用科学公式，如果本层次的缺点是摩擦力，计算公式：摩擦力 = 摩擦系数×施加力，那么就应该能够在施加的力和摩擦系数这两个方面找到下一层级的缺点。③咨询领域专家。④查阅文献。

（4）一般来说，最开始的中间缺点来源于现代 TRIZ 理论的其他问题分析工具，如功能分析、流分析等，可以从前面的功能缺点、流缺点列表中去寻找。但更深层次的中间缺点则需要通过运用科学公式、领域专家经验以及查阅文献来探究。

末端缺点：理论上，因果链分析可以是无穷无尽的，但在做具体项目的时候，无穷无尽地挖掘下去是没有意义的，因此需要有一个终点，这个终点也就是末端缺点。当达到以下情况时，就可以结束因果链分析。

（1）达到物理、化学、生物或几何等领域的极限时。

（2）达到自然现象时。

（3）达到法规、国家或行业标准等的限制时。

（4）不能继续找到下一层原因时。

（5）达到成本的极限或者人的本性时。

（6）根据项目的具体情况，继续深挖下去就会变得与本项目无关时。

关键缺点：人们解决问题的时候，往往会尝试从最底层的缺点入手来解决问题，这样做的好处是解决问题最为彻底，最底层的缺点（末端缺点）解决了，那么由它所引起的一系列问题都会迎刃而解。但有时候末端缺点并不一定很容易解决，其实也可以从某个中间缺点入手解决问题。经过因果链分析后得到的初始缺点、中间缺点以及末端缺点很多，但并不是每个缺点都是可以解决的。那些经过精心选择需要进一步解决的缺点就是关键缺点。

关键问题：从因果链中挑选出关键缺点，需要解决关键缺点所对应的问题就是关键问题。例如，遇到一个关键缺点是管道污染了水，那么相应的关键问题就是“如何防止管道污染水”。

5.2.2　关键缺点的解决

显而易见的解决方案：分析因果链。在因果链分析中可能会发现大量的缺陷，其中一些缺陷的解决方案是显而易见的。例如，手被热水杯烫伤，经过因果链分析后，发现关键原因是杯壁太薄了。如果将其确定为关键缺点，那么与之对应的关键问题就是“如何将杯壁变厚？”可以采用合适的方法将杯壁增厚，如果这个解决方案具备可实施性，那么这种将杯壁变厚的方法就是一个显而易见的解决方案。

矛盾的挖掘：如果因果链中揭示的关键缺陷对应的解决方案易于发现，能够解决初始缺陷，并且易于实施，则是最终解决方案。

但这些解决方案很可能会被限制，如果把杯壁变厚可以起到隔热的功能，直接解决了烫手这个初始问题，然而却带来了另外一个问题，如果杯壁太厚，重量就会增加，消耗的材料也会增加，成本也会升高，所以杯壁又不能太厚。

常规的增加杯壁厚度的方法将不再适用，因此需要用更加巧妙的方法来解决这个问题。这就需要应用现代TRIZ理论中的问题解决工具（如物理矛盾、技术矛盾、标准解等）来解决这类问题。

5.2.3　因果链分析的步骤

（1）列出项目的反面或者根据项目的实际情况列出需要解决的初始缺点。

（2）根据寻找中间缺点的规则，对每一个缺点逐级列出造成本层缺陷的直接原因。

（3）将同一级的缺点用AND或OR运算符连接起来。

（4）重复步骤（2）、（3），依次继续查找造成本层缺点的下一层直接原因（中间缺点），直到末端缺点。

（5）检查前面分析问题原因的工具所寻找出来的功能缺点，是否全部包含在因果链中。如果有不在因果链中的，则有可能遗漏，需要进一步判断是否需要添加，如果有必要则需要添加，如果没有必要添加，即初始点不相关，则需要充分的理由。

（6）根据项目的实际情况确定相关关键缺点。

（7）将关键缺点转化为关键问题，然后寻找可能的解决方案。

（8）从各个关键问题出发挖掘可能存在的矛盾。

5.2.4　因果链分析及案例——静电危害的消除

问题描述：冬天到了，人身上的静电也多了起来，特别是在北方，当触摸到水龙头、铁门、车门，甚至在握手的时候，都会被人体带的静电打到，让人感到一阵刺痛，很不舒服。下面就尝试用因果链分析的方法，找一找深层次的原因，看有什么方法可以解决这个问题。

（1）找出初始缺点：项目的目标是如何消除静电对身体的危害，这样人们就不会感到疼痛。因此，初始缺点是，当静电击中时，我们会感到疼痛，如图5.5所示。

（2）寻找中间缺点：什么导致疼痛？疼痛是由电流刺激神经末梢引起的。这充分说明了，为什么碰到水龙头、金属门把手或者跟别人握手的时候感到疼痛，因为带电的是指尖，指尖是神经末梢最密集的地方，也就是人体最敏感的部位。因此，第一级需要分析电流和神经末梢，如图5.6所示。

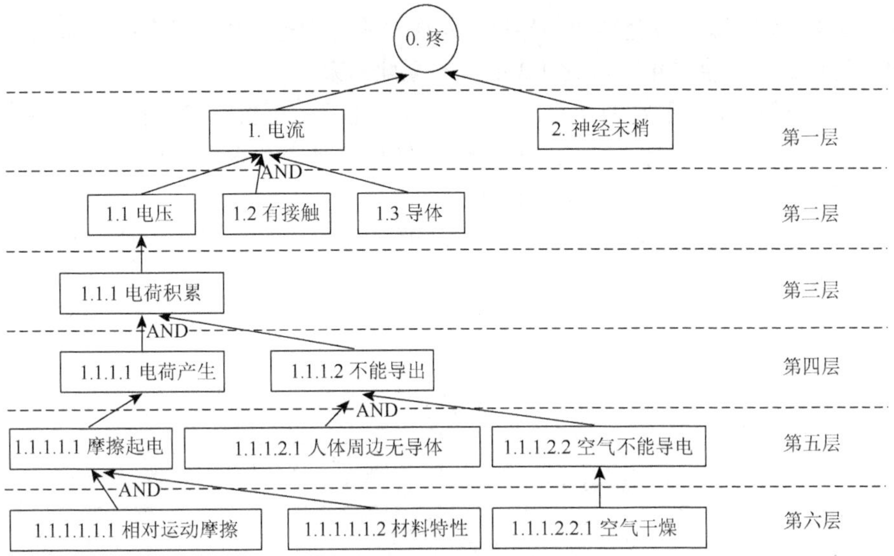

图 5.5　初始缺点

（3）确定相互关系：电流和神经末梢这两个条件是相互依存和不可或缺的，因此它们属于和的关系，如图 5.7 所示。

图 5.6　中间缺点

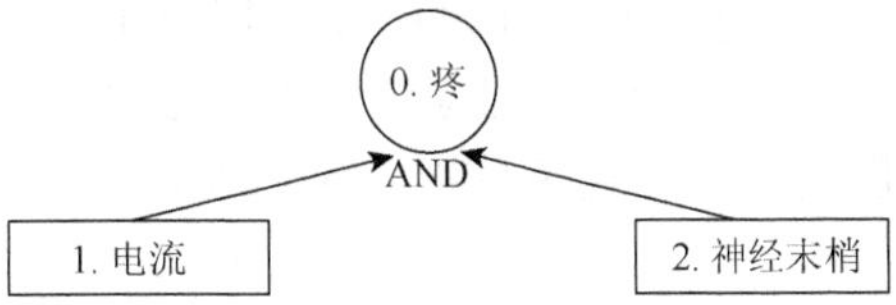

图 5.7　相互关系

（4）重复步骤（2）、（3）：首先，看看神经末梢的分支。神经末梢能感知外界刺激是一种物理现象。因此，分支 2 到此结束，不再进行进一步分析。

对于电流分支，有必要继续分析电流是如何形成的。具备基本物理知识的人应该知道，两个物体之间的电位差形成电压，它们相互接触形成电荷流，这样才会产生电流。

因此，在此层级上应该有 1.1 电压（手与被接触的金属间存在电压）、1.2 有接触（手要与金属间有接触）以及 1.3 导体（手与金属均属于导体），如图 5.8 所示。

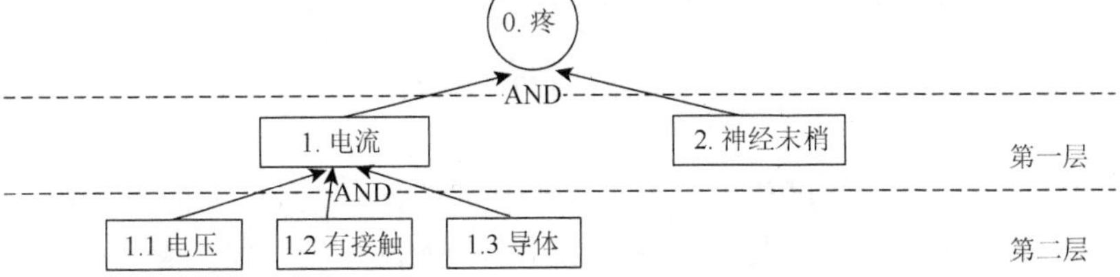

图 5.8　两层因果链

对于 1.3 导体，即手与金属均为导体，此现象称为物理现象，没有必要研究为什么手会导电，为什么金属会导电。因此 1.3 的分支至此结束。

对于 1.2 有接触，由于要去开门，人要与其他人握手，可将它们理解为人的本性使然，因此也没有必要研究人为什么要去开门（尽管知道人开门是为了通过，与他人握手是为了表示友好），因此 1.2 的分支也到此结束。

对于 1.1 电压的问题，可以深入研究它是如何形成的。电压是由电荷的持续积累引起的。因此，有 1.1.1 电荷积累，如图 5.9 所示。

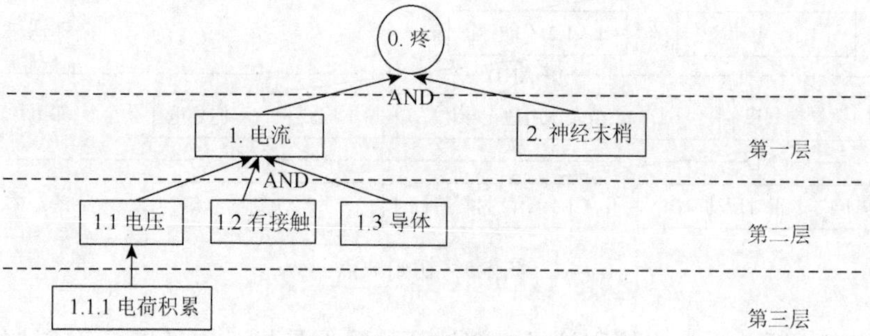

图 5.9　三层因果链

对于 1.1.1 电荷积累是由 1.1.1.1 电荷产生和 1.1.1.2 不能导出引起的，如图 5.10 所示。若二者间缺少其中任意一个都不会出现这个现象，即 1.1.1 电荷积累问题。对于两个中间问题可以继续往下分析，如图 5.10 所示。

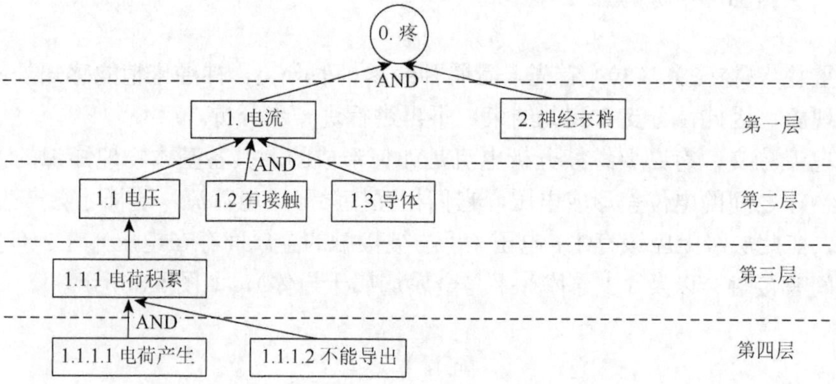

图 5.10　四层因果链

对于 1.1.1.1 电荷是如何产生的？电荷由摩擦带电产生。人体内的电荷积累无法导出，因为人体不连续接触导体，而人体周围的物体，如衣服、空气等，都不是导体。因此，下一个级别如图 5.11 所示。

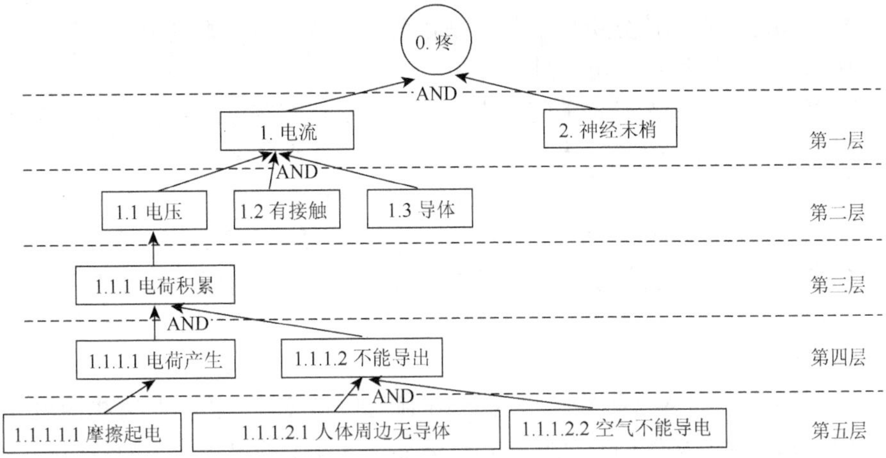

图 5.11　五层因果链

对于 1.1.1.1.1 摩擦起电又是怎样产生的呢？摩擦起电产生的原因是接触在一起的物体相对运动产生摩擦引起的，但只有条件 1.1.1.1.1.1 是不行的，还关系到摩擦的材料，即条件 1.1.1.1.1.2 有些材料容易起电，而有些材料则不易起电。

而对于 1.1.1.2.1 人体周边无导体这个分支，其中的一个原因则是空气干燥。冬天比较突出，而在空气湿度比较大的夏天或者南方地区发生得比较少。

综合这两个分支，可以得出下一个层级。对于这一个层级，1.1.1.1.1.1 相对运动摩擦、1.1.1.1.1.2 材料特性和 1.1.1.2.2.1 空气干燥都属于物理现象或者人的本性。因此没有必要继续分析。整个因果链分析至此完成，如图 5.12 所示。

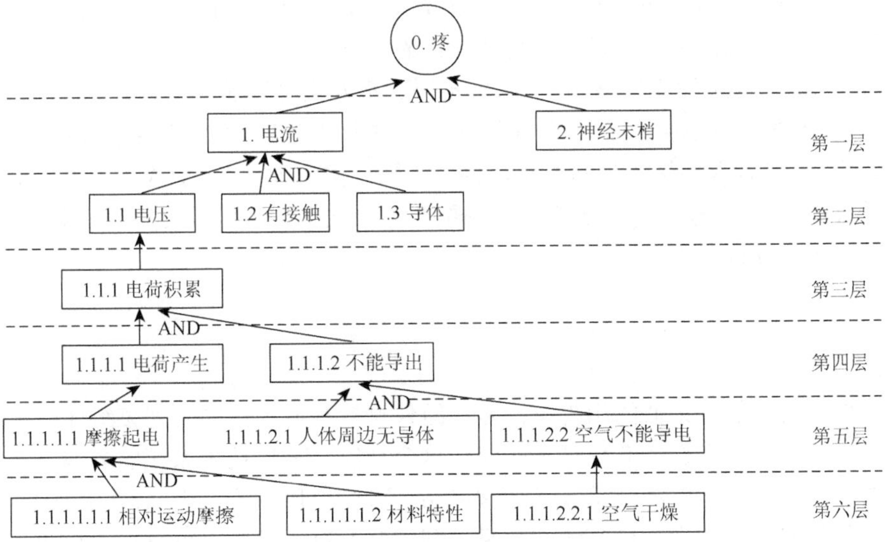

图 5.12　整个因果链分析

（5）检查功能分析和流分析中的弊端是否全部包括：由于本例中不涉及功能分析和流分析，所以本步骤不适用，可跳过。

（6）根据项目实际情况确定关键缺点：每一个缺点都有可能是解决初始缺点的突破口，值得尝试。根据项目的实际情况，可以确定缺点为关键缺点。

（7）将关键缺点转化为关键问题，并找到可能的解决方案。

解决方案 1：针对 2 神经末梢这个中间问题，可以想到这样的解决方案，即用神经末梢比较少的身体其他部位去接触，读者可以去尝试，冬天的时候，直接用手指去拉门往往会被电得很疼，但如果先用手背去接触门，导走人体上的电则不会感到疼，原因是人手背的神经末梢稀少。

解决方案 2：同样针对 2 神经末梢这个中间问题，改变让神经末梢直接接触金属门的途径，可用手拿钥匙去接触门，此时钥匙也会导走人体上的电，受电的是钥匙，而不是手，人自然也不会感到疼。

解决方案 3：针对 1.3 导体这个中间问题。可以接触非导体部分。即在门上安装木把手。由于木把手不导电，因此人接触到木把手的时候也就不会导电形成电流，这样手也不感觉疼。

解决方案 4：对于 1.1.1.2.1 人体周边无导体这个中间问题，可以尝试在人体周边加导体的方式，比如在鞋上装一个金属脚掌，或者由金属丝将人体与大地导通，这样人在走动的时候就可以将产生的电荷及时导走，电荷积累不起来，也就无法形成电压、电流，也就不会存在人被静电打的问题。

解决方案 5：1.1.1.2.2.1 空气干燥，处于最底层，是一个关键问题。对于这个问题，可以用空气加湿的办法，增强空气的导电性，使电荷及时导走。

解决方案 6：1.1.1.1.1.2 材料特性，也是处于最底层，是一个关键问题。对于这个问题，可以选用特种材料，即防静电的材料做成的衣服，让静电根本不会产生。

（8）从各个缺点的角度出发挖掘可能存在的矛盾。

对于“1.2 有接触”和“1.3 导体”（如把手、水龙头等）的两个关键缺点，相应的关键问题是“如何防止手接触门把手”。相应的解决方案是有矛盾的，人要接触到门把手（因为人要开门）（或者人要接触到水龙头，因为人要开关水龙头），但人又不能接触到门把手（或者水龙头）（因为接触会形成回路电击到人）。这个矛盾可以在后面运用 TRIZ 理论的问题解决工具加以解决。

5.3 裁 剪

当找到系统中价值最低的组件时，将该组件直接裁剪掉，同时把该组件有用的功能提取出来，让系统中存在的其他部分去完成这个功能。裁剪技术系统的关键是“确保裁剪部件的有用功能得到重新分配”。裁剪技术系统可以简化系统结构，提高系统的理想性。在实施专利战略的过程中，切割方法也是专利规避的重要手段。可以保留和加强有用的功能，降低成本，并产生新的设计方案。裁剪分析示意图如图 5.13 所示。

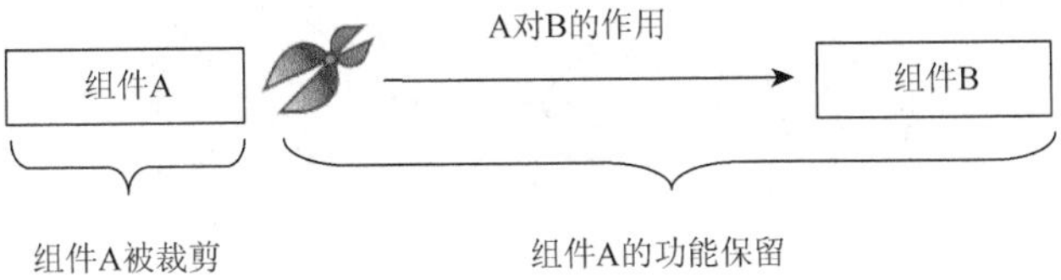

图 5.13　裁剪分析示意图

5.3.1　裁剪的目的

（1）精简组件数量，降低组件成本。

（2）优化功能结构，合理布局系统架构。

（3）体现功能价值，提高系统效率。

（4）去除过度、有害、重复功能，提高系统理想化程度。

根据功能分析的结果，评估每个组件的价值。一般情况下，选择最小值的组件作为执行系统切割的切割对象，如提供辅助功能的组件、实现相同功能的组件、具有有害功能的组件等。不能选择超系统组件作为切割对象。

5.3.2　裁剪前思考

系统组件进行裁剪前，须考虑以下五个问题。

（1）这个组件提供的功能是否必要？

（2）系统内部或周围是否有其他组件能够实现同样的功能？

（3）目前拥有的资源是否足以实现该功能？

（4）能否用更经济的方式来实现该功能？

（5）相比其他部件，该部件是否需要与其他部件进行装配或运动？

5.3.3　裁剪法原则

（1）有足够经验的系统分析专家可以通过具体问题的分析来选择需要裁剪的组件。

（2）在技术系统中，提供基本功能部件的价值高于提供辅助功能部件的价值，因此可以优先考虑裁剪辅助功能部件。

（3）为了降低技术系统成本，可以考虑对成本最高的部件进行裁剪；为了降低系统复杂性，则应该考虑裁剪最复杂的组件。

5.3.4　裁剪法实施策略

在找到需要裁剪的组件 A 后，可以采用以下策略进行评估，以确定最适合系统的切割模式和方法。

（1）如果组件 B 不存在或不再需要组件 A 的作用，那么就可以考虑裁剪掉组件 A。

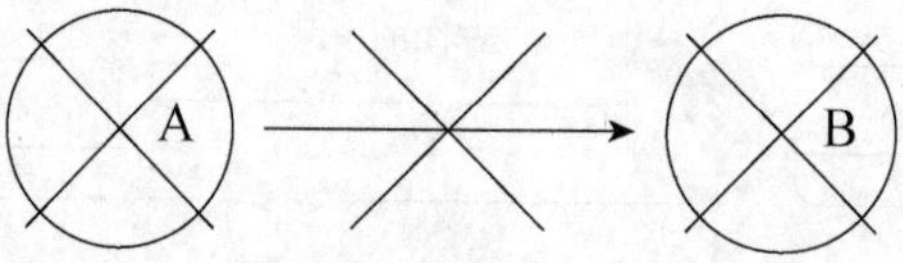

如果组件 B 是该系统的系统作用对象，那么此条不适用，进入下一条实施策略。

（2）若组件 B 能替代组件 A 的功能，那么可以去除组件 A，其功能由组件 B 独立完成。

如果不存在此策略的条件，可采用下一条策略。

（3）如果技术系统或超系统中其他组件 C 能够替代组件 A 的功能，那么可以去除组件 A，由另一个组件 C 来完成其功能。

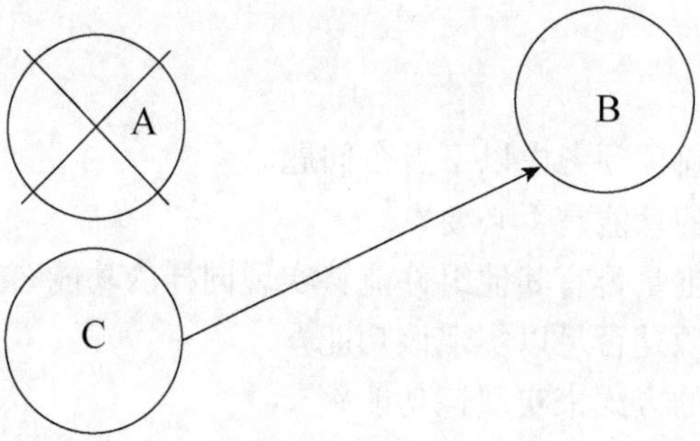

如果不存在此策略的条件，可采用下一条策略。

（4）若技术系统的新添组件能够实现组件 A 的功能，那么组件 A 可以被替换掉，其功能由新添组件 C 来完成。

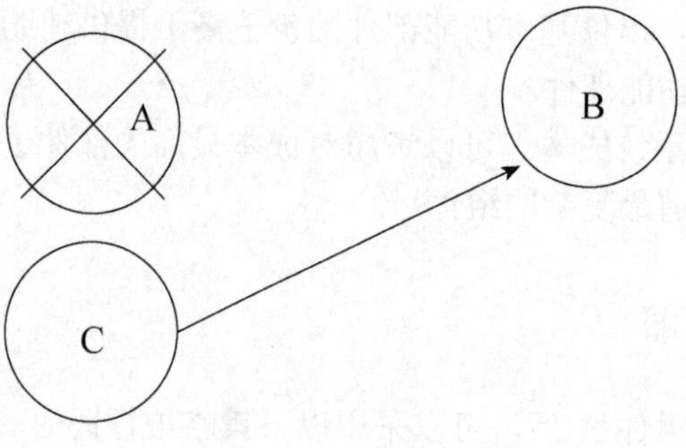

裁剪方式的优先级为：（1）→（2）→（3）→（4），可以选择多种裁剪方式得到不同的解决方案。

5.3.5 裁剪法实例：近视眼镜

1. 近视眼镜（一）

镜腿的功能为支撑镜框，它是系统中提供最基本辅助功能的组件，因此应该首先从它开始进行裁剪。

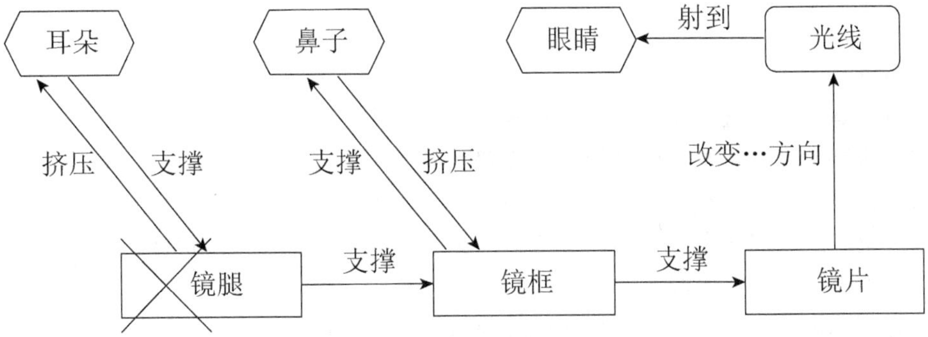

镜腿的功能为支撑镜框。

根据裁剪法实施策略，逐一寻求裁剪镜腿的实际解决方案。

（1）策略一：无镜框（因此镜框不需要支撑作用）。

（2）策略二：镜框独自支撑。

（3）策略三：技术系统中其他组件承担支撑镜框作用（如镜片）；超系统组件承担支撑镜框作用（如手、鼻子、眼睛等）。

选择实施策略三，用超系统组件中的鼻子或手来支撑镜框。

早些时候便存在这种无腿近视眼镜，用鼻子或手来进行支撑使用。

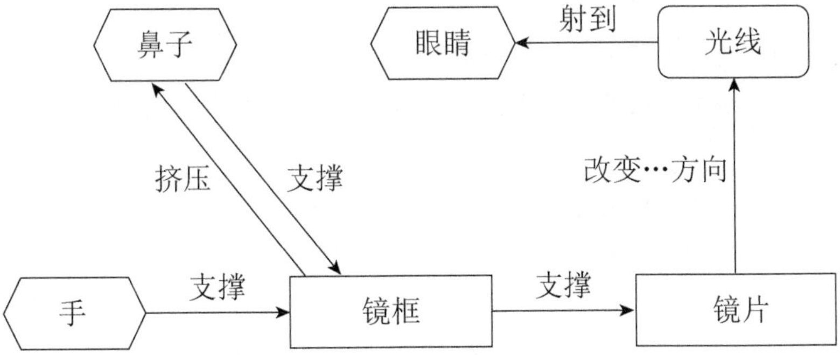

2. 近视眼镜（二）

继续裁剪眼镜系统中的剩余组件，拿镜框和镜片比较，镜框相对价值较低，故裁减镜框。

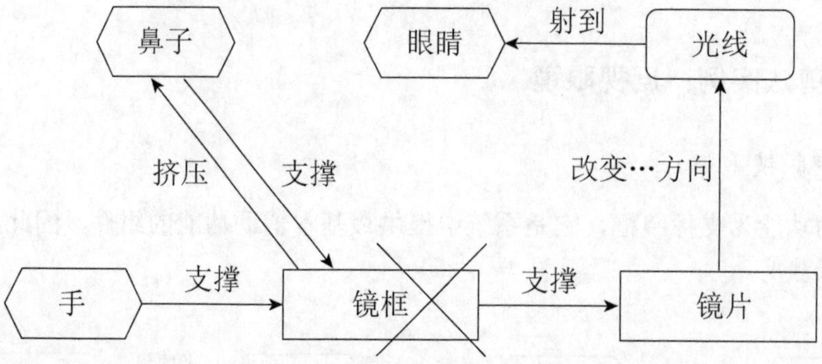

镜框的功能为支撑镜片。

根据裁剪法的实施策略，逐一寻求裁剪镜框的实际解决方案。

（1）策略一：无镜片（因此镜片不需要支撑作用）。

（2）策略二：镜片独立完成支撑作用。

（3）策略三：技术系统中其他组件承担支撑镜片作用（无）；超系统组件承担支撑镜片作用（如手、鼻子、眼睛等）。

选择实施策略三，用超系统组件中的眼睛来支撑镜片。

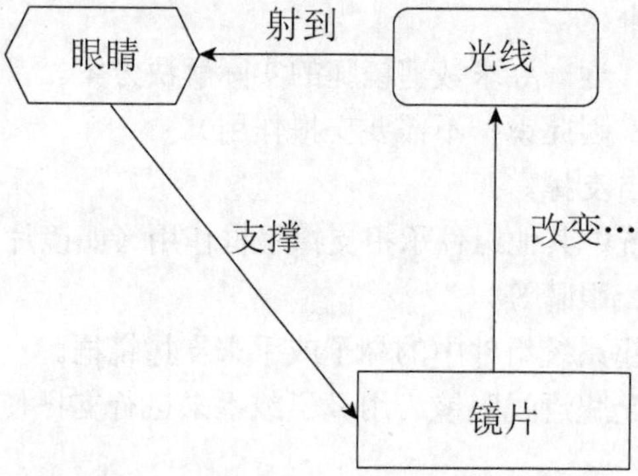

很容易想到，这种眼镜就是隐形眼镜。

再继续裁剪系统中剩余的一个组件，即镜片，那么它可以被裁剪掉吗？

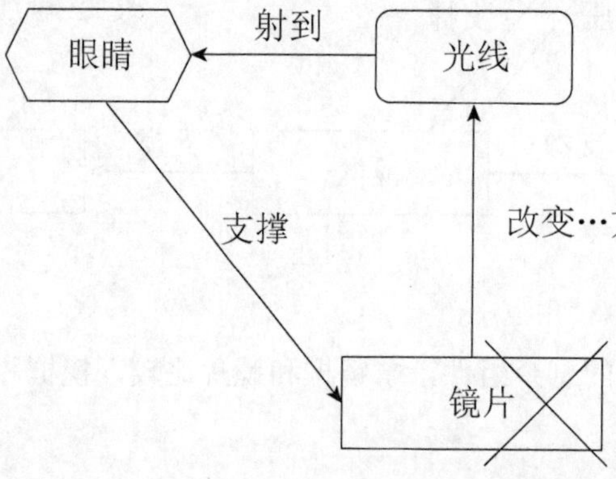

3. 近视眼镜（三）

镜片的功能：改变光线射入方向，使其进入眼睛。

根据裁剪法的实施策略，逐一寻求裁剪镜片的实际解决方案。

（1）策略一：无光线（光线为系统作用对象，因此实施策略一不可用）。

（2）策略二：光线自行改变方向。

（3）策略三：技术系统中其他组件来改变光线方向（无）；超系统组件来改变光线方向（如眼睛）。

选择实施策略三，用超系统组件中的眼睛来改变光线方向。

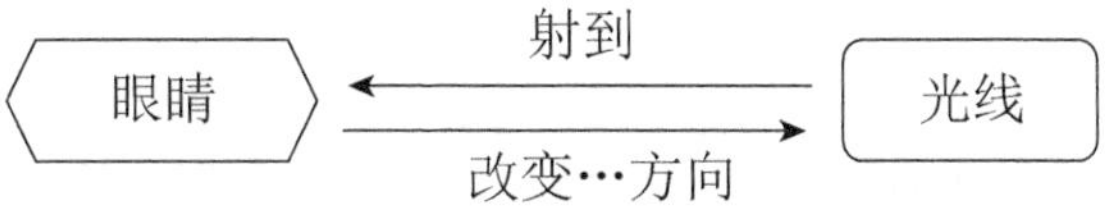

整个眼镜系统已被裁剪，便不存在眼镜了。通过眼睛自身来改变光线的方向，来实现调整视力的功能。此为现代医疗技术——近视眼矫正手术。

5.4 特性传递

在前面的章节中探讨了几种分析问题的方法，包括功能分析、因果链分析和裁剪。这些工具可以帮助我们发现问题所在。例如，通过功能分析，可以找出存在问题的组件；通过因果链分析，可以确定问题的根源，并提供一系列解决问题的突破口；裁剪则是从系统中移除一个或多个组件，然后考虑如何利用系统或超系统中其他组件替代被删除组件的功能。

本节将介绍特性传递。它是一种通过将类似主要功能的其他系统中某个特性传递到本系统来解决问题或提高系统性能的工具。

5.4.1 特性传递含义

通过特性传递，可以分析具有相同或者相似功能的不同系统的优缺点，并将其他系统的优点转移到正在开发的系统中。这样做需要注意的是，转移的是优点所带有的特征，而不一定是某个系统部件。

可以看到，通过特性传递，它可以：

（1）保持原有系统的优点；

（2）通过移植其他优点的系统的优势特性，使本系统也具备新的优点。

需要特性传递的问题一般来源于以下方面：

（1）已经有几种具备相同主要功能的系统，需要根据这些系统组合开发出一种新系统；

（2）通过前面所讲的因果分析、功能分析等工具，发现现有系统的优缺点。

5.4.2　特性传递使用时机

基本上所有的功能都有其利和弊，不可能有一个通用的工程系统来满足所有需求。俗话说，萝卜白菜各有所爱。对于萝卜，我们吃它的根和茎；而对于卷心菜，我们吃它的叶子。如果能把两者结合起来，就能充分利用所有的资源，也就是说，根、茎和叶都可以利用，工程系统也是如此。通过将其他工程系统的优良功能移植到我们的系统中，可以增加系统的功能性并满足更广泛的需求。

5.4.3　特性传递步骤

（1）识别系统的主要功能。

（2）分析系统的优点和缺点，一般来说，缺点就是希望新系统所具备的特性。

（3）寻找备选系统。

（4）确定基础系统。

（5）识别特性来源工程系统中构成优点的特性或者组件。

（6）描述将选定的特性来源工程系统的新特性或组件移入到基础系统中所要解决的问题。

备选系统：指的是与原有工程系统具有完全相反特征的系统。

基础系统：指的是具备一定缺点的系统，特性传递将以本系统为基础做改变，将其他系统的特性传递到本系统中，以避免本系统的不足。

特性来源工程系统：指的是本系统具备基础系统所不具备的优点特性，可以将本系统的这个特性传递到基础系统中。

5.4.4　特性传递分析实例

考虑到纸杯价格低廉，但在装热水时可能会烫手，需要设计一种新的杯子来解决这个问题。以下是利用特性传递的步骤。

（1）识别系统的主要功能：纸杯的主要功能是装水。

（2）分析系统的优点和缺点：纸杯的优点是成本低，缺点是隔热效果不好。

（3）确定竞争系统：可选的装水系统包括玻璃杯、暖水瓶、水缸、运水车等。

（4）寻找备选方案：选择双层玻璃杯作为备选方案，因为它能够避免手部被烫伤，并且保持相对较好的隔热性能。纸杯与双层玻璃杯的优缺点如表 5.5 所示。

（5）确定基础系统：由于项目目标是纸杯，而且它结构简单、成本低，因此将纸杯作为基础系统。

（6）识别特性来源工程系统中构成优点的特性或组件：由于选择了双层玻璃杯作为备选方案，因此可以从中识别出其具有良好导热性能的特性或组件。经过分析发现，玻璃杯的导热性能是双层结构造成的。因此，可以将纸杯设计成双层结构，以解决隔热问题。在今后需要解决将纸杯壁变成双层，使之隔热，从而使新系统兼具低成本和隔热这两个优点，如表 5.5 所示。

表 5.5　纸杯与双层玻璃杯的优缺点

工程系统	纸杯	双层玻璃杯
成本	低（+）	高（–）
隔热	差（–）	好（+）

5.5　功能导向搜索

功能导向搜索属于现代 TRIZ 理论范畴，为问题提供切实可行的解决方案。功能导向搜索在现代 TRIZ 理论中的位置如图 5.14 所示。

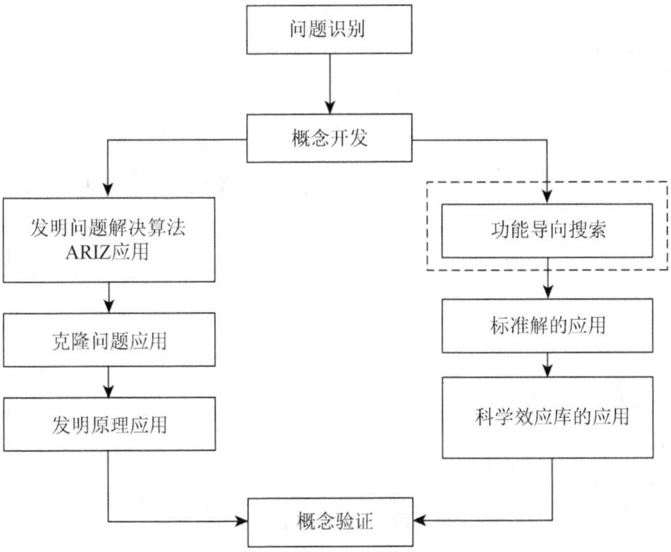

图 5.14　功能导向搜索在现代 TRIZ 理论中的位置

本节介绍 TRIZ 理论中的功能导向搜索工具。

5.5.1　功能导向搜索内涵

经过一般化处理的功能化模型。以灯泡的搜索为例，功能导向搜索不像搜索引擎一样搜索包含灯泡这个关键词的信息，因为真正需要的是灯泡的功能，如照明。再如吸尘器，真正需要的是灰尘打扫的功能。

一般来说，在搜索引擎搜索的时候，使用专业术语，很难从一定领域中跳出，在所有技术领域中寻找解决方案，而有时候，虽然在不同领域中的术语不同，但是在各个领域中，它们的功能都是相同的。例如，半导体领域的蚀刻，也就是把半导体衬底表面很薄的一层材料去掉；如医学领域的洗牙，也就是医生把牙齿表面的牙屑去掉。以功能为基准，找寻全世界目前可采用以达成该功能的一种问题解决工具。

产业界面临许多类似的工程技术上的挑战，但由于产业与产业之间的差异，这些工程技术上的挑战的类似性就不明显。在某些产业这些挑战非常重要，因此，企业投入很多的资源（人力、资本与时间）来处理解决这些问题，但产出的解决方案并未能被产业所广泛的应用。

功能导向搜索的特色是改变创新典范，为了大幅度根本地改善产品或工程系统，必须找出新的解决方案，但新的解决方案并不容易落实，而且在真正具体落实产品的改善之前，也存在着许许多多有待解决的问题。功能导向搜索作为搜索现有的解决方案而不去创造新的解决方案的创新作业典范，当在另一个产业领域发现问题的解决方案时，产品的改善就变成了一个适应的问题（adaption problem）。在落实产品的创新改善上，相比于发明型创新方法，它来得更可行也更有经济效益。

5.5.2 功能导向搜索优点

功能导向搜索可以去除解决方案上的产业局限性，揭露这些解决方案的许多可能性，不论这些方案来自哪个产业，它可以让某个产业将研发的投资成果应用在另一个产业上；由于这些解决方案已被采用并证明可行，因此，该解决方案是低成本、低风险的，因为在其他领域，已经具有丰富的运用经验。功能导向搜索得到的解决方案既是全新的，又是成熟的。

5.5.3 功能导向搜索步骤

（1）确定要解决的关键问题。
（2）以文字清楚明确地说明要执行的特定功能。
（3）具体说明需要达成的功能技术参数。
（4）用清晰、准确、简洁的语言描述功能。
（5）确认执行类似功能的相关产业与其所采用的技术。
（6）在相关的科技/产品/程式中进行搜索。
（7）根据需求与限制，找出最适合执行期望功能的技术。
（8）确认为了采用选择的技术，所必须解决的附带问题。

5.5.4 一般化的功能

功能的描述分为三部分，即功能的载体、功能的对象以及它们之间的动词。比如，刷牙是去除牙屑，扫地是去除灰层，这就是一般化的功能。

刷牙 ⇒ 去除牙屑

扫地 ⇒ 去除灰层

对功能进行一般化处理，也就是将功能中的动词，以及功能的对象中的术语去掉，用一般化的语言代替。比如，用微粒代替牙屑、灰层，去除代替扫地、刷牙。

牙屑、灰层 ⇒ 微粒

扫地、刷牙 ⇒ 去除

5.5.5　功能导向搜索实务案例——鼻腔过滤器

花粉过敏症是许多人生活上经常遇到的问题，预防花粉过敏有许多的方法，如服药，在鼻腔内涂抹药膏，使用口罩与鼻腔过滤器等。这些方法有很多缺点，如呼吸困难、太贵、有副作用等。因此，功能导向搜索的目标是设计一个可以免除上述种种问题的鼻腔过滤器。

创新的鼻腔过滤器应该满足对呼吸不会造成困难阻碍、能够有效捕捉花粉的微粒、成本低、无副作用、不容易被看到等要求。

因此，鼻腔过滤器的创新步骤如下。

（1）确定要解决的关键问题。鼻腔过滤器的矛盾所在：为了有效捕捉花粉微粒，必须要有过滤的中间介质；为了不会造成呼吸的困难阻碍，就不应有过滤的中间介质。

（2）以文字清楚明确地说明要执行的特定功能。在吸入空气的同时捕捉花粉微粒。

（3）具体说明需要达成的功能技术参数。

①能够捕捉 95%的花粉微粒；②不会造成呼吸的困难阻碍；③成本低；④没有副作用；⑤戴起来不明显，不容易被人注意到。

（4）功能关键字概念化。

功能：将细小的花粉微粒自流动的空气中过滤出来。

关键字：分离微粒，过滤微粒，移除微粒，捕捉微粒，洁净空气。

（5）确认执行类似功能的相关产业与其所采用的技术。

在气体净化产业中有进行类似气体洁净的功能，可被视为领先产业，因为气体净化是主要核心活动。

（6）在相关的科技/产品/程式中进行搜索。通过搜索发现，在领先产业中是使用以旋风离尘器原理制作的工业用粉尘收集器来将细微的粉尘微粒自空气中分离出来。

（7）从领先产业中选择所要采用的技术。

工业用粉尘收集器使用旋风离尘器原理来去除气体中的粉尘，其运作原理如下：①风扇将气体推进一个带有螺旋路径的腔室中，创造出一种类似旋风的运动；②气体的旋转运动会产生离心力，将细小的微尘往外推向腔室的壁上，而达到分离的效果。

确定工业用粉尘收集器使用的旋风原理，可以用来解决鼻腔过滤器的问题。

（8）确认并解决后续的问题。

①如何在不使用风扇的情形下，将空气推进螺旋状的路径中？②如何捕捉花粉微尘？③如何预防鼻腔过滤器被吸入人体内？④解决后续的问题。

不使用风扇、捕捉花粉微粒、预防鼻腔过滤器被吸入人体内。①做成如图 5.15 所示几何形状，人的呼吸可以在过滤器中形成类似风扇的动作；②当鼻子呼吸空气进进出出时，过滤器的几何形状即可形成小小旋风的效应；③花粉微粒借由旋风所产生的离心力被吹到元件腔体的内侧；④元件的内侧涂上一层黏性物质以捕捉花粉微粒；⑤用一条线将两个过滤器的腔体连接起来，并让它定位好。

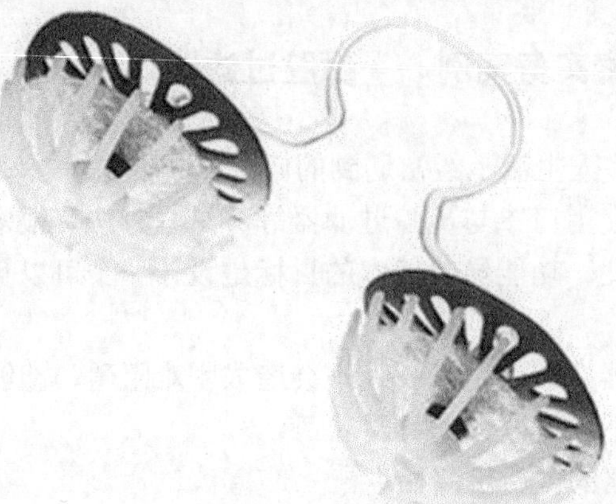

图 5.15　过滤鼻塞

SANISPIRA DPI（PPE）是一种加强版的过滤鼻塞，适用于专业用途（PPE 个人防护装备）。

5.6　本 章 习 题

1. 选择题

（1）（　　）是产品的本质。

A. 功能　　　　B. 产品的具体内容

（2）（　　）是使产品能够工作或使其能够被出售的特性。

A. 功能　　　　B. 产品的具体内容

（3）按照功能级别分类，功能主要包括（　　）。

A. 主要功能　　B. 基本功能　　C. 辅助功能　　D. 所有功能

（4）（　　）法既消除了该部分产生的有害功能，又降低了成本，同时所执行的有用功能依旧存在。

A. 因果链　　B. 裁剪　　C. 功能分析

（5）裁剪的目的包括（　　）。

A. 精简组件数量，降低系统的组件成本

B. 优化功能结构，合理布局系统架构

C. 体现功能价值，提高系统实现功能的效率

D. 消除过度、有害、重复功能，提高系统理想化程度

（6）功能导向搜索的工作步骤包括（　　）。

A. 确定要解决的关键问题

B. 以文字清楚明确地说明要执行的特定功能

C. 具体说明需要达成的功能技术参数

D. 功能的概念化

E. 确认执行类似功能的相关产业与其所采用的技术

F. 在相关的科技/产品/程式中进行搜索

G. 根据你的需求与限制，找出最适合执行期望功能的技术

H. 确认为了采用选择的技术，所必须解决的附带问题

2. 判断题

（1）功能定义越抽象，引发的构想就会越多。（　　）

（2）通过分析当前系统的组件（和功能）之间的作用关系和与超系统之间的作用关系，确定技术上的矛盾和功能上的限制。（　　）

（3）优化技术系统功能并减少实现功能的消耗，使技术系统以很小的代价获得更大的价值，进行系统裁剪，从而提高系统的理想度。（　　）

（4）裁剪方式的优先级为：4→3→2→1，可以选择多种裁剪方式得到不同的解决方案。（　　）

（5）功能导向搜索借由搜索应用现有的解决方案而不去发明新的解决方案。（　　）

（6）功能导向搜索不能去除解决方法上的产业局限性。（　　）

第6章　解决问题的发明原理

40个发明原理（inventive principle，IP）是TRIZ理论中最为重要也是应用最为广泛的工具之一，其起源于阿奇舒勒对于海量的发明专利进行分析研究和总结后得出的对求解发明问题的归纳，这些方法可以解决来自各个工程领域的不同问题，使得创新从根本上有规律可循，避免盲目创新。本章将介绍40个发明原理的由来，并详细地介绍每一个发明原理的具体含义以及其应用场景，本章的最后给出40个发明原理应用的实例以及某一学科中40个发明原理的变现形式供大家参考。

6.1　发明原理的由来

技术系统经过设计、制造、装配和调试，或者在产品全生命周期的某个阶段，人们对技术系统的某项或某些需求会产生矛盾。很多情况下，技术系统在改进某一参数时难以避免地引起另一参数的恶化，即技术系统在改进或者说“进化”过程中产生了矛盾。对于矛盾问题，通常采用折中的方法，而TRIZ却强调运用创造性的思维把矛盾彻底消除。

1946年，阿奇舒勒进入苏联海军专利局工作，有机会接触来自不同国家不同工程领域的大量专利。阿奇舒勒在研究了众多发明专利后发现，许多的发明创造所用到的技术都是重复的，也就是说发明问题所涉及的种种规律是能够在各个不同的产业领域所共同适用的，如果人们能够掌握这些规律，就能够使得发明问题更加具有可预见性，并且能提升发明的效率、缩短发明的周期时间。为此，阿奇舒勒对众多专利进行了详尽研究、分析、总结，将发明中所存在的共同规律进行归纳总结，得到了40个发明原理。使用这些发明原理，可以有目的、有意识地对思维进行创新引导，使创新有规律可循，从根本上改变了创新靠灵感、靠顿悟，普通人难以做到的状况，并且能够提高发明的效率、缩短发明的周期。

6.2　40个发明原理

6.2.1　40个发明原理名称及使用技巧

1. 40个发明原理

40个发明原理是TRIZ理论中最为重要的、具有相对广泛用途的发明工具，其与技术矛盾的解决和矛盾矩阵是密不可分的。一般在每个发明原理的前面都设置一个序号，该序号与矛盾矩阵中的号码一一对应。40个发明原理的名称如表6.1所示。

表 6.1 40 个发明原理的名称

序号	原理名称	序号	原理名称
1	分割原理	21	减少有害作用的时间原理
2	抽取原理	22	变害为利原理
3	局部质量原理	23	反馈原理
4	非对称原理	24	借助中介物原理
5	组合原理	25	自服务原理
6	多用性原理	26	复制原理
7	嵌套原理	27	廉价替代品原理
8	重量补偿原理	28	机械系统替代原理
9	预先反作用原理	29	气压和液压结构原理
10	预先作用原理	30	柔性壳体或薄膜原理
11	事先防范原理	31	多孔材料原理
12	等势原理	32	改变颜色原理
13	反向作用原理	33	同质性原理
14	曲面化原理	34	废弃与再生原理
15	动态特征原理	35	物理或化学参数改变原理
16	不足或超额行动原理	36	相变原理
17	空间维数变化原理	37	热膨胀原理
18	机械振动原理	38	强氧化剂原理
19	周期性动作原理	39	惰性环境原理
20	有效作用的连续性原理	40	复合材料原理

2. 40 个发明原理使用技巧

虽然 40 个发明原理为广大的发明创造者指明了具有指导性的思维方向，但如果进行发明时循规蹈矩地将 40 个发明原理逐一试用，则是十分浪费时间和精力的。因此，为提升 40 个发明原理的有效利用率，研究者总结出一些使用技巧。

40 个发明原理并不是每一个都能得到广泛的应用，一部分发明原理确实经常出现在发明创造中，另一部分发明原理却出现较少，表 6.2 列出它们被使用的频率次序（由高到低）。在应用发明原理时可以优先考虑应用频率较高的原理，这样可以节省一些时间。

表 6.2 40 个发明原理被使用的频率次序

频率次序	原理序号和原理名称	频率次序	原理序号和原理名称
1	35 物理或化学参数改变原理	4	28 机械系统替代原理
2	10 预先作用原理	5	2 抽取原理
3	1 分割原理	6	15 动态特征原理

续表

频率次序	原理序号和原理名称	频率次序	原理序号和原理名称
7	19 周期性动作原理	24	4 非对称原理
8	18 机械振动原理	25	30 柔性壳体或薄膜原理
9	32 改变颜色原理	26	37 热膨胀原理
10	13 反向作用原理	27	36 相变原理
11	26 复制原理	28	25 自服务原理
12	3 局部质量原理	29	11 事先防范原理
13	27 廉价替代品原理	30	31 多孔材料原理
14	29 气压和液压结构原理	31	38 强氧化剂原理
15	34 废弃与再生原理	32	8 重量补偿原理
16	16 不足或超额行动原理	33	5 组合原理
17	40 复合材料原理	34	7 嵌套原理
18	24 借助中介物原理	35	21 减少有害作用的时间原理
19	17 空间维数变化原理	36	23 反馈原理
20	6 多用性原理	37	12 等势原理
21	14 曲面化原理	38	33 同质性原理
22	22 变害为利原理	39	9 预先反作用原理
23	39 惰性环境原理	40	20 有效作用的连续性原理

为了使 40 个发明原理能得到针对性的使用，德国的 TRIZ 专家进行了统计，发现 40 个发明原理中有一部分特别适合用于以下三类情况，其分类如表 6.3 所示。三类情况包括：①走捷径即可求解（10 个）；②有利于结构设计（13 个）；③有利于大幅度降低成本（10 个）。

表 6.3　40 个发明原理特别适用的三类情况

走捷径即可求解（10 个）	有利于结构设计（13 个）	有利于大幅度降低成本（10 个）
35 物理或化学参数改变原理 10 预先作用原理 1 分割原理 28 机械系统替代原理 2 抽取原理 15 动态特征原理 19 周期性动作原理 18 机械振动原理 32 改变颜色原理 13 反向作用原理	1 分割原理 2 抽取原理 3 局部质量原理 4 非对称原理 26 复制原理 6 多用性原理 7 嵌套原理 8 重量补偿原理 13 反向作用原理 15 动态特征原理 17 空间维数变化原理 24 借助中介物原理 31 多孔材料原理	1 分割原理 2 抽取原理 3 局部质量原理 6 多用性原理 10 预先作用原理 16 不足或超额行动原理 20 有效作用的连续性原理 25 自服务原理 26 复制原理 27 廉价替代品原理

为了进一步方便使用，还有 TRIZ 学者按照这 40 个发明原理的主要内容和作用方式将其分为四个大类：①提升系统效率；②消除或强调局部作用；③便于操作和控制；④提高系统协调性，如表 6.4 所示。

表 6.4　40 个发明原理按主要内容和作用方式分类

序号	原理作用	原理序号
1	提升系统效率	10，14，15，7，18，19，20，28，29，35，36，37，40
2	消除或强调局部作用	2，9，11，21，22，32，33，34，38，39
3	便于操作和控制	12，13，16，23，24，25，26，27
4	提高系统协调性	1，3，4，5，6，7，8，30，31

以上表格的分类只是进行了简单概括，涉及具体创新时，还应该根据实际具体情形对 40 个发明原理进行灵活运用，以得到一系列更好的结果。

这时有人会问，仅仅依靠这 40 个发明原理能够解决多少个问题？实际上，每种新发明的产品所用到的通常不仅仅是 1 个发明原理，很可能是应用了多个发明原理，也就是说，一个新发明可能是多个发明原理的组合才出现的创新成果。利用排列组合思想，40 个原理可以组成 780 种不同的“二法合一”、9880 种不同的“三法合一”、超过 90000 种不同的“四法合一”……这体现了组合的复杂性和设计的综合性。

6.2.2　40 个发明原理详解

下面简述 TRIZ 理论的 40 个发明原理及其用法。

1. 原理 1：分割原理

将一个系统分成若干份，以便分解或合并成一种有益或有害的系统属性。该原理有以下三个方面的含义。

（1）将一个物体分成相互独立的部分。

（2）将物体分成容易组装和拆卸的部分。

（3）增加物体相互独立部分的程度。

［**案例**］　自行车的链条是由一个个链节相互连接的，每个链节都是能够取下的，并可以随时调节链的长度；将电风扇的三个叶片设计为相互独立可拆卸的，方便于冬天的存放；冰箱分为冷藏、冷冻室，方便食物的存放；现代采用模块化设计的机械产品中，产品部件一般采用标准件，这些标准的轴承、联轴器等都可以作为标准部件单独分离出来，有利于提升互换性。

2. 原理 2：抽取原理

以虚拟方式或实物方式从整个系统中分离出系统的有用部分（或属性）或有害部分（或属性），也称为分离法。该原理有以下两个方面的含义。

（1）将物体中的“负面”部分或特性抽取出来。

[**案例**]　如空气压缩机安置在隔离间中，远离工作场所；在会议厅施加电磁信号屏蔽，以保持会议不受手机通信的干扰；将嘈杂的压缩机放在室外以减少室内噪声。

（2）只从物体中抽取必要的部分和特性。

[**案例**]　打印机中的墨盒可以与本体分离，便于更换；使用滤波器将有效的波形提取出来；用狗叫声作为报警器的警声，而不用养一条真正的狗。

3. 原理 3：局部质量原理

在某一特定区域内（局部），改变某事物（气体、液体或固体）的特性，以便获得某种所需的功能特性。

（1）将物体或环境的同类结构转化成异类结构。

[**案例**]　将残疾人的鞋子鞋跟做成不同的高度；小锤长出两个羊角结构起钉用。

（2）使组成物体的不同部分实现不同功能。

[**案例**]　快餐盒风格与不同的菜肴相对应；瑞士军刀集合多种不同的刀具。

（3）使组成物体的每一部分都最大限度地发挥作用。

[**案例**]　带有橡皮的铅笔，带有起钉器的榔头等。

4. 原理 4：非对称原理

涉及从各向同性到各向异性的转换，或是与之相反的过程。各向同性是指在对象的任一部位，沿任一方向进行测量都是对称的。该原理有以下两个方面的含义。

（1）将物体由对称形式转化为不对称形式。

[**案例**]　将全车线束中的插接件设置为非对称形式，以防止在使用或安装时出错。

（2）如果物体已经是不对称的，则要增加它的不对称程度。

[**案例**]　将液化气罐底部不对称设置，以提高使用率；为加强密封性，圆形的密封圈适当椭圆化。

5. 原理 5：组合原理

在系统的功能、特性或部分间建立一种联系，使其产生一种新的、期望的结果。通过对已有功能进行组合，可以生成新的功能。

（1）在空间上把相同或相近的物体或操作加以组合。

[**案例**]　集成电路板上的多个电子芯片。

（2）把时间上相同或类似的操作加以联合。

[**案例**]　同时分析多个血液参数的医疗诊断仪；冷热水混水器。

6. 原理 6：多用性原理

一个系统变得更加均质和综合，也称为一物多用法。

（1）使物体或物体的一部分实现多种功能，以代替其他部分的功能。

[**案例**]　瑞士军刀是一物多用途的最典型例子，功能最多可达 30 多种；一种多用

雨伞，收起时可以变成手袋；打印机具有扫描、复印功能；多功能料理机；一种多功能闹钟，能够显示时间又能给手机充电。

（2）使物体具有复合功能以代替其他物体的功能。

［**案例**］　牙刷的把柄内装牙膏。

7. 原理 7：嵌套原理

采用一种方法将一个物体放入另一个物体的内部，或让一个对象通过另一个对象的空腔实现嵌套，即彼此吻合、彼此组合、内部配合等。该原理有以下两个方面的含义。

（1）一个物体在另一物体之内，而后者又在第三个物体之中等。

［**案例**］　教鞭笔；刀具组合；俄罗斯套娃。

（2）一个物体通过另一个物体的空腔。

［**案例**］　可收缩的天线；液压起重机；照相机伸缩式镜头；多层伸缩式梯子；可以升降的工作台；地铁车厢的车门开启时，门体滑入车厢壁中，不会占用多余的空间；汽车安全带在闲置时将会卷入卷收器中。

8. 原理 8：重量补偿原理

以一种对抗或平衡的方式来减弱或消除某种效应，或纠正某种缺陷，或补偿过程中的损失，从而建立一种均匀分布形式，或增强系统其他部分的功能。该原理具有下面两个方面的含义。

（1）将物体与具有上升力的另一物体相结合以抵消其重量。

［**案例**］　救生圈；直升机上安装螺旋桨；将广告条幅悬挂在氢气球上；用气球携带广告条幅。

（2）通过与环境（利用气体、液体的动力或浮力等）相互作用实现物体重量补偿。

［**案例**］　液压千斤顶用液压油顶起重物；风筝利用风产生升力；磁悬浮列车利用磁场磁力托起车身；潜水艇利用排放水实现升浮；流体动压滑动轴承利用油膜内部的压力将轴托起，以达到在高速重载场合使用的目的。

9. 原理 9：预先反作用原理

根据可能出现问题的地方，采取一定的措施来消除、控制或防止某些问题的出现。该原理有以下两个方面的含义。

（1）实现施加反向作用力，用以消除有害的影响。

［**案例**］　缓冲器能吸收能量、减少冲击带来的负面影响；添加弹簧垫圈防止螺栓松动。

（2）如果一个物体处于或即将处于受拉伸的状态，要预先施加一定的压力。

［**案例**］　浇混凝土之前的预压缩钢筋，增强混凝土构件强度。

10. 原理 10：预先作用原理

另一个时间发生前，预先执行该作用的全部或一部分。该原理有以下两个方面的含义。

（1）预先完成要求的作用（部分的或整体的）。

[**案例**] 双面胶；邮票。

（2）预先将物体妥当安放，使它们在现场或最方便的地点立即完成所需要的作用。

[**案例**] 停车场的电子计时表；电话的预存话费；正姿笔的握笔处采用人体工学设计；公路上的指示牌。

11. 原理 11：事先防范原理

事先做好准备，采用一定的应急措施，以提升系统的可靠性。

[**案例**] 降落伞备用伞包；汽车的安全气囊和备用轮胎；电闸上的熔丝；建筑物中的消火栓和灭火器；预防疾病的疫苗；企业的安全教育；枕木上涂沥青以防止腐朽等。

12. 原理 12：等势原理

在势场内应防止位置的改变，如在重力场中依靠改变工作状态以减少物体提升或下降，可以减少不必要的能量损耗。

[**案例**] 通过汽车修理厂设置的维修地沟，可以不用升降汽车，降低了汽车修理难度；三峡大坝；阶梯教室。

13. 原理 13：反向作用原理

施加一种相反作用，上下颠倒或内外反转。该原理有以下三个方面的含义。

（1）颠倒过去解决问题的办法，达到相同的目的。

[**案例**] 冲压模具的制造中，通常采用提高模硬度的方法减少磨损和提高使用寿命，但是，随着材料硬度的提高，模具加工更加困难。为了解决这一矛盾，人们发明了一种新的模具制造方法，即用硬材料制造凸模，用软材料制造凹模，虽然在使用的过程中不可避免地会发生磨损，但软材料的塑性变形会自动补偿由于磨损造成的模具间隙变化，可以在很长的使用时间内保持适当的间隙，延长模具的使用寿命。

（2）使物体或外部介质活动的部分变成不动的，将不动的变成可动的。

[**案例**] 人在跑步机上运动时，人相对不动，而是机器动；在加工中心上旋转的是工件，而不是刀具。螺杆和螺母的相对运动关系通常是螺杆转动并移动，而螺母固定。

（3）将物体或过程进行颠倒。

[**案例**] 在洗瓶机上，将瓶子倒置，从下面冲入水来实现冲洗动作；加工中心能变工具旋转为工件旋转。采用沉头座和凸台结构，同样可以起到减少螺栓附加弯矩的作用，可在适当的时候分别选用。

14. 原理 14：曲面化原理

应用曲线或球面取代线性属性，将线性运动用转动取代，使用滚筒、球或螺旋结构。该原理有以下三个方面的含义。

（1）将直线部分用曲线替代，将平面用曲面替代，将立方体结构改成球形结构。

[**案例**] 在结构设计中用圆角过渡，避免应力集中；建筑拱形穹顶增加强度；汽车、飞机等采用流线形造型，以降低空气阻力。

（2）采用滚筒、球体、螺旋等结构。

［案例］　用滚动球体的滚动摩擦代替滑动轴承的滑动摩擦，使滚动轴承更为灵活与便利；椅子和白板等的底座安装滚轮使移动更方便；丝杠将直线运动变为回转运动等。

（3）从直线运动过渡到旋转运动，利用离心力。

［案例］　洗衣机中的甩干筒；离心铸造等。

15. 原理 15：动态特征原理

使系统的状态或属性成为短暂的、临时的、可动的、自适应的、柔性的或可变的状态。该原理有以下三个方面的含义。

（1）使物体或其环境自动调整，以使其在每个动作阶段的性能达到最佳。

［案例］　可调节病床；可调整座椅；可调整反光镜；飞机自动导航系统；形状记忆合金。

（2）将物体分成彼此相对移动的几个部分。

［案例］　可折叠的桌子或椅子；折叠伞；折叠尺；笔记本电脑；折叠晾衣架等。

（3）将物体不动的部分变为动的，增加其运动性。

［案例］　洗衣机的排水管；用来检查发动机的柔性内孔窥视仪；医疗检查中的肠镜、胃镜、可弯曲的饮用吸管。

16. 原理 16：不足或超额行动原理

如果所预期的效果难以百分之百完全实现，则应该达到略小或略大于理想效果，以此来使问题简单化。

［案例］　缸筒外壁刷漆时，可将缸筒浸泡在盛漆的容器中完成，但取出缸筒后外壁粘漆太多，通过快速旋转可以甩掉多余的漆；在印刷中喷入过多的油墨再去除，可以保证印刷得更清晰。

17. 原理 17：空间维数变化原理

改变线性结构的方位，使其从垂直变成水平、水平变成对角线或水平变成垂直等。该原理有以下四个方面的含义。

（1）将物体从一维变到二维或三维空间。

［案例］　多轴联动加工中心可以准确完成三维复杂曲面的工件的加工等。

（2）利用多层结构替代单层结构。

［案例］　北方多采用双层或三层的玻璃窗来增加保暖性；立交桥；立体车库；螺旋楼梯可以减少占用的房屋面积。

（3）将物体倾斜或侧置。

［案例］　自动卸料车等。

（4）利用指定面的反面或另一面。

［案例］　能够两面穿的衣服；印制电路板经常采用两面都焊接电子元器件的结构，比起单面焊接更加节省面积。

18. 原理 18：机械振动原理

利用振动或振荡，能够将周期性的变化包含在一个平均值附近。该原理有以下五个方面的含义。

（1）使物体处于振动状态。

［案例］　手机用振动替代铃声；电动剃须刀；电动按摩椅；甩脂机；振动筛；电动牙刷。

（2）如果已在振动，则提升它的振动频率（可以达到超声波频率）。

［案例］　超声振动清洗器；运用低频振动减少烹饪时间。

（3）利用共振频率。

［案例］　吉他等乐器的共鸣箱；击碎胆结石的超声波碎石机；核磁共振检查病症；火车过桥时要放慢速度；微波加热食品等。

（4）用压电振动器替代机械振动器。

［案例］　石英晶体振荡驱动高精度钟表等。

（5）利用超声波振动同电磁场耦合。

［案例］　超声波洗牙；超声焊接；超声波振动和电磁场共用，在电熔炉中混合金属，使混合均匀等。

19. 原理 19：周期性动作原理

运用周期性动作代替连续性动作；改变已有周期性动作频率。该原理有以下三个方面的含义。

（1）从连续作用过渡到周期性作用或脉冲作用。

［案例］　利用打桩机周期性地作用于桩子，能够快速将桩子打入地下；自动浇花系统做间歇性动作；一些报警铃声或鸣笛声呈现周期性变化，比连续的声音更具有提醒性和容易引起人们的警觉。

（2）如果已有作用是周期的，则改变其频率。

［案例］　利用频率调制来传递信息；用频率调音代替摩尔电码。

（3）利用脉冲的间歇完成其他作用。

［案例］　医用心肺呼吸系统中，每 5 次胸腔压缩后进行 1 次呼吸。

20. 原理 20：有效作用的连续性原理

产生连续流与（或）消除所有空闲及间歇性动作，以提高其效率。该原理有以下三个方面的含义。

（1）持续采取行动，使对象的所有部分一直处于满负荷状态。

［案例］　车辆停止时，飞轮储存能量，所以马达可以保持运转在最适宜的状态。

（2）消除空闲的、间歇的行动。

［案例］　打印机的打印头在回程过程中也进行打印，如点阵打印机、喷墨打印机；工厂中三班倒的工作制度。

（3）将往复运动改为转动。

［案例］　卷笔刀以连续旋转代替重复切削；苹果削皮器用旋转运动取代重复切削。

21. 原理 21：减少有害作用的时间原理

某事物在一个给定速度下出现问题，则使其速度加快，即快速执行一个有害或危险的作业，消除副作用，也称为急速动作法、快速法、减少有害作用时间法。

［案例］　修理牙齿的钻头高速旋转，以防止牙组织升温被破坏；切割塑料，在材料内部的热量传播之前完成，避免变形；X 射线透视时，快速拍照。

22. 原理 22：变害为利原理

害处已经存在，寻找各种方式从中取得有用的价值。该原理有以下三个方面的含义。

（1）利用有害因素（特别对外界的有害作用）获得有益的效果。

［案例］　将有害垃圾进行处理再利用。

（2）将有害因素与其他几个有害因素进行组合来消除有害因素。

［案例］　使人致病的病毒也可用来治疗疾病；垃圾产生沼气加以利用。

（3）将有害因素加强至不再有害的程度。

［案例］　森林灭火时为熄灭或控制火势蔓延，通过燃起另一堆火的方式，即野火通道区域烧光，以控制火势。

23. 原理 23：反馈原理

将一种系统的输出作为输入返回到系统中，以便增强对输出的控制，也称为反馈法。该原理有以下两个方面的含义。

（1）引入反馈，改善性能。

［案例］　声控灯、声控喷泉对声音的反馈；用于探测火星与烟的热/烟传感器。

（2）改变已有的反馈。

［案例］　很多具有自动识别、检测、控制的电子仪器和设备以及机器人等机电一体化产品都具有自动反馈功能；飞机接近机场时，改变自动飞行模式；电饭煲根据实物的成熟度自动更改模式；具有特殊纹理的人行道盲道；利用声呐来发现暗礁、鱼群、潜艇；路灯通过环境变化来调节亮度。

24. 原理 24：借助中介物原理

利用某种可以轻松去除的中间载体、阻挡物或过程，在不相容的部分、功能、事件或情况之间经协调或调解建立的一种临时链接，也称为中介法。

（1）利用能够迁移或具有传送作用的中间物体。

［案例］　气力输送装置；自动上料机；自拍杆；弹琴用的拨片；传动齿轮；不锈钢护指器。

（2）把另一个（易分开的）物体暂时附加给某一物体。

［案例］　饭店上菜的托盘。

25. 原理 25：自服务原理

在执行主要功能（或操作）的同时，以协助并行的方式执行相关功能（或操作），也称为自助法。该原理有以下两个方面的含义。

（1）使物体具有自补充、自恢复的功能。

［案例］　自清洁玻璃；自动售货机；自动饮水机；不倒翁；全自动洗衣机自动进水、放水、筒自洁。

（2）灵活利用废弃的材料、能量与物质。

［案例］　包装材料的再利用；生活垃圾做肥料；玉米丰收后秸秆还田；工业生态系统；利用电厂余热供暖等。

26. 原理 26：复制原理

利用一个复制品或模型来代替因成本过高而不能使用的事物。该原理有以下三个方面的含义。

（1）用简单的、低廉的复制品代替复杂的、昂贵的、易碎的物体。

［案例］　虚拟驾驶游戏机、模拟驾驶舱替代现实驾舱；虚拟装配系统可以提前发现实际无法装配的错误等；军用蛇形侦察机器人、蜘蛛探雷机器人、隐形飞机等。

（2）用光学复本或图像代替实物，可以按比例放大或缩小图像。

［案例］　用卫星照片代替实地地理测量；利用 X 射线对患者病情判断；观看学者讲座录像代替参加活动；虚拟现实。

（3）如果利用可见光的复制有困难，可以拓展为红外线或紫外线。

［案例］　采用红外辅助照明摄像，使被摄对象不易觉察；用紫外线诱杀蚊蝇。

27. 原理 27：廉价替代品原理

运用廉价的、较简单的或较易处理的对象，以便降低成本、增强便利性、延长使用寿命等，也称为替代法。

［案例］　可以用便宜的物体代替昂贵的物体，同时降低某些质量要求，实现相同的功能，如一次性纸杯来代替水杯；一次医用物品等；飞机跑道尽头采用塑料跑道；用模型试验代替实物试验；在电子产品中使用超级电容代替锂离子电池，断电后保持数据；铝导线代替铜导线。

28. 原理 28：机械系统替代原理

利用物理场或其他形式、作用和状态代替机械的相互作用、装置、机构及系统，也称为系统替代法。该原理有以下四个方面的含义。

（1）用视觉、听觉、嗅觉系统代替机械系统。

［案例］　天然气中混入难闻的气体代替传感器，用以警告人们天然气的泄漏；用带光电传感器的感应式水龙头代替传统机械式手动水龙头，既方便又能节约用水；计算机替代算盘。

（2）使用与物体相互作用电场、磁场及电磁场。

［案例］　为了混合两种粉末，用其中一种带正电荷、另一种带负电荷来替代机械振动。

（3）用动态场替代静态场，确定场替代随机场。

［案例］　早期的通信系统用全方位检测，现在采用特定发射方式的天线。

（4）将场和铁磁粒子组合使用。

［案例］　用变化的磁场加热含铁磁粒子的物质，当温度达到居里点时，物质变成顺磁，不再吸收热量，从而实现恒温。

29. 原理 29：气压和液压结构原理

运用空间或液压技术来代替普通系统元件或功能，也称为压力法。

［案例］　充气床垫；气垫运动鞋；液压钳；阻尼器；水银开关，使用水银代替金属之间的摩擦，开关使用寿命几乎可以无限期延长。

30. 原理 30：柔性壳体或薄膜原理

将传统的构造替代为薄膜或柔性、柔韧壳体构造。柔性壳体或薄膜原理也称柔化原理。该原理有以下两个方面的含义。

（1）用柔性壳体或薄膜代替传统结构。

［案例］　用铜箔代替铜线绕制高频变压器；儿童的充气玩具；柔性键盘，装牛奶的塑料包装，塑料瓶代替玻璃或金属瓶；帐篷、雨伞、皮包等。

（2）使用柔性壳体或薄膜将物体与环境隔离。

［案例］　食品的保鲜膜；舞台上的屏幕将舞台与观众隔开；为了防止腐蚀在金属外层镀上保护层。

31. 原理 31：多孔材料原理

通过在材料或对象中打孔，开通道或空腔以增强其多孔性，从而改变某种气体、液体或固体的形态，也称为多孔法。该原理有以下两个方面的含义。

（1）使物体多孔或增加多孔元素（通过插入、涂层等）。

［案例］　充气砖、泡沫材料；纱窗，既可以通入新鲜空气，又可以防止蚊蝇进入；蜂窝煤，便于煤的充分燃烧。

（2）如果物体是多孔的，则用多孔的性质产生有用的物质或功能。

［案例］　药棉吸取药物；海绵吸水；泡沫金属既减重又保持强度。

32. 原理 32：改变颜色原理

改变颜色原理也称色彩原理。通过改变对象或系统的颜色，来提升系统的价值或解决问题。该原理有以下四个方面的含义。

（1）改变物体或外部环境的颜色。

［案例］　随温度变化而变颜色的示温器；测试酸碱度的 pH 试纸；交通红绿灯。

（2）改变物体或外部环境的透明度或可视性。

［案例］　随光线强度改变透光度的玻璃；以便观察伤口情况的透明绷带。

（3）采用有颜色的添加物，使不易被观察到的物体或过程被观察到。

［案例］　利用紫外线笔鉴别伪钞；防紫外线的眼镜片。

（4）如果已添加了颜色添加物，则考虑增加发光成分，用发光迹线追踪物质。

［案例］　为增强太阳能电池板对于能量的吸收，在板上涂覆曝光剂。

33. 原理 33：同质性原理

若两个或多个对象或两种或多种物质彼此相互作用，则其应包含相同的材料、能量或信息，也称为均质化法。

［案例］　用金刚石切割钻石；将人体能吸收的羊肠线用在手术中；采用相同材料制造的零件，保证其整体热膨胀系数相同，温度变化的情况下避免出现错位；同一产品中大量零件采用相同材料，既有利于生产准备，又有利于材料回收，减少分离不同材料的附加成本。

34. 原理 34：废弃与再生原理

废弃原理和修复原理的结合。废弃是指从系统中去除某物，修复是将某事物恢复到系统中进行再利用，也称为自生自弃法。该原理有以下两个方面的含义。

（1）已完成自己的使命或已经无用的物体部分应当剔除（溶解、蒸发等）或在工作过程中直接变化。

［案例］　使用可降解餐具；药品中的胶囊外壳入体后被溶解掉。

（2）应当在工作过程中直接利用消除的部分。

［案例］　自动铅笔的笔芯；分级发射火箭，在使用完成后丢弃用完的燃料；冰灯自动融化。

35. 原理 35：物理或化学参数改变原理

通过改变一个对象或系统的属性（物理或化学参数），来提供一种有用的益处，也称为性能转化法。该原理有以下四个方面的含义。

（1）改变系统的物理状态。

［案例］　气体液化以减小体积便于运输，降低运输成本；利用晶体管代替电子管。

（2）改变浓度、密度或黏度。

［案例］　采用具有黏性的导热硅脂在芯片上安装散热器；洗手液代替肥皂既可以定量控制使用，也能减少交叉污染。

（3）改变系统的柔性。

［案例］　排气系统中的软连接；采用导电橡胶连接液晶显示板。

（4）改变系统的温度或体积。

［案例］　利用升温改变食品的色香味；低温保鲜水果和蔬菜；金属材料进行热处理，淬火、调质、回火等利用不同温度来获得不同的力学性能；利用低温制造超导材料。

36. 原理36：相变原理

利用一种材料或情况的相变，来实现某种效应或产生某种系统的改变，也称为形态改变法。典型的相变有：气体到液体、液体到气体、液体到固体、固体到液体等。

［**案例**］ 水在结冰时体积膨胀；加湿器产生水蒸气的同时使室内降温；家用空调利用液体和气体的相互转变进行温度的控制。

37. 原理37：热膨胀原理

利用对象受热膨胀原理产生“动力”，将热能转化为机械能。

（1）利用材料的热胀冷缩的性质。

［**案例**］ 温度计；收缩包装；在零件配合装配中冷却内部件，加热外部件，装配后恢复常温，两者实现紧配合。

（2）利用一些热胀系数不同的材料。

［**案例**］ 双金属片温度计（利用两种不同金属在温度改变时膨胀程度不同，当温度发生变化时，感温器件的自由端发生转动，带动细轴上指针产生角度变化，在标度盘上指示对应的温度）。

38. 原理38：强氧化剂原理

通过加速氧化过程或增加氧化作用强度，来改善系统的作用或功能，也称为逐级氧化法。

（1）用富氧空气代替普通空气。

［**案例**］ 水下呼吸系统中存储浓缩空气；将患者放入氧气舱中增加氧气供应量。

（2）用纯氧替换富氧空气。

［**案例**］ 用氧气-乙炔火焰高温切割；纯氧灭菌加速伤口愈合。

（3）用电离辐射作用于空气或氧气，使用离子化的氧。

［**案例**］ 空气净化器；使用离子化气体加速化学实验中的化学反应。

（4）用臭氧替换臭氧化的（或电离的）氧气。

［**案例**］ 臭氧溶于水中去除船体上的有机污染物；臭氧杀死微生物。

39. 原理39：惰性环境原理

制造一种中性（惰性）环境，以便支持所需功能，也称为惰性环境法。

（1）用惰性介质代替普通介质。

［**案例**］ 为了防止炽热灯丝失效，让其置于惰性气体中；用惰性气体对棉花进行保存，可以有效避免存储在仓库中的棉花燃烧。

（2）添加惰性或中性添加剂到物体中。

［**案例**］ 高保真音响中添加泡沫吸收声振动；航空燃油中加入添加剂改变燃点。

（3）在真空中进行某一过程。

［**案例**］ 真空吸尘器；真空镀膜机；真空包装保鲜食物；二氧化碳灭火器。

40. 原理 40：复合材料原理

通过将两种或多种不同的材料（或服务）紧密结合在一起而形成复合材料，也称为复合材料法。

［案例］　复合地板；钢筋混凝土结构；双层玻璃；超导陶瓷；碳素纤维；铝塑管；防弹玻璃等；插头和插孔接触面涂抗摩擦导电涂层增加使用寿命；混纺地毯，具有良好的阻燃性能。

6.2.3　40 个发明原理的应用实例

在进行创新发明时，借助 40 个发明原理将会对创新思维的形成和创新发明的成功有很大的促进作用。通常做法是，设计者从这些发明原理中选出与所要发明的产品可能产生联系的某一个或几个原理，再结合产品功能或技术进行分析和设计，最终获得发明方案。其实，很多新产品中都包含着一些发明原理，下面是一些例子。

1. 应用 40 个发明原理发明新型雨伞

（1）双人雨伞。应用组合原理（5）、非对称原理（4）和空间维数变化原理（17）。适合两个人共同使用，尤其是情侣，只需一个人手持，比用两个单人雨伞节省空间，如图 6.1 所示。

图 6.1　双人雨伞

（2）反向雨伞。应用空间维数变化原理（17）和反向作用原理（13）。采用双层伞布和伞骨，伞收起时有雨水的一面朝里，干的一面朝外，避免了带水的雨伞不好收起的问题，如图 6.2 所示。

（3）空气雨伞。应用气压和液压结构原理（29）、动态特征原理（15）和嵌套原理（7）。这种伞没有传统意义上的伞布，只有“伞柄”。打开电源开关，“伞柄”向上喷射空气，在雨滴和人之间形成空气屏障，起到防雨的作用。它可以调节气流和伞杆的长度。

图 6.2　反向雨伞

当电源关闭时，它是一根杆子，非常便于携带。这种伞颠覆了传统伞的概念，是一种“隐形伞”，如图 6.3 所示。

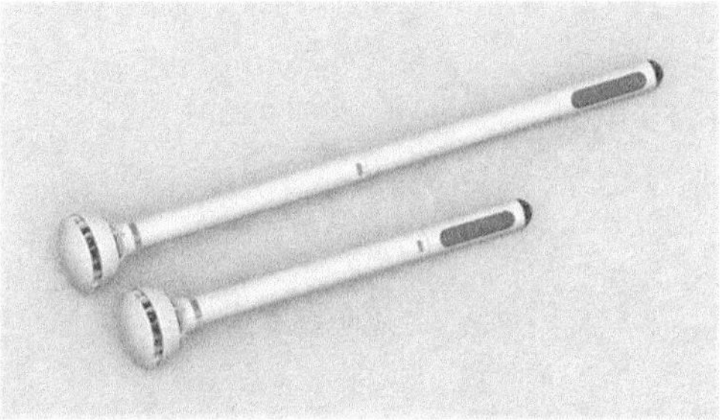

图 6.3　空气雨伞

（4）自行车雨伞。应用柔性壳体或薄膜原理（30）、非对称原理（4）和曲面化原理（14）。用支架将伞支撑在车上，解放了双手从而不影响骑车，挡雨面积大，走路时不用手持，很方便，如图 6.4 所示。

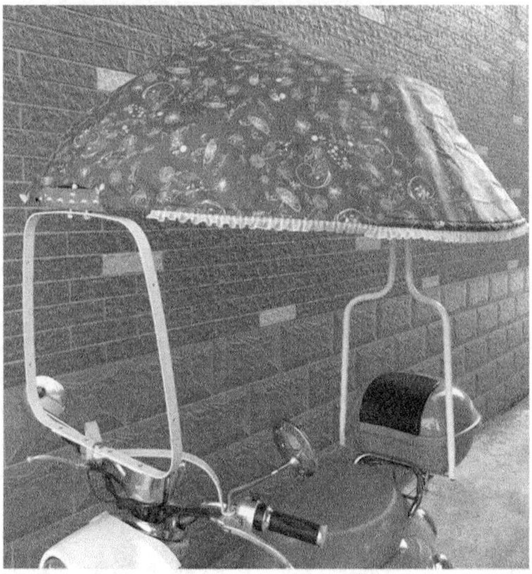

图 6.4　自行车雨伞

（5）解放双手雨伞。应用借助中介物原理（24）、自服务原理（25）和局部质量原理（3）。伞把上附加手持武器或肩夹，从而解放人的双手，便于操作手机或提重物等，如图 6.5 所示。

图 6.5 解放双手雨伞

（6）照明和聚水雨伞。应用局部质量原理（3）、多用性原理（6）和组合原理（5）。伞把有照明电筒，有助于夜间视物，如图 6.6 所示，伞布边缘有立起的小挡边，只有一块伞布没有这种挡边，在雨水被汇聚后，从没有挡边处全部流出，从而避免打湿衣服。

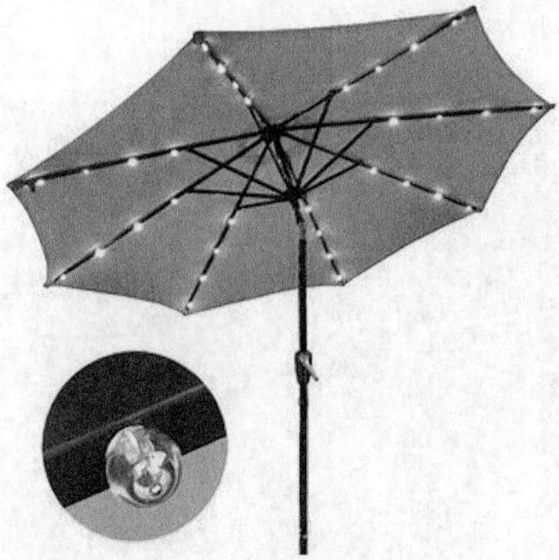

图 6.6 照明和聚水雨伞

（7）头盔雨伞。应用非对称原理（4）。形状像摩托车头盔，能使人身体受到更大面积的保护，还不影响人的视线，如图 6.7 所示。

（8）自立雨伞。应用局部质量原理（3）和自服务原理（25）。伞顶部有一个三叉形支座，被雨淋湿的雨伞能自立于地面，而不用靠在墙边，如图 6.8 所示。

图 6.7　头盔雨伞

图 6.8　自立雨伞

（9）盲人雨伞。应用反馈原理（23）和多用性原理（6）。在伞柄上加装红外线探测器，前方有障碍时，可以发出声音提醒、警示其他行人。

（10）夜光雨伞。应用改变颜色原理（32）。伞面的荧光材料涂层在夜里能发出荧光，起到安全作用。

（11）音乐雨伞。应用多用性原理（6）和分割原理（1）。在伞柄上加装音乐播放器，可以在撑伞的同时播放音乐。

（12）一次性雨伞。应用废弃与再生原理（34）和廉价替代品原理（27）。多为纸质的，成本较低，可用于公共场合，用后不必归还，直接抛弃，也可作为废纸被回收，比共享雨伞更加方便。

2. 40 个发明原理在具体学科中的应用

TRIZ 理论提供的不只是一种纯粹的创新理论，更是一种思维模式，通过 TRIZ 理论可以帮助我们形成系统的、过程性的创新设计思维模式，这种思维模式可以应用于我们生活中的几乎每一个方面。因此，许多人正在研究如何将这些发明原理应用于特定学科，如将 40 个发明原理应用于机械振动。机械振动三要素为振源、传递路径和受控对象，对三要素采取相应的措施都可以对振动进行控制。

（1）振源控制：这一部分常常涉及预先反作用原理（9）、预先作用原理（10）和质量补偿原理（8）。如冲击机械，改进生产工艺，焊接取代铆接，压延取代冲压；旋转机械，尽量调整好静平衡和动平衡，减小离心力和偏心惯性力；往复式机械，设计平衡机构改善平衡性能。

（2）传递路径控制：隔振是在振动源与基础、基础和设备之间建立一定的弹性装置，以隔离或减少振动能量的传递。这符合抽取原理（2）和借助中介物原理（24）。设计附加阻尼结构和设置阻尼装置以降低振动并消耗振动动能是设计方案，它增加了振动系统的惯性，符合惰性环境原理（39）。

（3）受控对象控制：当隔振器不适用于被控对象时，在被控对象上增加一个子系统，以吸收被控对象的振动能量，降低被控对象的振动。这也体现了动态特征原理（15），它将受控对象的振动转化为子系统的振动。对于多频激励，可以添加一系列分布式动态减振器来抵消不同频率的振动，这符合组合原理（5）。采用反馈控制技术控制机械系统的振动，符合反馈原理（23）。

需要注意的是，40 个发明原理的应用过程一般是通过技术矛盾分析找出改进和恶化的系统参数，然后将系统参数转换为通用技术参数（共 39 项），检查矛盾矩阵并获得相应的发明原理。还可以通过将技术矛盾转化为物理矛盾，然后根据四大分割原理和 40 个发明原理的对应关系，逐一应用 40 个发明原理，最终结合专业知识得到解决方案。本章仅为对于 40 个发明原理本身的介绍，此后的章节将会结合矛盾矩阵等形式具体、详细地介绍 TRIZ 理论的运用。另外，值得注意的是，很多学者认为现在的发明原理正在向规范化、形式化发展，并将走向逻辑化、数理逻辑化，甚至数学化；将来，结合计算机技术和人工智能技术，完成发明与创新的自动化是目前发明创造学的发展趋势。

6.3　现代 TRIZ 理论对发明原理的补充和拓展

受制于时代背景和技术水平的限制，经典 TRIZ 理论所涉及的 40 个发明原理是无法永远满足日新月异的新兴技术发展需求的。因此，需要结合新的发明专利以及技术等不断地对 TRIZ 理论做补充和完善，持续地为发明创造理论注入新鲜的血液才能使得发明创造理论不断发展进步。现代 TRIZ 研究人员在进一步研究后将发明原理增加到 77 个，新增加的 37 个发明原理如表 6.5 所示。

表 6.5　新增加的 37 个发明原理

序号	原理名称	序号	原理名称
41	减少单个零件重量、尺寸	56	补偿或利用损失
42	零部件分成重（大）与轻（小）	57	减少能量转移的阶段
43	运用支撑	58	推迟作用
44	运输可变形状的物体	59	场的变换
45	改变运输与存储工况	60	导入第二个场
46	利用对抗平衡	61	使工具适应于人
47	导入一种储藏能量的因素	62	为增加强度变换形状
48	局部/部分预先作用	63	转换物体的微观结构
49	集中能量	64	隔绝/绝缘
50	场的取代	65	对抗一种不希望的作用
51	建立比较的标准	66	改变一个不希望的作用
52	保留某些信息供以后利用	67	去除或修改有害源
53	集成进化为多系统	68	修改或替代系统
54	专门化	69	增强或替代系统
55	减少分散	70	并行恢复

续表

序号	原理名称	序号	原理名称
71	部分/局部弱化有害影响	75	创造一种适合于预期磨损的形状
72	掩盖缺陷	76	减少人为误差
73	实时探测	77	避开危险的作用
74	降低污染		

从表 6.5 可以看到，新增加的发明原理进一步总结了发明的内在机理，为发明创造进一步指明了方向。但是，新增加的 37 个发明原理与原有的 40 个发明原理存在一定的交叉和重叠之处，其表述的发明原理从一定角度来看也存在界定不清晰或范围不明确等问题。但是，需要肯定的一点是，对原有的发明原理的补充既是对 TRIZ 理论的深挖，也是对发明创造学的深入探究，更是借由此方法提升人类对发明和创新行为科学认知的能力。

6.4　本 章 习 题

1. 选择题

（1）运用胶囊内镜诊断病情体现了 40 个发明原理中的（　　）原理。

A. 逆向思维　　B. 借助中介物　　C. 自服务　　D. 同质性

（2）在 TRIZ 理论的发明原理中，“俄罗斯套娃”是利用了 40 个发明原理中的（　　）。

A. 局部质量　　B. 嵌套　　C. 预处理　　D. 自服务

（3）在 TRIZ 理论的发明原理中，不属于局部质量原理的内容是（　　）。

A. 将物体、环境或外部均匀结构变为不均匀的

B. 使物体的不同部分各具不同功能

C. 物体各部分都处于各自最佳的状态

D. 用非对称形式代替对称形式

2. 论述题

（1）用 TRIZ 的 40 个发明原理创新发明新型雨伞，说明有何新功能，以及采用了什么发明原理。

（2）结合 TRIZ 的 40 个发明原理，试论述如何对儿童家具设计进行创新。

第 7 章　技术矛盾及其解决原理

7.1　技术矛盾的定义

为了改善技术系统的某个参数，导致该技术系统的另一个参数发生恶化，这种由两个参数构成的矛盾称为技术矛盾。按常规的方法改善这个参数的方法不能使用，因为它带来了负向的效应，这就是矛盾。技术矛盾是指在解决一个问题或实现一个目标的过程中，存在两个或两个以上互相矛盾的要求或条件，而这些要求或条件之间相互制约，使得寻找最佳方案变得困难。通常情况下，解决技术矛盾需要做出权衡和取舍，并找到一种能够在各种要求和条件之间达到平衡的综合方案。

图 7.1 是汽车底盘示意图。在车辆制造中，汽车底盘的钢板厚一些，这样会比较安全，但是如果汽车底盘的钢板很厚，又会增加车的重量，也会相应增加油耗，所以钢板又不能太厚，这就是一对矛盾。汽车底盘钢板的厚薄导致驾驶安全和油耗量之间存在此消彼长的关系，TRIZ 将类似于上述关系的情景称为技术矛盾。

图 7.1　汽车底盘示意图

技术矛盾常常用“如果……那么……但是……”来描述。TRIZ 的创新方向是将两个参数同时向好的方向发展。例如，如果汽车底盘的钢板厚一些，那么会比较安全，但是会增加油耗。

技术矛盾出现的几种情况如下。

（1）在一个子系统中引入有用功能，导致另一个子系统产生有害功能，或使已存在的有害功能加剧。

（2）消除一种有害功能，却导致另一个子系统有用功能恶化。

（3）有用功能的加强或有害功能的减少，致使另一个子系统变得过于复杂。

对于一个技术系统，通常先分析系统的内部构成和主要功能，并用语言进行描述，再确定应改善或去除的特性以及由此所带来的不良反应，确定技术矛盾，最后用 TRIZ 理论解决技术矛盾的专门方法进行解决。

7.2　通用工程参数

对于一个具体问题，无法直接找到对应解，那么先将提出的技术矛盾对转换为通用矛盾，即将特殊问题转换并表达为一个 TRIZ 的问题，然后利用 TRIZ 体系中的理论和工具方法获得 TRIZ 通用解，最后将 TRIZ 通用解转化为具体问题的解，并在实际问题中加以实现，最终获得问题的解决方案。

那么，如何将具体的问题转化并表达为 TRIZ 问题？TRIZ 理论中的一个方法是使用通用工程参数来进行问题的表达，通用工程参数是连接具体问题与 TRIZ 理论的桥梁，是开启问题解决之门的第一把“金钥匙”。阿奇舒勒通过对大量专利的详细研究，总结提炼出工程领域内常用的表述系统性能的 39 个通用工程参数，通用工程参数是一些物理、几何和技术性能的参数。

39 个通用工程参数详见表 7.1。

表 7.1　39 个通用工程参数

编号	名称	编号	名称	编号	名称
1	运动物体的重量	14	强度	27	可靠性
2	静止物体的重量	15	运动物体作用时间	28	测试精度
3	运动物体的长度	16	静止物体作用时间	29	制造精度
4	静止物体的长度	17	温度	30	物体外部有害因素作用的敏感性
5	运动物体的面积	18	光照度	31	物体产生的有害因素
6	静止物体的面积	19	运动物体的能量	32	可制造性
7	运动物体的体积	20	静止物体的能量	33	可操作性
8	静止物体的体积	21	功率	34	可维修性
9	速度	22	能量损失	35	适应性及多用性
10	力	23	物质损失	36	装置的复杂性
11	应力或压力	24	信息损失	37	监控与测试的困难程度
12	形状	25	时间损失	38	自动化程度
13	结构的稳定性	26	物质或事物的数量	39	生产率

39 个通用工程参数的具体含义如下。

（1）运动物体的重量。在重力场中运动物体所受到的重力，如运动物体作用于其支撑或悬挂装置上的力。

（2）静止物体的重量。在重力场中静止物体所受到的重力，如静止物体作用于其支撑或悬挂装置上的力。

（3）运动物体的长度。运动物体的任意线性尺寸，不一定是最长的，都认为是其长度。

（4）静止物体的长度。静止物体的任意线性尺寸，不一定是最长的，都认为是其长度。

（5）运动物体的面积。运动物体内部或外部所具有的表面或部分表面的面积。

（6）静止物体的面积。静止物体内部或外部所具有的表面或部分表面的面积。

（7）运动物体的体积。运动物体所占有的空间体积。

（8）静止物体的体积。静止物体所占有的空间体积。

（9）速度。物体的运动速度、过程或活动与时间之比。

（10）力。力是两个系统之间的相互作用。对于牛顿力学，力等于质量与加速度之积 $f=ma$。在 TRIZ 理论中，力是试图改变物体状态的任何作用。

（11）应力或压力。单位面积上的力。

（12）形状。物体外部轮廓，或系统的外貌。

（13）结构的稳定性。系统的完整性及系统组成部分之间的关系，磨损、化学分解及拆卸都降低稳定性。

（14）强度。强度是指物体抵抗外力作用使之变化的能力。

（15）运动物体作用时间。运动物体完成规定动作的时间、服务期。两次误动作之间的时间也是作用时间的一种度量。

（16）静止物体作用时间。静止物体完成规定动作的时间、服务期。两次误动作之间的时间也是作用时间的一种度量。

（17）温度。物体或系统所处的热状态，包括其他热参数，如影响改变温度变化速度的热容量。

（18）光照度。单位面积上的光通量，系统的光照特性，如亮度、光线质量。

（19）运动物体的能量。能量是运动物体做功的一种度量。在经典力学中，能量等于力与距离的乘积。能量还包括电能、热能及核能等。

（20）静止物体的能量。能量是静止物体做功的一种度量。在经典力学中，能量等于力与距离的乘积。能量还包括电能、热能及核能等。

（21）功率。单位时间内所作的功，即利用能量的速度。

（22）能量损失。作无用功的能量。为了减少能量损失，需要不同的技术来改善能量的利用。

（23）物质损失。部分或全部、永久或临时的材料、部件或子系统等物质的损失。

（24）信息损失。部分或全部、永久或临时的数据信息损失。

（25）时间损失。一项活动所延续的时间间隔。改进时间的损失指减少一项活动所花费的时间。

（26）物质或事物的数量。材料、部件及子系统等的数量，它们可以部分或全部、临时或永久的改变。

（27）可靠性。系统在规定的方法及状态下完成规定功能的能力。

（28）测试精度。系统特征的实测值与实际值之间的误差。减少误差将提高测试精度。

（29）制造精度。系统或物体的实际性能指标与所需性能之间的误差。

（30）物体外部有害因素作用的敏感性。物体对受外部或环境中的有害因素作用的敏感程度。

（31）物体产生的有害因素。有害因素将降低物体或系统的效率，或降低完成功能的质量。这些有害因素是由物体或系统操作的一部分而产生的。

（32）可制造性。物体或系统制造过程中简单、方便的程度。

（33）可操作性。要完成的操作应需要较少的操作者、较少的步骤以及使用尽可能简单的工具。一个操作的产出要尽可能多。

（34）可维修性。对于系统可能出现失误所进行的维修要时间短、方便和简单。

（35）适应性及多用性。物体或系统响应外部变化的能力，或应用于不同条件下的能力。

（36）装置的复杂性。系统中元件数目及多样性，如果用户也是系统中的元素将增加系统的复杂性。掌握系统的难易程度是其复杂性的一种度量。

（37）监控与测试的困难程度。如果一个系统复杂、成本高、需要较长的时间建造及使用，或部件与部件之间关系复杂，都使得系统的监控与测试困难。测试精度高，增加了测试成本也是测试困难的标志。

（38）自动化程度。系统或物体在无人操作的情况下完成任务的能力。自动化程度的最低级别是完全人工操作。最高级别是机器能完全自动感知所需的操作、自动编程和对操作自动监控。中等级别需要人工编程、人工观察正在进行的操作、改变正在进行的操作及重新编程。

（39）生产率。指单位时间内所完成的功能或操作数。

39 个通用工程参数主要涉及物理及几何参数、技术负向参数、技术正向参数，其中：①物理及几何参数，描述物体的物理及几何特性的参数，共 15 个；②技术负向参数，这些参数变大时，使系统或子系统的性能变差，共 11 个；③技术正向参数，这些参数变大时，使系统或子系统的性能变好，共 13 个，如表 7.2 所示。

表 7.2　通用工程参数表

物理及几何参数（15 个）		技术负向参数（11 个）		技术正向参数（13 个）	
编号	通用工程参数名称	编号	通用工程参数名称	编号	通用工程参数名称
1	运动物体的重量	15	运动物体作用时间	13	结构的稳定性
2	静止物体的重量	16	静止物体作用时间	14	强度
3	运动物体的长度	19	运动物体的能量	27	可靠性
4	静止物体的长度	20	静止物体的能量	28	测试精度
5	运动物体的面积	22	能量损失	29	制造精度
6	静止物体的面积	23	物质损失	32	可制造性
7	运动物体的体积	24	信息损失	33	可操作性
8	静止物体的体积	25	时间损失	34	可维修性
9	速度	26	物质或事物的数量	35	适应性及多用性

续表

物理及几何参数（15 个）		技术负向参数（11 个）		技术正向参数（13 个）	
10	力	30	物体外部有害因素作用的敏感性	36	装置的复杂性
11	应力或压力	31	物体产生的有害因素	37	监控与测试的困难程度
12	形状			38	自动化程度
17	温度			39	生产率
18	光照度				
21	功率				

现代 TRIZ 学者将通用工程参数又补充了 9 个，使总数达到 48 个。

新增工程参数的名称及含义如下。①信息资源量：指一个（附属）系统所拥有的信息资源或资料的数量。②运行效率：涉及一个物体或系统主要功能或相关功能的发挥程度。③噪声：包括物理噪声以及与噪声数据有关的标准、频率、音色等参数。④有害排放：指一个系统或物体产生任何形式的污染物或向环境扩散的情况。⑤兼容性/可连接性：该系统和其他系统能够协同工作的程度。⑥安全性：系统或物体保护自身不受未经授权的进入、使用、窃取或其他不良影响的能力。⑦耐损性/抗损伤性：指一个物体或系统保护自身或其用户不受损害的能力，或者指一个物体或系统对外部损害的抵抗能力。⑧美观度：指一个物体或系统的外观是否能吸引人的注意力。⑨测量难度：测量工作的复杂度、昂贵性、耗时性，以及测量过程中可能出现的困难、精度等问题。

7.3　阿奇舒勒矛盾矩阵

7.3.1　阿奇舒勒矛盾矩阵概念

阿奇舒勒矛盾矩阵是 TRIZ 理论中的一种工具，用于解决技术问题中存在的矛盾，该矩阵由阿奇舒勒创建，旨在帮助工程师识别和解决技术系统中的矛盾。该矩阵基于两个相互对立的参数：需要改进的因素和限制改进的因素。这些参数分为 39 个通用工程参数，如重量、尺寸、速度、可靠性等。通过将这些参数放在一个九宫格矩阵中进行组合，可以产生 81 种可能的技术矛盾类型。每种技术矛盾类型都有一个与之相关联的常见解决方法列表，这些方法来自 TRIZ 理论和实践经验。

阿奇舒勒矛盾矩阵是浓缩了对巨量发明专利研究所取得的成果，矩阵的构成非常紧密而且自成体系。阿奇舒勒矛盾矩阵使问题解决者可以根据系统中产生矛盾的两个工程参数，从矩阵表中直接查找化解该矛盾的发明原理，并使用这些原理来解决问题。矛盾矩阵可以将工程参数的矛盾和 40 个发明原理有机地联系起来。使用阿奇舒勒矛盾矩阵，工程师可以确定哪种解决方法最适合他们面临的特定问题，并加以应用。总而言之，阿奇舒勒矛盾矩阵是 TRIZ 理论中重要且有用的工具，能够帮助人们识别和解决技术系统中存在的各种不同类型的矛盾。

7.3.2　应用阿奇舒勒矛盾矩阵的步骤

解决创造发明难题的三个总的步骤，如图 7.2 所示。

（1）问题的模型（技术矛盾）。

（2）解决问题的工具（阿奇舒勒矛盾矩阵）。

（3）找到解决方案的模型（发明原理）。

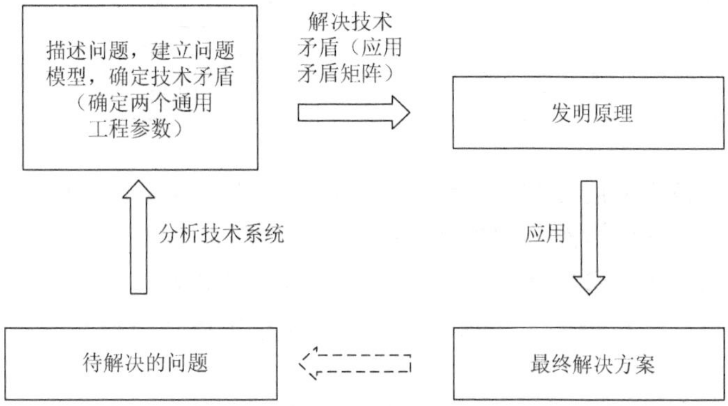

图 7.2　应用阿奇舒勒矛盾矩阵的步骤

具体实施步骤如图 7.3 及表 7.3 所示。

（1）描述要解决的工程问题。这里的工程问题是指经过功能分析、因果链分析、裁剪或者特征传递所得到的关键问题。

（2）将关键问题转化为技术矛盾。用“如果……那么……但是……”形式阐述技术矛盾。如果一个参数的改善导致不止一个参数的恶化，则对每一对改善和恶化的参数进行多种技术矛盾的阐述。为了检验技术矛盾定义是否正确，通常将正反两个技术矛盾都写出来，进行对比。

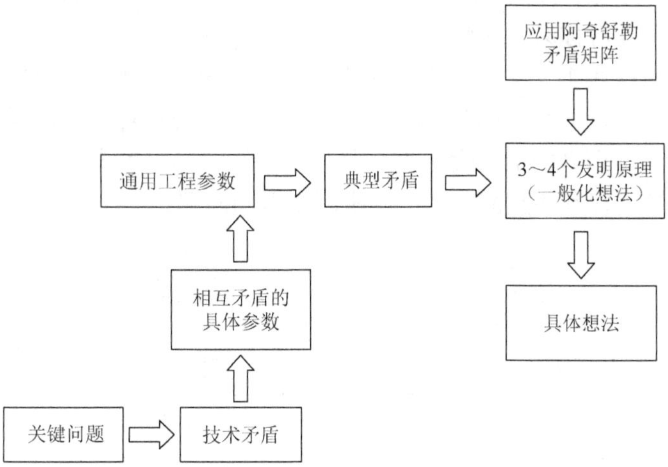

图 7.3　解决创造发明难题的具体实施步骤

表 7.3　解决创造发明难题的具体实施过程表

序号	步骤	
1	关键问题	描述需要解决的关键问题
2	技术矛盾	技术矛盾 1：如果……那么……但是…… 技术矛盾 2：如果……那么……但是……
3	矛盾选择	技术矛盾 = 技术矛盾 X
4	有矛盾的参数	欲改善的工程参数为……被恶化的工程参数为……
5	典型矛盾	欲改善的通用工程参数：被恶化的通用工程参数为
6	发明原理	原理 X：原理 Y
7	具体想法	方案描述

（3）选择两个技术矛盾中的一个矛盾，一般来说选择与项目目标一致的那个矛盾。

（4）确定技术矛盾中欲改善和被恶化的参数。

（5）将改善和恶化的参数转化为阿奇舒勒通用工程参数。

（6）在阿奇舒勒矛盾矩阵中找到改善和恶化通用工程参数交叉的单元，以确定发明原理。

（7）使用发明原理的提示来确定最适合解决技术矛盾的具体解决方案。

为了更好地说明技术矛盾的解决和阿奇舒勒矛盾矩阵的应用方法，举例说明如下。

[**实例**]　波音 737 飞机发动机整流罩改进问题。

为了提高波音 737 飞机的航程，需要提升其发动机功率。但是增加功率会导致发动机需要吸入更多空气，从而使整流罩面积增大，导致整流罩与地面的距离缩小，影响飞机起降的安全性。如图 7.4（a）所示，现在的问题是如何改进发动机整流罩，以保证飞机的安全性并解决发动机功率提升的需求。

通过分析，确定改善的通用工程参数是“运动物体的面积（5）”，而被恶化的通用工程参数是“运动物体的长度（3）”。根据改善参数和恶化参数，在矛盾矩阵表中查找，得到可能的发明原理序号为[14，15，18，4]。其中，发明原理 14、15 和 18 不适用于解决该问题，因此选用非对称原理（4）。

具体方案是保持飞机发动机整流罩的纵向尺寸不变，而增加横向尺寸，使整流罩呈上下不对称的“鱼嘴”形状，如图 7.4（b）所示。这样可以增加整流罩面积，同时仍能保持整流罩底部与地面之间的安全距离，从而不会影响飞机的安全性。该解决方案成功地解决了发动机功率提升和整流罩与地面距离太近的问题。

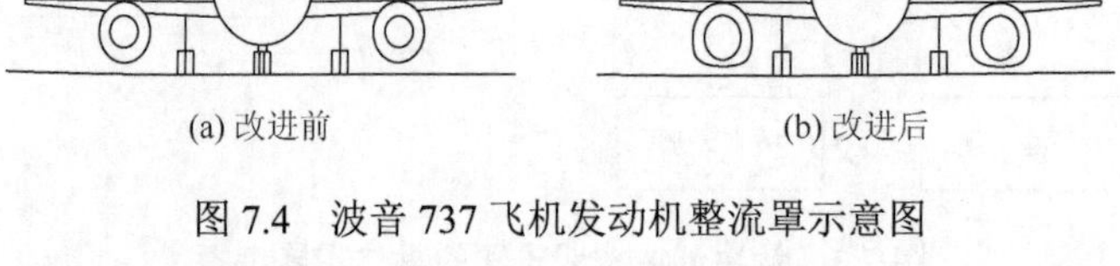

(a) 改进前　　(b) 改进后

图 7.4　波音 737 飞机发动机整流罩示意图

需要指出的是，要应用矛盾矩阵解决技术问题，一方面，要熟练掌握矛盾矩阵的使用方法，尤其是恰当选用 39 个通用工程参数对技术矛盾准确定义；另一方面，需要反复在技术实践中使用，积累经验，才能提高矛盾矩阵的使用效果和效率。

7.4　本 章 习 题

1. 选择题

（1）为了改善技术系统的某个参数，导致该技术系统的另一个参数发生（　　），这种由两个参数构成的矛盾称为技术矛盾。

A. 改善　　　　　　B. 恶化

（2）确定技术矛盾的步骤包括（　　）。

A. 当前的问题是什么？

B. 目前采用了什么方法？改善了什么参数？

C. 目前的解决方案导致什么参数恶化？

（3）在 TRIZ 中，解决创造发明难题的步骤包括（　　）。

A. 问题的模型（技术矛盾）

B. 解决问题的工具（阿奇舒勒矛盾矩阵）

C. 找到解决方案的模型（发明原理）

（4）发明原理指出了发明（　　）的方向。

A. 大体　　　　　　B. 具体

2. 填空题

（1）改善技术系统中的某一特性或参数，至少不会使之前与其存在此消彼长关系的其他特性或参数发生________________，即两个原本矛盾参数之间真正实现“双赢”。

（2）技术矛盾常常用____________________来描述。

第 8 章　物理矛盾及其解决原理

技术矛盾和物理矛盾都反映了技术体系的参数属性，技术矛盾属科学范畴的是与非，物理矛盾指具体物理学的运动和静止，物理矛盾遵循科学规律，而科学规律又在不断完善和革新。第 7 章介绍了技术矛盾及其解决原理，本章在第 7 章的基础上介绍物理矛盾的概念、解决方法以及物理矛盾和技术矛盾之间的转化，结合第 6 章的内容，利用 40 个发明原理，分别对分离矛盾、满足矛盾、绕过矛盾以及物理矛盾和技术矛盾之间转化的实际案例进行分析。

8.1　物理矛盾的定义

物理矛盾的概念以及最初的按时间和空间分离的原理由苏联 TRIZ 大师 Boris Goldovskiy 在 20 世纪 60 年代末 70 年代初提出，TRIZ 的创始人阿奇舒勒将其进行了扩展，形成了四大分离原理。21 世纪初，TRIZ 大师 Alex Lyubomirskiy 将本部分内容进行了进一步发展。

物理矛盾不同于技术矛盾。技术矛盾是指两个参数之间的矛盾，物理矛盾是一种更尖锐的矛盾，是指一个参数与相反的合理需求之间的矛盾。物理矛盾是指技术系统中对同一参数提出互斥要求的物理状态。具体表现为：①系统或关键子系统必须存在，但不能存在；②系统或关键子系统的性能应为“F”，也应为“–F”，其中“F”和“–F”是相反的性能；③系统或关键子系统必须处于状态“S”和状态“–S”，其中“S”与“–S”是不同的状态；④系统或关键子系统不能随时间变化，但也必须随时间变化。

比如，缝衣针穿线的时候希望针鼻儿特别大，好把线穿入针孔中，缝衣服的时候又希望针鼻儿小，防止扎坏衣服，如图 8.1 所示。类似这样，同一个参数有相反的合理要求，这是一种物理矛盾。

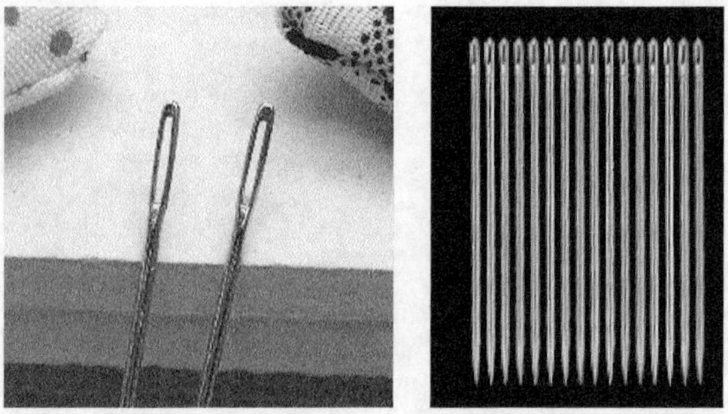

图 8.1　物理矛盾举例——希望针鼻儿又要大又要小

对一项工程问题进行物理矛盾定义时，其表述形式具有固定格式。通常将物理矛盾描述为：

参数 A 需要 B，因为 C；

但是

参数 A 需要–B，因为 D。

其中，A 表示单一参数；B 表示正向需求；–B 表示负向需求；C 表示在正向需求 B 满足的情况下，可以达到的效果。

在上例中，可以将物理矛盾描述为：

缝衣针 针鼻儿 需要 大，因为 方便穿线；

但是

缝衣针 针鼻儿 需要 小，因为 会扎坏衣服。

8.2　物理矛盾的解决方法

经典 TRIZ 理论中，对同一参数有相反的合理要求是一种物理矛盾。现代 TRIZ 提出的解决物理矛盾的方法有：①分离矛盾的需求；②满足矛盾的需求；③绕过矛盾的需求。其中分离矛盾的需求又包含空间分离、时间分离、关系分离、方向分离与系统级别分离。

解决物理矛盾的一般步骤可以用图 8.2 所示框图表示。

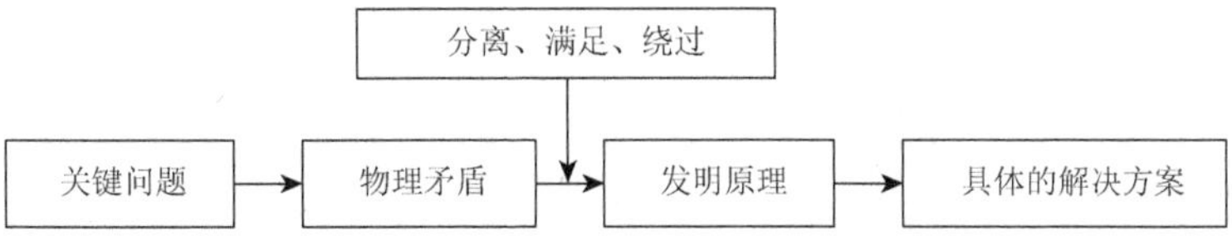

图 8.2　解决物理矛盾的一般方法

8.2.1　分离矛盾的需求

分离矛盾的需求是指造成物理矛盾的单一参数在不同的条件下有不同的需求，分离可以根据相应的条件进行，使工程系统在相应的条件下具有一定的特性来满足这一要求。在条件 1 的情况下，对象需要正向需求；在条件 2 的情况下，对象需要反向需求。例如，装茶水的水杯，需要杯子内水的温度是热的，而杯子外壁摸上去是凉的，如图 8.3 所示。

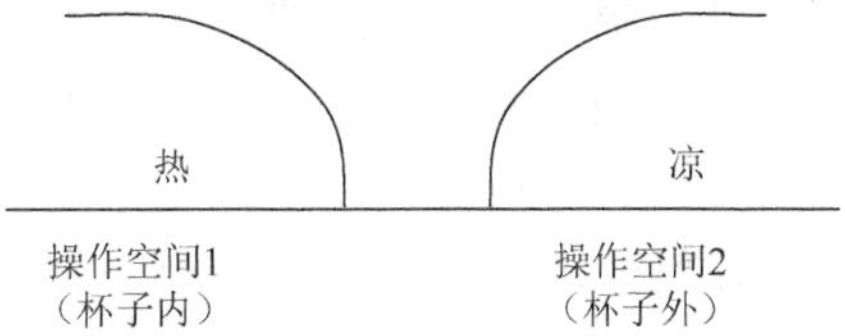

图 8.3　分离矛盾的需求

分离矛盾的需求的方法有如下五种：①基于空间的分离；②基于时间的分离；③基于关系的分离；④基于方向的分离；⑤基于系统级别的分离。

用五种方法解决物理矛盾的一般步骤如下：①描述关键问题；②写出物理矛盾；③加入导向关键词来描述物理矛盾；④确定所适用的发明原理；⑤选择对应的发明原理；⑥产生具体的解决方案；⑦尝试用其他导向关键词重复步骤③～⑥（如果找不到解决方案或解决方案不完美）。

在步骤③中所指的导向关键词是指物理矛盾进一步明确化的问题，后面详述。

1. 基于空间的分离

基于空间的分离，是指工程系统中两个对立的需求位于不同位置的物理矛盾，可以让工程系统不同的地点具备特定的特征，从而满足相应的需求。描述此类矛盾的导向关键词是："在哪里"，即"在哪里需求……（正向需求），在哪里需求……（反向需求）"，基于空间的分离解决物理矛盾可使用的发明原理包括：No.1 分割；No.2 抽取；No.3 局部质量；No.7 嵌套；No.4 非对称；No.17 空间维数变化。

［**案例 1**］　牙刷使用 1～3 个月后需要更换，如果全部更换会造成经济和资源上的浪费，如图 8.4 左图所示。同时，塑料的大量消耗和丢弃造成环境的污染。这样产生一对矛盾，牙刷需要及时更换，大量的细菌和有害微生物在牙刷上的滞留影响身体健康，牙刷的频繁更换不利于资源的节约利用和环境保护，那么如何来解决呢，按照解决物理矛盾的一般步骤来分析该问题。

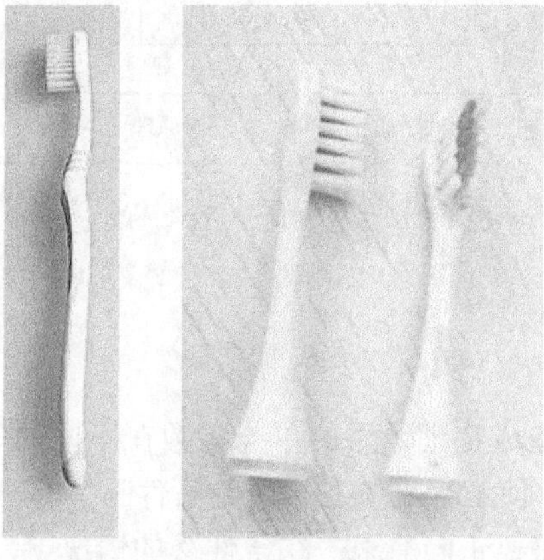

图 8.4　牙刷更换案例

（1）描述关键问题。如何减少更换牙刷的浪费。

（2）写出物理矛盾。牙刷需要及时更换，因为可以保持口腔卫生健康；但是，如果延长牙刷更换时间周期，可以减少材料浪费。

（3）加入导向关键词来描述物理矛盾。对于本案例，加入导向关键词"在哪里"。牙刷的刷头需要更换，牙刷的刷头易黏附菌斑微生物，不利于口腔健康；但是，牙刷的刷柄不易于积累细菌，不直接接触口腔，不用频繁更换。

（4）确定所适用的发明原理。No.1 分割；No.2 抽取；No.3 局部质量；No.7 嵌套；No.4 非对称；No.17 空间维数变化。

（5）选择对应的发明原理：No.1 分割。

（6）产生具体的解决方案。根据分割原理，将易黏附菌斑微生物的刷头与不易黏附菌斑微生物的刷柄分开，更换牙刷时仅更换刷头即可，从而解决了更换牙刷与资源浪费之间的矛盾。

［**案例 2**］ 新船下水时，需要平板车将船从岸边移动到水中，但是车轮进入海水中，海水会进入车轮的轴承中腐蚀车轮轴承，如图 8.5 所示。车轮轴承的清洗耗时且昂贵，这样我们遇到了一对矛盾，车轮既要在海水里，又不能在海水里，那么如何来解决呢，按照解决物理矛盾的一般步骤来分析该问题。

（1）描述关键问题。如何防止在海水里的车轮不受到海水的腐蚀。

（2）写出物理矛盾。车轮需要在海水里，因为要将船移动到海水中；但是，车轮不能在海水里，因为要防止海水进入轴承。

（3）加入导向关键词来描述物理矛盾。对于本案例，加入导向关键词“在哪里”。车轮在没有轴承的地方，需要在海水里，因为船需要下水；但是，车轮在有轴承的地方，需要不在海水里，因为要防止海水腐蚀轴承。

（4）确定所适用的发明原理。No.1 分割；No.2 抽取；No.3 局部质量；No.7 嵌套；No.4 非对称；No.17 空间维数变化。

（5）选择对应的发明原理：No.7 嵌套。

（6）产生具体的解决方案。根据嵌套原理，可以在每个车轮的周边套上保护罩，并在保护罩内充满空气，而让其他部分在海水里。

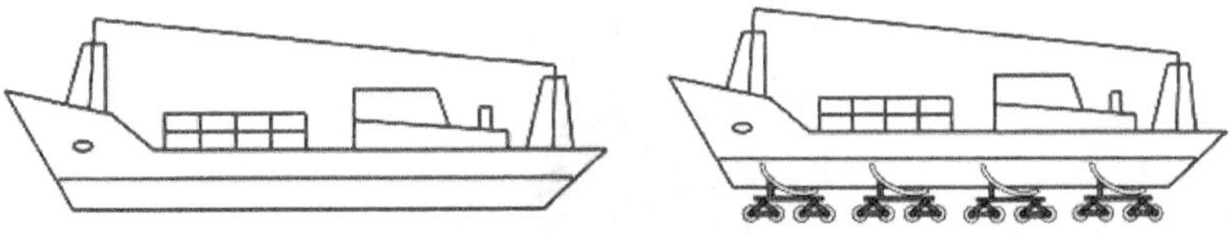

图 8.5 轮船入海

2. 基于时间的分离

如果在不同的时间段存在物理矛盾，工程系统可以在不同的时期具有特定的特性，从而满足相应的需求。描述此类矛盾的导向关键词是“什么时候”，即“在什么时候需要……（正向需求），在什么时候需要……（反向需求）”，基于时间的分离解决物理矛盾可使用的发明原理包括：No.9 预先反作用；No.10 预先作用；No.11 事先防范；No.15 动态特征；No.34 废弃与再生。

［**案例 1**］ 在下雨的时候希望雨伞伞面遮盖面积大，这样身体和物品不容易被雨水打湿，如图 8.6 所示。但是大雨伞的占地面积大，占用空间大，不下雨的时候提前携带出门很不方便。既要伞面大，又要伞面小，这是一对物理矛盾，那么如何来解决呢，按照解决物理矛盾的一般步骤来分析该问题。

图 8.6　不可折叠的大雨伞

（1）描述关键问题。伞足够大以遮风挡雨，但又不能影响日常携带。

（2）写出物理矛盾。大伞面要有，因为要遮风挡雨；但是，大伞面不能有，因为要方便日常携带。

（3）加入导向关键词来描述物理矛盾。对于本案例，加入导向关键词“什么时候”。在下雨的时候，需要有大伞面，因为要遮风挡雨；但是，在不下雨的时候，需要不能有大伞面，因为要方便携带。

（4）确定所适用的发明原理。No.9 预先反作用；No.10 预先作用；No.11 事先防范；No.15 动态特征；No.34 废弃与再生。

（5）选择对应的发明原理：No.15 动态特征。

（6）产生具体的解决方案。根据动态特征原理的提示，可以将雨伞设计为动态化的，即设计为可以折叠压缩的雨伞，如图 8.7 所示。

图 8.7　胶囊雨伞

［案例 2］　会议室的椅子上面都有写字板，以方便听众记笔记，但是写字板占用了一定空间，不便于听众进场和退场，这时候我们既希望有写字板，又不希望有写字板，这是一对物理矛盾，那么如何来解决呢，按照解决物理矛盾的一般步骤来分析该问题。

（1）描述关键问题。椅子上有写字板以方便记笔记，但又不能妨碍听众移动。

（2）写出物理矛盾。写字板需要有，因为要做笔记；但是，写字板不能有，因为要方便听众移动。

（3）加入导向关键词来描述物理矛盾。对于本案例，加入导向关键词“什么时候”。在开会的时候，需要有写字板，因为要做笔记；但是，在进场和退场的时候，需要不能有写字板，因为要方便听众移动。

（4）确定所适用的发明原理。No.9 预先反作用；No.10 预先作用；No.11 事先防范；No.15 动态特征；No.34 废弃与再生。

（5）选择对应的发明原理，No.15 动态特征。

（6）产生具体的解决方案。根据动态特征原理的提示，可以将椅子和写字板设置成动态化的，即设计为可以收起写字板的椅子，如图 8.8 所示。

图 8.8　会议室的椅子

3. 基于关系的分离

如果对于不同超系统的对象有物理矛盾的相反需求，可以让工程系统针对不同的对象具备特定的特征，从而满足相应的需求。描述此类矛盾的导向关键词是“对谁”，即“对某某对象需要……（正向需求），对另一对象需要……（反向需求）”，基于关系的分离解决物理矛盾可使用的发明原理包括：No.3 局部质量；No.17 空间维数变化；No.19 周期性动作；No.31 多孔材料；No.32 改变颜色；No.40 复合材料。

［**案例 1**］　目前市面上没有太多术后防水装置，有部分患者用术后洗澡防水护套，但是防水护套易破损漏水引发感染，而医用大号创可贴易脱落漏水，且不同体质人群对敷料黏性部位过敏程度不同。因此需要一个装置设计结构简单透气且防水性能好的术后防水装置。

（1）描述关键问题。术后防水装置需要透气，但是防水性能也要好。

（2）写出物理矛盾。如果装置防水性能好，那么伤口感染率低，但是不够透气且装置设计复杂；如果装置结构简单易得透气性好，那么伤口感染率高，且防水性能差。

（3）加入导向关键词来描述物理矛盾。对于本案例，加入导向关键词“对谁”。对于空气，术后防水装置不能完全密闭，因为患者创伤部位需要氧气；但是，对于水，需要术后防水装置是封闭的，因为要防止水接触伤口表面引发感染。

（4）确定所适用的发明原理。No.17 空间维数变化；No.31 多孔材料；No.40 复合材料。

（5）选择对应的发明原理：No.31 多孔材料；No.40 复合材料。

（6）产生具体的解决方案。根据多孔材料原理，在装置内加入多孔吸水材料，使水刚进入就被多孔材料所吸附，阻挡水接触患者伤口引发感染；根据复合材料原理，将术后防水装置分为外层防水层、中间高吸水树脂、内层透气无纺布过滤网的结构，既防止洗澡时进水又能够有良好的透气性。

［**案例 2**］　我们希望新鲜的室外空气进入房间，这需要我们打开窗户，但是我们又不想强烈的光线进入，这需要我们关闭窗户，我们希望窗户是开着的，又希望窗户是关着的，这两个需求合情合理，是一对物理矛盾。按照解决物理矛盾的一般步骤来分析这个问题。

（1）描述关键问题。窗户要通风，但又不能让光线进入室内。

（2）写出物理矛盾。窗户的状态需要是开着的，因为要使空气流通；但是，窗户的状态需要是关着的，因为要防止强烈的阳光射入室内。

（3）加入导向关键词来描述物理矛盾。对于本案例，加入导向关键词“对谁”。对于空气，需要窗户的状态是开着的，因为空气可以流通；但是，对于阳光，需要窗户的状态是关着的，因为要防止阳光照射到室内。

（4）确定所适用的发明原理。No.3 局部质量；No.7 空间维数变化；No.19 周期性动作；No.31 多孔材料；No.32 改变颜色；No.40 复合材料。

（5）选择对应的发明原理：No.7 空间维数变化。

（6）产生具体的解决方案。根据空间维数变化原理的提示，可利用百叶窗来改变风的运动方向，又可以阻止阳光进入房间。这就解决了窗户又要开、又要关的矛盾，如图 8.9 所示。

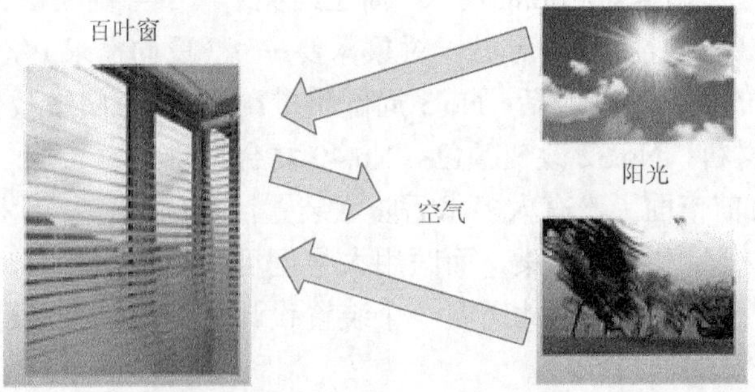

图 8.9　百叶窗

4. 基于方向的分离

如果在不同方向上存在矛盾的物理需求，工程系统在不同方向可能具有不同的特性，从而满足相应的需求。描述此类矛盾的导向关键词是“哪个方向”，即“在什么方向需要……（正向需求），在什么方向需要……（反向需求）”，基于方向的分离解决物理矛盾可使用的发明原理包括：No.4 非对称；No.14 曲面化；No.35 物理或化学参数改变；No.17 空间维数变化；No.32 改变颜色；No.7 嵌套；No.40 复合材料。

［**案例**］　在捕鱼时，希望捕鱼器的开口大些，以便于鱼的进入，但是如果捕鱼器的开口太大，进入的鱼又有可能游出，希望捕鱼器的开口既要大，也要小，这两个需求合情合理，是一对物理矛盾，按照解决物理矛盾的一般步骤来分析这个问题。

（1）描述关键问题。捕鱼器可以非常方便地让鱼进入网中，同时鱼在向外游的时候又很困难。

（2）写出物理矛盾。捕鱼器的开口需要大，因为要方便鱼进入网中；但是，捕鱼器的开口需要小，因为要防止鱼的外逃。

（3）加入导向关键词来描述物理矛盾。对于本案例，加入导向关键词“哪个方向”。在鱼进入的方向，需要捕鱼器的开口大，因为要方便鱼进入网中；但是，在鱼外逃的方向，需要捕鱼器的开口小，因为要防止鱼的外逃。

（4）确定所适用的发明原理。No.4 非对称；No.14 曲面化；No.35 物理或化学参数改变；No.17 空间维数变化；No.32 改变颜色；No.7 嵌套；No.40 复合材料。

（5）选择对应的发明原理。No.4 非对称；No.17 空间维数变化。

（6）产生具体的解决方案。综合运用非对称原理和空间维数变化原理，发明如图 8.10 所示的捕鱼笼，鱼向内游的时候外面开口端大，游进去很容易，向外游的时候开口很小，游出去很困难。这就解决了鱼向内游容易，向外游困难的矛盾。

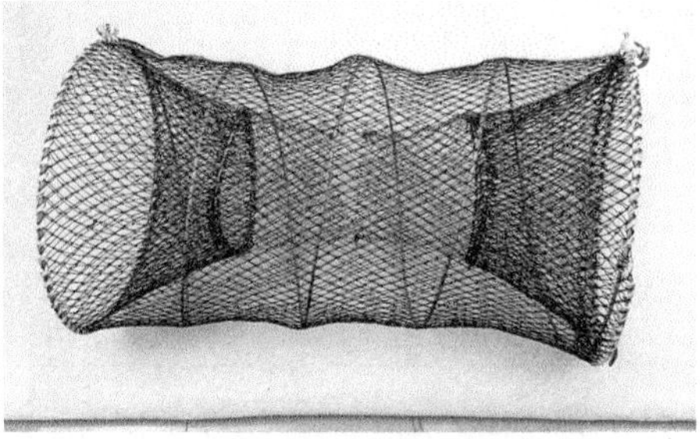

图 8.10　捕鱼笼

5. 基于系统级别的分离

如果矛盾的需求在子系统或超系统级别具有相反的需求，则可以使用基于系统级别的分离原则将它们分离。将对同一参数的不同要求，在不同的系统级别上实现。对于这一分离原理，并没有导向关键词，基于系统级别的分离解决物理矛盾可使用的发明原理包括：No.1 分割；No.5 组合；No.12 等势；No.33 同质性。

例如，用于拉重物的钢丝绳必须足够硬，以有足够的强度，同时又需要足够柔软，以方便收纳，希望钢丝绳又硬又软，这两个需求合情合理，是一对物理矛盾，按照解决物理矛盾的一般步骤来分析这个问题。

（1）描述关键问题。铁质绳索要结实，但又要容易折叠。

（2）写出物理矛盾。绳子需要是硬的，因为要使绳子具有足够的强度；但是，绳子需要是柔软的，因为绳子要方便折叠储存。

（3）加入导向关键词来描述物理矛盾。没有导向关键词。

（4）确定所适用的发明原理。No.1 分割；No.5 组合；No.12 等势；No.33 同质性。

（5）选择对应的发明原理。No.1 分割。

（6）产生具体的解决方案。根据分割原理，将钢丝绳做成链条，解决了钢丝绳又要软又要硬的矛盾，如图 8.11 所示。

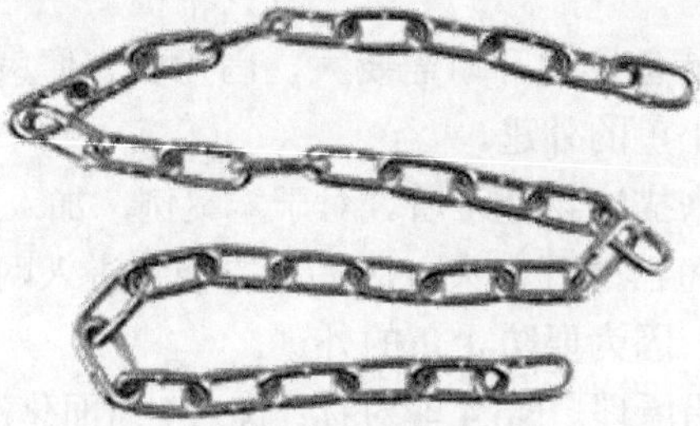

图 8.11　钢丝绳链条

8.2.2　满足矛盾的需求

前面介绍了利用分离原理来解决物理矛盾的方法，但有些物理矛盾用分离的方法并不能得以解决，可以尝试用同时满足矛盾不同需求的方法来解决，如图 8.12 所示。

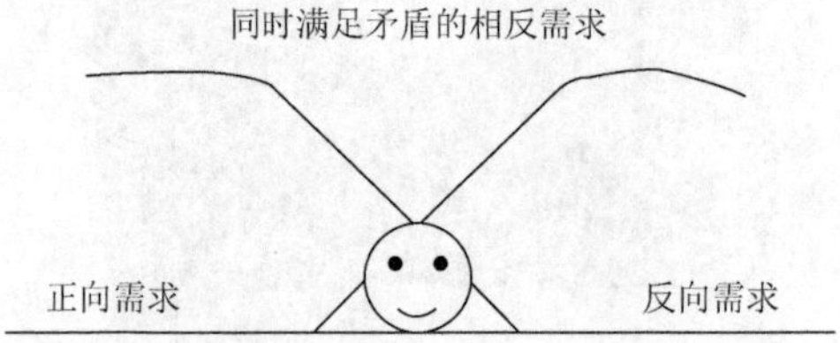

图 8.12　用满足矛盾的需求方法来解决物理矛盾

用满足矛盾的需求解决物理矛盾的步骤如下。

（1）描述关键问题。

（2）写出物理矛盾。

（3）选择对应的发明原理。

（4）产生具体的解决方案。

适用于满足矛盾的需求的发明原理有：No.13 反向作用；No.36 相变；No.37 热膨胀；No.28 机械系统替代；No.35 物理或化学参数改变；No.38 强氧化剂；No.39 惰性环境。

例如，人们希望当环境光线比较弱的时候，眼镜的透光率高，以看清楚周围的物体，但是当环境光线强烈的时候，又希望眼镜的透光率低，以避免强光太刺眼，如图 8.13 所示。因此，希望眼镜的透光率高一些，又希望眼镜的透光率低一些，而且这两个需求都是合情合理的，所以这是一对物理矛盾，尝试利用满足矛盾的需求的方法来解决这个问题。

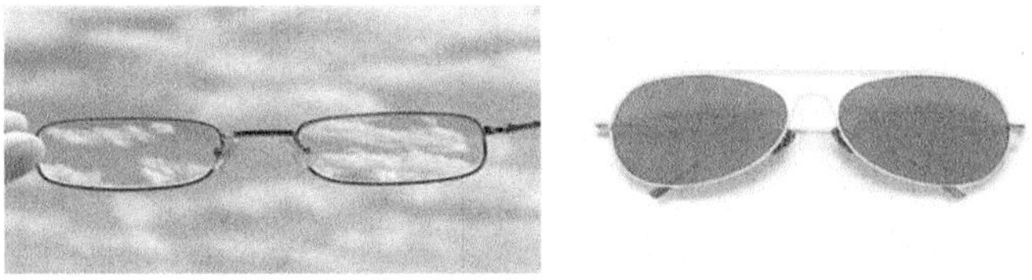

图 8.13　眼镜透光率要高，又要低

（1）描述关键问题。与前面的几个例子一样，对于这一问题，假设已经进行了详细的分析，最终得到的关键问题是要在光线暗的时候看清周围的物体，又要在光线强烈的时候挡住光线。

（2）写出物理矛盾。眼镜透光率需要高，因为要看清周围的物体；但是眼镜的透光率需要低，因为要防止强烈的光线刺眼。

（3）选择对应的发明原理。在分析了满足物理矛盾方法适用的几个发明原理后，确认相变原理是最合适的。

（4）产生具体的解决方案。根据相变原理的提示，在镜片中加入卤化银微粒，在强光照射下分解为银和卤素，银元素透光率低，在弱光下，重新化合为卤化银，透光率高。

这就解决了镜片的透光率又要低又要高的矛盾。

8.2.3　绕过矛盾的需求

绕过矛盾是指如果不能用分离和满足的方法解决物理矛盾，那么可以尝试改变工作原理的方法，使原有的物理矛盾不复存在，从而绕过了这个物理矛盾，需要注意的是，绕过矛盾并不是真正解决了矛盾，而是改变了工作原理。

例如，有这样一对矛盾，船应该是窄的，因为受到水的阻力小，以便在水中快速移动，缺点是在水中运行的时候不太稳定；但船又应该是宽的，以便保持平稳和具有更多的座位，缺点是因为受水的阻力太大而行驶缓慢。

船体又要宽，又要窄，而且这两个需求都是合情合理的。所以这是一对物理矛盾，如图 8.14 所示。

图 8.14　船体要宽又要窄

在这个问题中，可以不通过解决水的阻力和船的设计问题来尝试解决这个矛盾需求，而是将普通的船改造为气垫船。气垫船与普通船的工作原理完全不同，它是漂浮在水面上的一层空气上移动，所以并不受水的阻力的影响，所以船体宽度的物理矛盾也就不复存在了。

8.3 物理矛盾和技术矛盾之间的转化

如果 8.2 节所述的分离矛盾的需求都不可以解决物理矛盾，那么可以尝试满足矛盾的需求，如果满足矛盾的需求还是不能解决，需要尝试绕过矛盾的需求，一步一步地找到解决方法。

如图 8.15 所示，前面介绍了解决物理矛盾的三种方法，即分离矛盾的需求、满足矛盾的需求以及绕过矛盾的需求。在解决具体问题的时候，要优先考虑分离矛盾的需求，然后再次尝试满足矛盾的需求，最后尝试是否有可能绕过矛盾的需求。

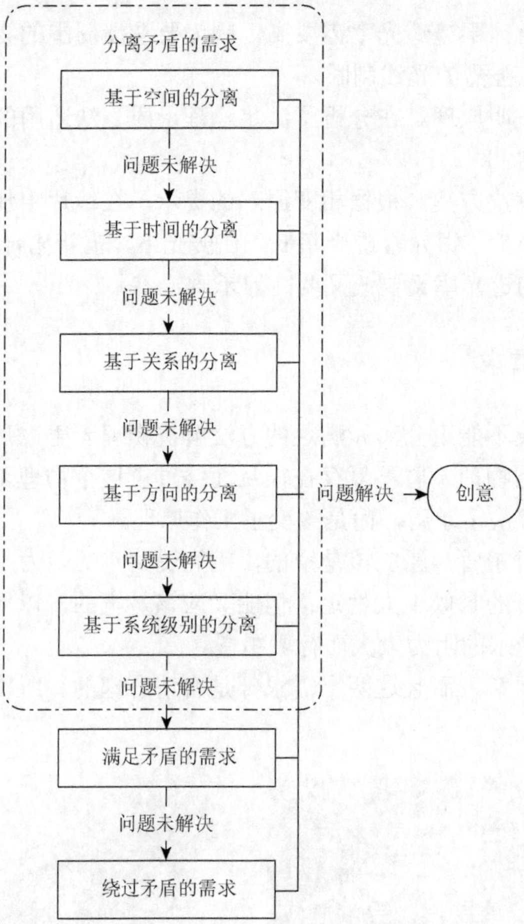

图 8.15 解决物理矛盾的步骤

需要指出的是，对于同样一个物理矛盾，所适用的解决方法并不一定只有一种，即有可能既适用基于空间的分离，又适用基于时间的分离等，还适用满足矛盾的需求的方法，以及绕过矛盾的需求的方法。

物理矛盾和技术矛盾都是 TRIZ 理论中问题的模型，二者是相互联系的，物理矛盾可以转化为技术矛盾，技术矛盾也可以转化为物理矛盾。

其实在“如果 A，那么 B，但是 C”的技术矛盾的描述中，就隐含了技术矛盾和物理矛盾的转化。B 和 C 是一对技术矛盾，而 A 与–A 就是物理矛盾中同一参数的相反需求。

以本章最开始的手缝针为例，可以用技术矛盾描述为：如果缝衣针针鼻儿大；那么穿线更方便；但是衣服上的穿孔大且不美观。

相应的描述成为物理矛盾就是：针鼻儿需要大一些，因为要穿线方便；但是针鼻儿需要小一点，因为缝制的衣物要美观。

相对于技术矛盾而言，物理矛盾的描述更加准确，更能反映真正的问题所在，因此，用物理矛盾得到的解决方案更加富有成效。

例如，在改进波音 737 的设计时，需要将使用中的发动机更换为更高功率的发动机。发动机的功率越高，运行所需的空气就越多，并且需要增加发动机罩的直径，这将导致发动机罩下端与地面之间的距离减小，影响飞机的安全降落，解决方法如下。

利用技术矛盾描述问题：

（1）希望增大发动机的功率（参数 A）；

（2）会导致机罩与地面的距离减小（参数 B）。

利用物理矛盾描述问题：发动机的直径既需要增大又不能增大。

解决方案：增加发动机罩的直径以增加空气的进气量，但为了不减小与地面的距离，将机罩的底部改成较平的曲线，而上部仍为圆弧，即将发动机机罩的形状由对称改为不对称。

采用的是解决物理矛盾中的基于空间的分离原理；而对应的解决技术矛盾的原理是非对称原理。

同一问题可以用物理矛盾解决，也可以用技术矛盾解决。

8.4　本 章 习 题

1. 选择题

（1）（　　）是指造成物理矛盾的单一参数在不同的条件下，有不同的需求可以根据相应的条件进行分离，让工程系统在相应的条件下具备某种特性而满足这种需求。

A. 分离矛盾的需求

B. 满足矛盾的需求

C. 绕过矛盾的需求

（2）（　　）是指物理矛盾两个相反的需求位于工程系统中的不同位置，可以为工程系统中不同的位置提供特定的特性，从而满足相应的需求。

A. 基于空间的分离

B. 基于时间的分离

C. 基于关系的分离

D. 基于方向的分离

E. 基于系统级别的分离

（3）分离矛盾需求的方法的步骤包括（　　）。

A. 描述关键问题

B. 写出物理矛盾

C. 加入导向关键词来描述物理矛盾

D. 确定所适用的发明原理

E. 选择对应的发明原理

F. 产生具体的解决方案

G. 尝试用其他导向关键词重复步骤C-F（如果找不到解决方案或解决方案不完美）

（4）分离矛盾需求的类型包括（　　）。

A. 基于空间的分离

B. 基于时间的分离

C. 基于关系的分离

D. 基于方向的分离

E. 基于系统级别的分离

2. 判断题

（1）对于同样一个物理矛盾，所适用的解决方法并不一定只有一种。（　　）

（2）如果矛盾需求在子系统或超系统级别上有相反的需求，可以使用基于系统级别的分离原理分离它们。（　　）

第 9 章　物质-场分析与标准解

在解构技术系统时会存在一种特殊情形，即系统参数属性不明显，这时无法使用矛盾矩阵表来有效解构技术系统。若系统所反映出来问题的结构具备比较明显的属性特征，则可以使用另一种方法来解决此类问题，即物质-场分析法，也称物质-场模型。物质-场分析法是以分析产品功能为基础，通过将系统内部问题进行结构化建模，并采用统一的符号语言来对系统各部分功能进行表述的一种方法。借助物质-场分析法，不仅能够清楚地了解技术系统的要素构成及联系，还可以更为清楚地发现系统中不同类型的问题。

9.1　物质-场模型

9.1.1　基本概念

物质的范围很广，既可以是某种物体，也可以是某种过程。从狭义上来讲，物质是构成系统的组成部件或独立的客观物体。从广义上来讲，物质即是整个系统，在某些情境下，物质也可以是包裹系统的环境。据此，对于物质的界定，需要从研究所处的实际情况出发。

物质之间无法直接相互连接，而是需要依靠场。场是指物质从一种形态转变为另一种形态所需要的某种方法或手段，其表现形式一般以能量场中的某种形态存在。场的主要形式如表 9.1 所示。

表 9.1　场的主要形式

符号	名称	举例
G	重力场	重力
F_{Me}	机械场	压力，惯性，离心力
P	气动场	空气静力学，空气动力学
H	液压场	流体静力学，流体力学
A	声学场	声波，超声波
Th	热学场	热传导，热交换，绝热，热膨胀，双金属片记忆效应
Ch	化学场	燃烧，氧化反应，还原反应，溶解，键合，置换，电解
E	电场	静电，感应电，电容电
M	磁场	静磁，铁磁
O	光学场	光（红外线、可见光、紫外线），反射，折射，偏振
R	放射场	X 射线，不可见电磁波
B	生物质-场	发酵，腐烂，降解
N	粒子场	α-，β-，γ-粒子束，中子，电子；同位素

在了解物质和场之后，还需要进一步了解物质-场模型的建立过程。根据前述理论，物质-场模型的建立可以解释为：首先，将特殊技术问题解构为物质和场的元素；其次，构建物质和场元素的标准化结构模型；最后，通过标准化物质-场模型对特殊技术问题进行复述。在构建出所需的物质-场模型之后，可以直接找出技术系统中的结构缺陷，如缺少物质，或缺少场，因此可以借助物质-场模型来观察技术系统是否完整或是否存在矛盾，通过对标准化模型求解得到问题的“标准答案”，对问题系统进行或补充或协调处理，以达到解决矛盾的目的。

9.1.2　模型特征

阿奇舒勒在分析了大量技术系统问题及解析案例之后，总结出一个重要结论：一个技术系统若要发挥预想功能或功能之一，其功能发挥所依赖的这部分结构至少能够解构出一个最小的系统模型。若从物质-场模型的角度来讲就是，发挥功能的技术系统单元是由两个物质和这两个物质之间的场所组成的。阿奇舒勒的重要贡献之一即给出了“功能”一词的定义，功能是指两个物质和作用于二者间的场之间的交互作用，其模型语言即是：“物质一”通过“场”作用于“物质二”，且在这一过程中产生了某种所需要“输出”，这里的输出即指代的是系统功能的实现。通过对大量实现系统功能案例的研究，阿奇舒勒又进一步总结出了奠定物质-场分析法的三条基础定律。

（1）所有系统功能的实现都可以最终分解为三个基本要素（S_1，S_2，F）。

（2）一个存在的功能必定由三个要素构成。

（3）若某两种物质和一种场在进行系统组合后能够产生相互作用，则它们所组成的系统将实现至少一种功能。

从感知角度来讲，三要素中的物质是可观测的客观且具体存在，通常以符号 S_1、S_2 来表示，根据所扮演的不同作用，S_1，S_2 分别表示原料和工具；三要素中的场一般不具备可观测性质，但其仍是客观存在的，通常以符号 F 来表示，三要素的系统组合就构成了物质-场模型。

9.1.3　基本类型

通过物质-场模型特征可知，任何系统功能的实现都可以以三要素来表示，可以借助此理论特征来帮助将问题聚焦于关键部位，并将问题通过三要素构建的“模型组”来进行表述。事实上，通过三要素构建的“模型组”能够反映出任何物质-场模型中的异常情况，如表 9.2 所示。

表 9.2　常见的物质-场异常情况

异常情况	举例
期望的效果没有产生	过热火炉的炉瓦没有进行冷却
有害效应产生	过热火炉的炉瓦变得过热
期望的效应不足或无效	对炉瓦的冷却低效，因此，加强冷却是可能的

但文字组成的“模型组”仍然较为抽象，因此希望通过将“模型组”进行图形转化来建立更为直观的问题描述，图形转化中所用到的常见效应图形表示符号见表 9.3。

表 9.3　常用的效应图形表示符号

符号	意义	符号	意义
————	必要的作用或效应	════	最大或过度的作用或效应
------------	不足、无效的作用或效应	＝＝＝＝（虚线）	最小的作用或效应
∿∿∿∿	有害的作用或效应	≈≈≈≈	过度有害的作用或效应
————→	作用方向	‾∿∿∿∿‾	有益的和有害的同时存在
═══⇒	物质-场转换方向		

在总结分析大量发明案例的基础上，可以用五种物质-场模型来对大多数技术系统进行描述。

1. 有效完整模型

有效完整模型指的是系统存在三要素并且有效地实现了所设想的功能。

［**案例**］　盾构掘进机。盾构掘进机通过机械场对岩石或工件产生作用，实现了掘进或加工功能，达到了有效完整，其物质-场模型如图 9.1 所示。

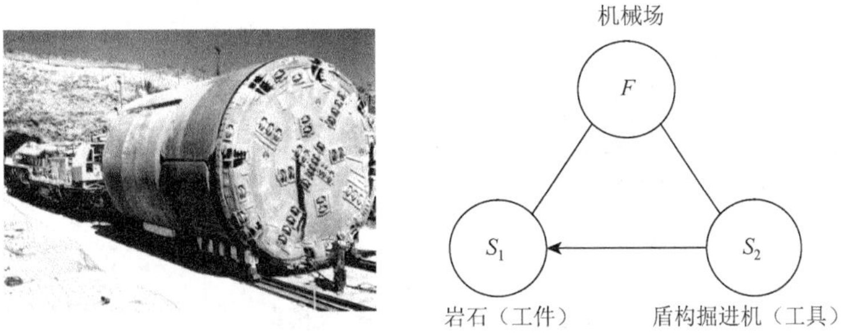

(a)　　　　　(b)

图 9.1　盾构掘进机物质-场模型

2. 不完整模型

系统中缺少了某种实现功能的元素，可能是缺少了场，也可能是缺少了某一物质，或是同时缺少了场和某一物质，需要补全缺失要素来使系统达到有效完整模型状态。

［**案例**］　防电脑辐射。知道电脑存在辐射，且对身体有害，但却不知道如何防护，此时要实现防电脑辐射功能的物质-场模型就因为缺少了某一种物质和场构成了不完整模型，如图 9.2 所示。

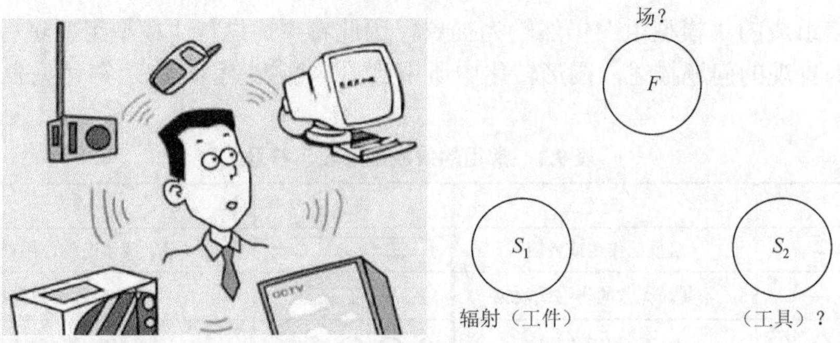

(a)　　(b)

图 9.2　防电脑辐射物质-场模型

3. 效应不足的完整模型

三要素齐全，但系统却未能有效实现所设想功能，即现实效应与追求效应存在或大或小的偏差。发生这种情况有多种原因，如力不够大、工具不理想等，需要改进系统。

[案例]　冰面行走。人行走在冰面上的时候，由于摩擦力不足，人会打滑甚至摔倒，如图 9.3 所示。

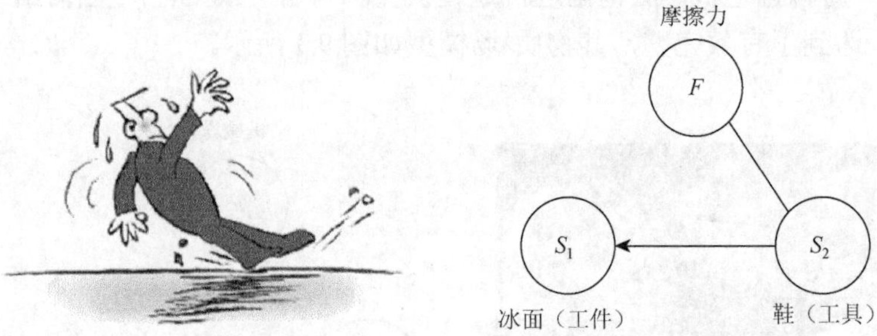

(a)　　(b)

图 9.3　冰面行走物质-场模型

4. 有害效应的完整模型

三要素齐全，但系统所产生的功能效应却完全背离了所设想的功能效应，产生了有害效应。与不完整、效应不足的状况相比，有害效应的不良影响更为严重，需要及时更正改善此类模型以消除有害效应。

[案例]　隐形眼镜。隐形眼镜为近视患者带来了很大的便捷性。但由于隐形眼镜的使用是将其直接覆盖在眼睛表面，与正常情况相比，佩戴隐形眼镜阻碍了角膜呼吸，且长时间佩戴会造成眼睛磨痛、流泪，严重者会造成结膜充血、角膜知觉减退等症状，如图 9.4 所示。

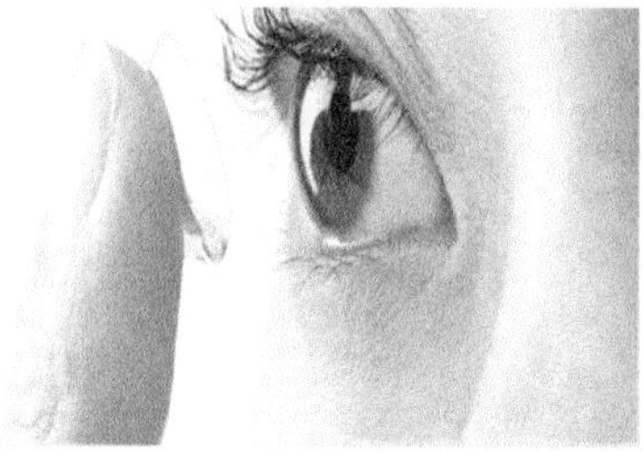

(a)

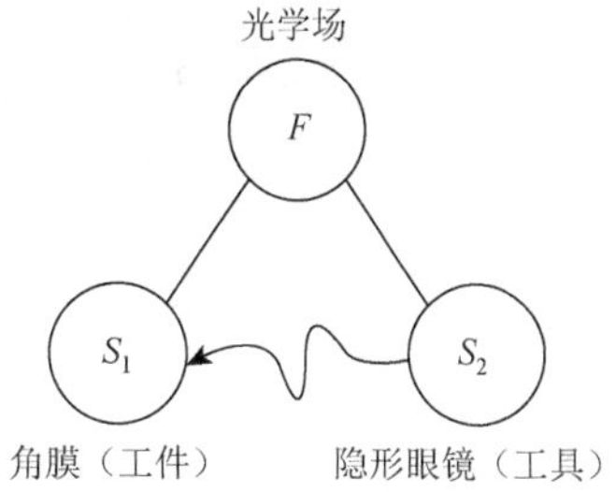

(b)

图 9.4　隐形眼镜物质-场模型

5. 效应过度的完整模型

完整模型三个元素齐全，但功能实现得过度，S_2 对 S_1 产生效应过度。

［案例］　过度吹空调。空调制冷过度，着凉出现鼻塞、流鼻涕、拉肚子等症状，或者引起鼻炎、眼睛痒、头痛、皮肤过敏等不适，如图 9.5 所示。

(a)

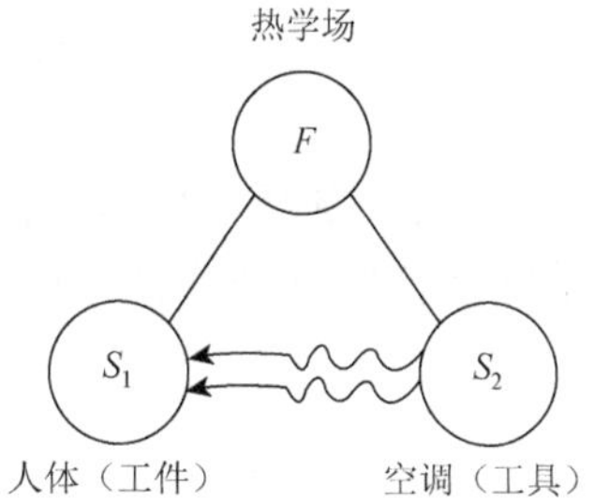

(b)

图 9.5　过度吹空调物质-场模型

五种物质-场模型中，有效完整模型是追求的完美模型，而不完整模型、效应不足的完整模型和有害效应的完整模型则是所要重点关注并要努力解决的问题模型，据此阿奇舒勒给出了本章的核心内容，物质-场模型的 76 个标准解法。

9.2　76 个标准解

9.2.1　一般解法

1. 转换规则

针对问题模型的求解，首先需要将其转换为有效完整模型，因此还要遵循以下变换规则。

（1）变换规则 1：保留被作用物质 S_1，添加新的作用物质 S_3，此时 S_3 通过新场 F 作用于 S_1，从而达到改善不足效应或消除有害效应的目标，如图 9.6 所示。

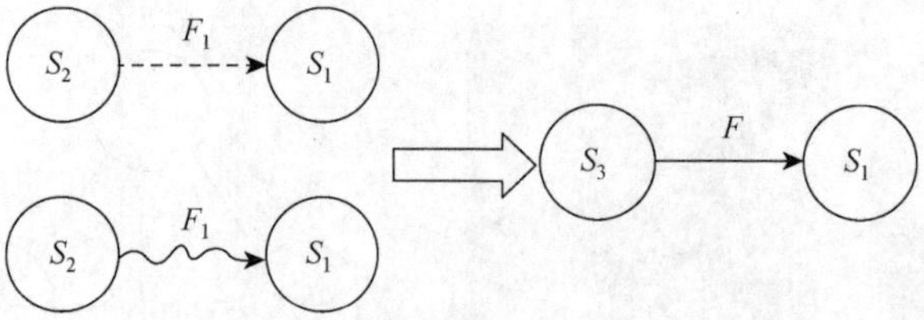

图 9.6　变换规则 1

（2）变换规则 2：添加新的作用物质 S_3，并让 S_3 通过场 F 作用于 S_2，从而达到改善原 S_1、S_2、F 系统中的不足效应或消除有害效应，如图 9.7 所示。

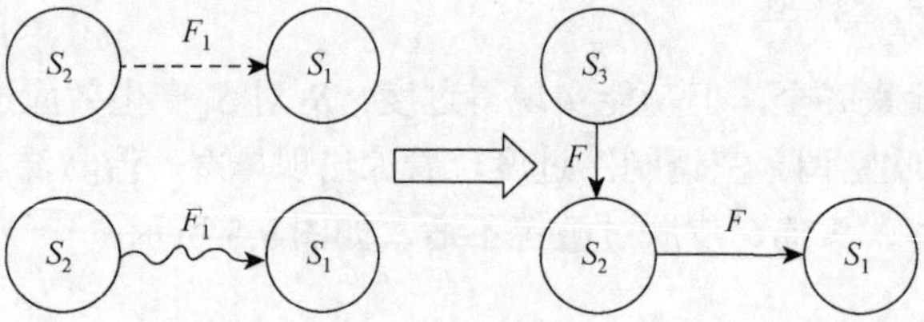

图 9.7　变换规则 2

（3）变换规则 3：添加新的作用物质 S_3，并让 S_3 通过新场 F 作用于 S_1，从而达到改善不足效应或消除有害效应的目的，如图 9.8 所示。

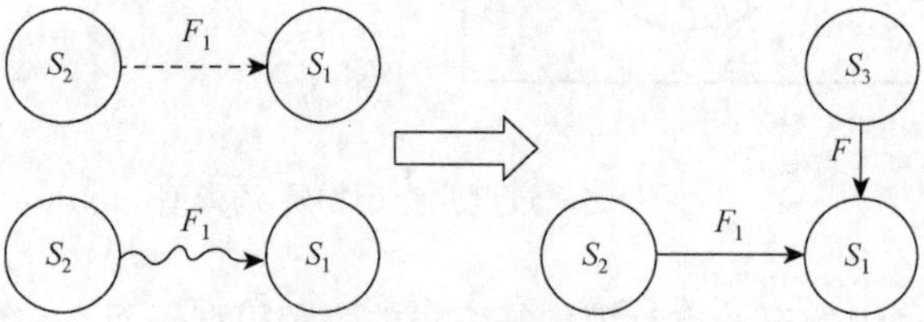

图 9.8　变换规则 3

（4）变换规则 4：添加新的作用物质 S_3，并以 S_2 通过场 F 作用于 S_3，S_3 通过场 F 作用于 S_1 的方式，达到解决问题的目的，如图 9.9 所示。

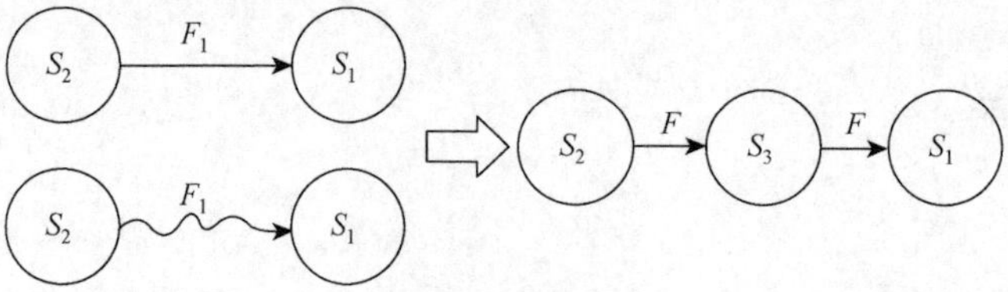

图 9.9　变换规则 4

（5）变换规则 5：添加新场 F，让其作用于物质 S_2 或者物质 S_1，从而达到改善不足效应或消除有害效应的目的，如图 9.10 所示。

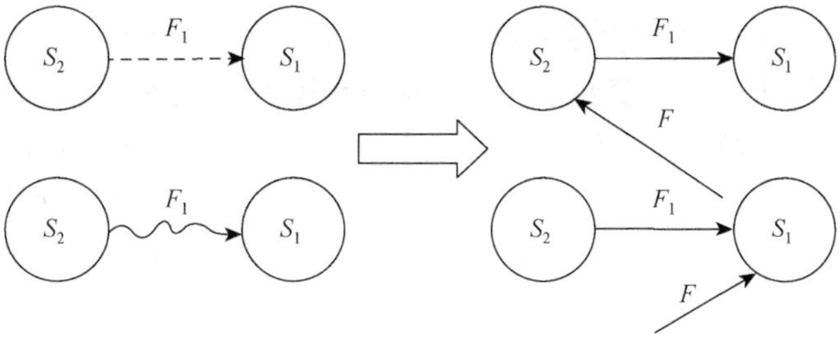

图 9.10　变换规则 5

2. 组建规则

（1）组建规则 1：增加场或物质（补齐元素）。对于不完整模型，需要将其转化为完整模型。补齐所缺失的元素，增加场 F 或工具 S_2，使模型完整；系统地研究各种能量场，如机械场、化学场、电场、磁场等，看哪些场是有用的。

［**案例 1**］　加速器。系统里面只有被研究物质 S_1 和带电粒子 S_2，中间缺少场 F，是不完整的物质-场模型。引入电场，使带电粒子在电场的作用下高速运动，系统功能就会得到实现，如图 9.11 所示。

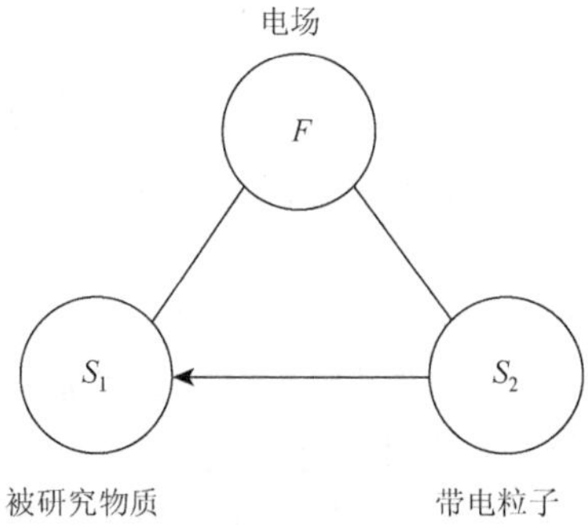

图 9.11　加速器物质-场模型

［**案例 2**］　抛锚的汽车。抛锚的汽车不仅影响了人们的使用，也阻碍了其他车辆的正常行驶，想要用拖车将其拖走进行修理，如图 9.12 所示。

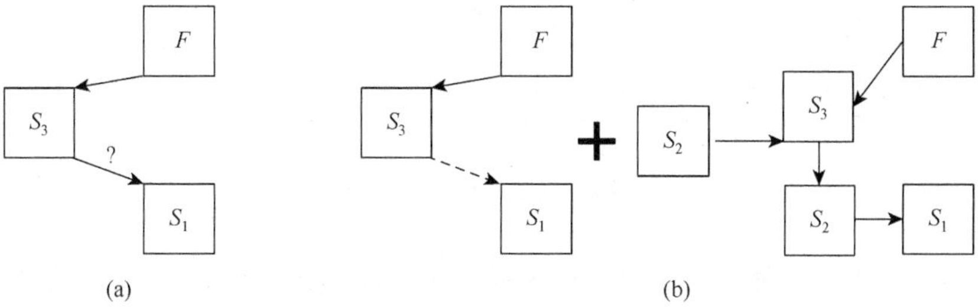

图 9.12　抛锚的汽车物质-场模型

在该物质-场模型中，S_1为抛锚的汽车，S_3为拖车，F为机械场。希望拖车能够将抛锚的汽车拖曳走，但拖车S_3本身没有能直接拖曳汽车S_1的功能，无法通过机械场F的作用力实现对S_1的拖曳效应，此时物质-场模型因为缺少S_3对S_1的作用而导致全系统无法运转，无法实现效应。针对缺少S_3对S_1作用的问题，可以参考变换规则 4，加入一种新物质钢索S_2，以S_3拖曳S_2，S_2拖曳S_1的方式，实现机械场F的传递，进而达到拖曳的目的。

（2）组建规则 2：对于效应有害模型，将其转化为完整模型，需要加入第三种物质S_3，S_3用来阻止有害作用。S_3可以通过S_1或S_2改变而来，或者通过S_1和S_2共同改变而来。

［**案例**］　揉面。物质-场模型中面对面板有有害作用，加入第三种物质面粉，就可以去掉有害作用，如图 9.13 所示。

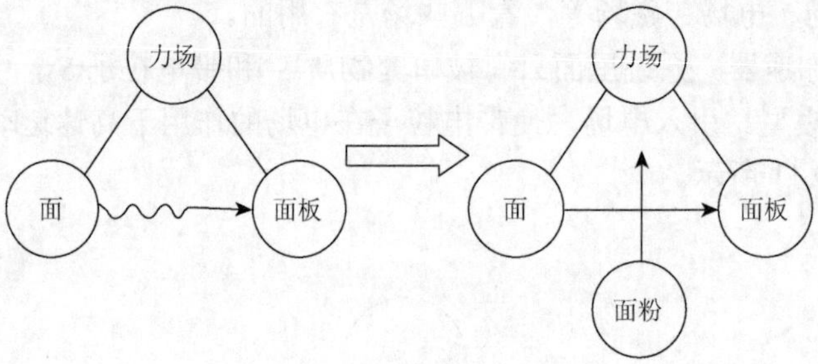

图 9.13　揉面物质-场模型

（3）组建规则 3：增加另外一个场F_2来抵消原来有害场F_1的效应；系统地研究各种能量场，如机械场、化学场、电场、磁场等，看哪些场是有用的。

［**案例 1**］　汽车下坡。汽车下坡时滑行，汽车在重力作用下速度过快非常危险，这时候可以踩刹车，利用摩擦力来解决，即加入了摩擦力，也是力场，如图 9.14 所示。

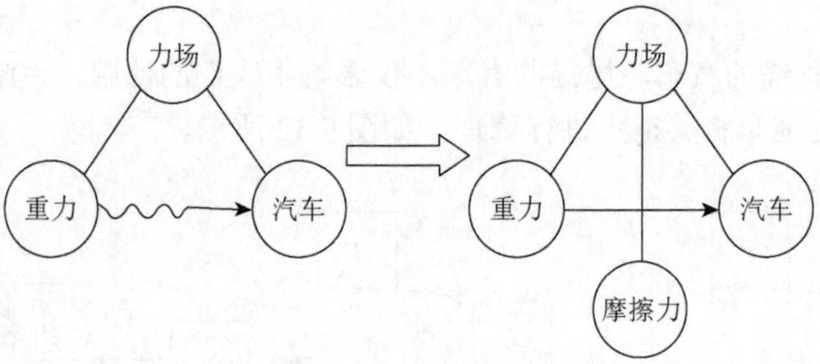

图 9.14　汽车下坡物质-场模型

［**案例 2**］　电磁辐射。计算机运行中释放的电磁辐射对人体尤其是怀孕妇女及其胎儿影响较大，如图 9.15 所示。

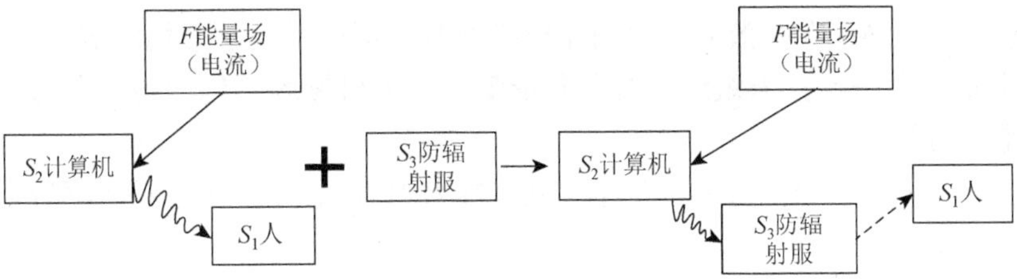

图 9.15　电磁辐射物质-场模型

物质-场模型中，S_2 为计算机，S_1 为人，F 为能量场，这里表示电磁辐射。希望人在计算机前办公时能够少受或不受计算机所散发的电磁辐射影响，但面对计算机 S_2 的电磁辐射，人 S_1 并没有相应的抵抗功能，此时由于电磁辐射 F 对人 S_1 的危害而产生了有害效应。为了消除有害效应，可以引入防辐射服 S_3，以 S_3 替代 S_1 与 S_2、F 重新组成新的物质-场系统，从而将人 S_1 从原来的有害效应中脱离出来，消除了计算机产生的电磁辐射对人的有害效应。

（4）组建规则 4：存在效应不足的完整模型时，可以用另外一个场 F_2 来替代原来场 F_1。

［**案例**］　起重机。利用起重机装卸钢板时，用机械捆绑和普通吊钩操作都很不方便，这时可以使用电磁吸盘来提升钢板，简单且安全，如图 9.16 所示。

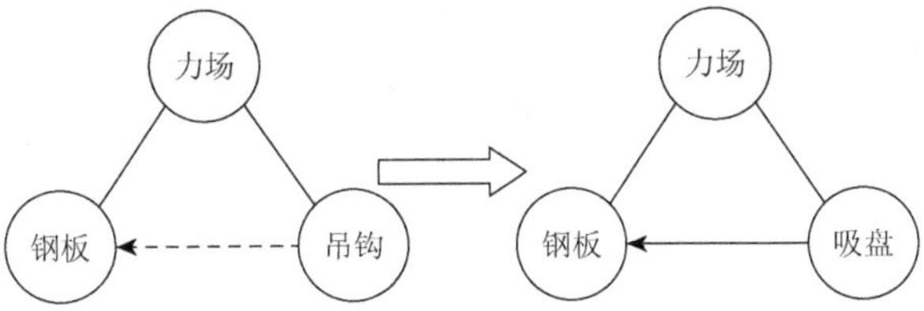

图 9.16　起重机物质-场模型

（5）组建规则 5：存在效应不足的完整模型时，可以增加另外一个场 F_2 来强化有用的作用；系统地研究各种能量场，如机械场、化学场、电场、磁场等，看哪些场是有用的。

［**案例**］　礼堂。在大礼堂做报告时，后排听众可能听不到声音，可以在后排再加一个扬声器，如图 9.17 所示。

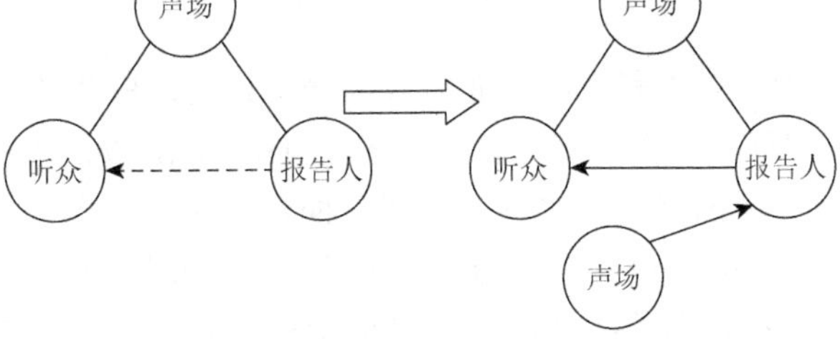

图 9.17　礼堂物质-场模型

（6）组建规则 6：存在效应不足的完整模型时，可以引入一个物质 S_3 并加上另一个场 F_2，来提高有用效应；系统地研究各种能量场，如机械场、化学场、电场、磁场等，看哪些场是有用的。

［**案例 1**］　衣物清洁。加入清洁剂，同时加入温度场，洗衣效果可以得到大大提升，如图 9.18 所示。

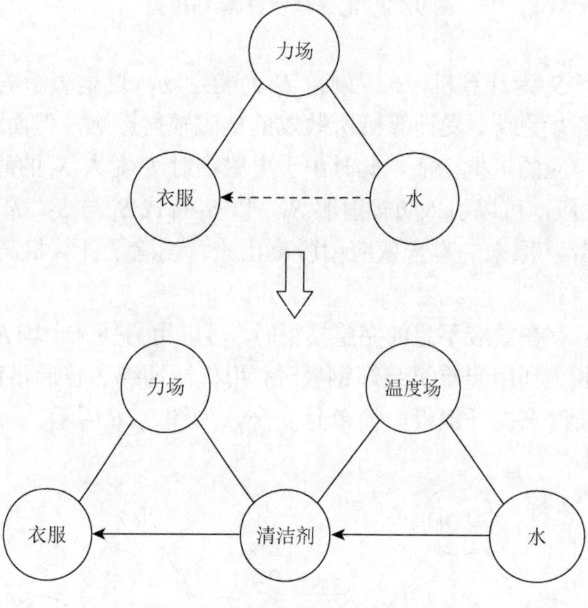

图 9.18　衣物清洁物质-场模型

［**案例 2**］　雪天行驶汽车。雪天路面积雪导致汽车车轮打滑，影响了汽车的正常行驶且存在安全隐患，如图 9.19 所示。

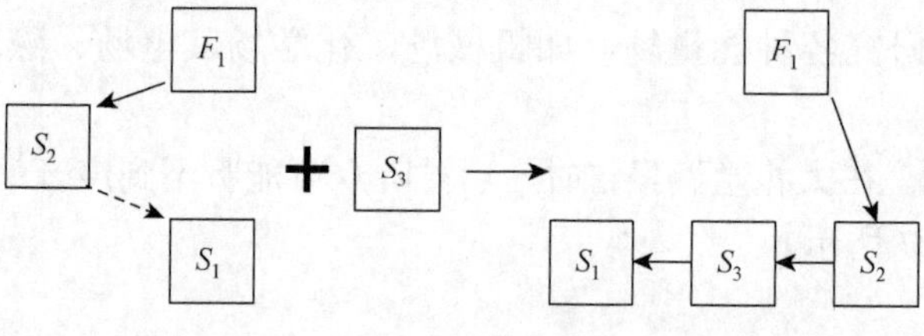

图 9.19　雪天行驶汽车物质-场模型

在该物质-场模型中，S_1 为积雪的路面，S_2 为汽车轮胎，F_1 为机械场。希望汽车在积雪的路面仍然能够正常行驶，但汽车轮胎 S_2 和积雪的路面 S_1 以及机械场 F_1 都不易更改，此时由于受积雪影响 S_2 对 S_1 的作用效应降低了。面对积雪路面车轮打滑的问题，一般情况下，都是通过加设防滑链来解决的。通过在车轮上加设铁链 S_3，在牺牲一部分行驶速度的基础上，增强了车轮表面的凹凸性，使得车轮与地面的摩擦系数增大，大大减少了车轮打滑的现象，保障了汽车的安全行驶。

9.2.2　标准解

在定义了“功能”之后，阿奇舒勒又将“标准”的概念引入了物质-场模型，他认为物质-场模型的问题解与产生问题的领域是无关的，如果不同问题构建出的物质-场模型是一样的，那么就可以用一种通用的问题解来处理问题。阿奇舒勒结合应用物质-场对系统功能分析的结果，在 1975～1985 年，完成了标准解的理论体系，总结出了 76 个标准解，不仅为解决系统功能实现问题提供了一种可查表式的方法，也为不同领域的设计者产生创新思维创造了条件，参见表 9.4。

表 9.4　76 个标准解

标准解	标准解	标准解	标准解
1 制造物质-场	20 场的结构化	39 增加系统元素差异	58 可测量的双或多系统
2 内部型复杂物质-场	21 物质结构化	40 方法回溯	59 进化路线
3 外部型复杂物质-场	22 场-物质频率调整	41 相反性质	60 间接方法
4 外部环境做添加物的物质-场	23 场-场频率调整	42 转换到微观水平	61 物质分离
5 外部环境物质-场	24 匹配对立的节律	43 替代测量	62 物质消散
6 微小量规则	25 制造初始物质-磁场	44 复制	63 大量的附加物
7 超大值规则	26 制造物质-磁场	45 连续检测	64 使用已存在的物质
8 选择极大值规则	27 磁流体	46 产生可测量物质-场	65 环境中的场
9 加入新物质去除有害作用	28 多孔-毛细物质-磁场	47 可测量物质-场复杂变化	66 场资源的物质
10 改变已有物质去除有害作用	29 复杂物质-磁场	48 环境中的可测量物质-场	67 改变物态
11 切断有害作用	30 物质环境-磁场	49 环境添加物	68 第二态转换
12 加入新场去除有害作用	31 应用物理作用	50 应用物理作用	69 物相转换时共存的现象
13 关闭磁作用	32 物质-磁场动态化	51 共振	70 两种物态
14 串联物质-场	33 物质-磁场结构化	52 附加物的共振	71 物相间的相互作用
15 关联物质-场	34 物质-磁场中匹配节律	53 可测的初始物质-磁场	72 自动转换
16 增加场的可控性	35 物质-电场	54 可测的物质-磁场	73 增强输出场
17 工具细化	36 电流变悬浮液	55 复杂可测的物质-磁场	74 物质分解
18 转变为毛细多孔物质	37 双系统和多系统的建立	56 环境可测的物质-磁场	75 粒子集成
19 动态化（柔性）	38 改进连接	57 与磁场有关的物理作用	76 如何使用 74 和 75

9.2.3 标准解分类

根据问题的类型，阿奇舒勒将 76 个标准解分为五大类，如表 9.5 所示。

第一类标准解，基本物质-场模型的标准解。该类标准解主要适用于不完整模型和有害效应的完整模型，解决系统功能实现问题的主要形式为重新创建和拆分物质-场模型两个子类，包括创建追求效应和消除非期望效应等共计 13 个标准解。

第二类标准解，增强物质-场模型的标准解。该类标准解主要适用于效应不足的完整模型，主要是通过对物质-场系统内部进行小改善，提升系统性能，增强系统产出效应。包括四个子类，共计 23 个标准解。

第三类标准解，向多级系统扩展或向微观系统聚焦的标准解。与第二类标准解相似，同样主要运用于解决效应不足的完整模型，不同的是第三类标准解的主要形式是将原物质-场系统转换到或宏观或微观级别的两个子类，通过超系统级别或微观系统级别的 6 个标准解来解决系统问题。

第四类标准解，检测和测量的标准解。该类标准解要解决的问题是系统中涉及“测量和检测”方法的物质-场模型的建立与增强问题。包含五个子类，共计 17 个标准解。

第五类标准解，简化与改进策略标准解。一般情况下，前四类标准解都能够较好地解决系统问题，但对原物质-场系统的各种改善也导致了系统复杂性增加，受实际条件的限制，很多方案无法实施，此时就需要对所提出的解决方案进行更进一步的调整完善。第五类标准解就是通过指出如何有效地引入物质、场或科学效应来克服上述问题的。第五类标准解是应用前四类标准解时的一些指导原则，能够帮助更灵活有效地制定问题的解决方案，因此第五类标准解也称为标准解法的应用标准。包含五个子类，共计 17 个标准解。

表 9.5　标准解五大分类

类别	标准解系统名称	子系统数量
第一类	基本物质-场模型的标准解 1.1 构建完整的物质-场模型（1-8） 1.2 消除或中和有害作用，构建完善的物质-场模型（9-13）	13
第二类	增强物质-场模型的标准解 2.1 向复合物质-场模型转换（14、15） 2.2 增强物质-场模型（16-21） 2.3 利用频率协调增强物质-场模型（22-24） 2.4 引入磁性附加物增强物质-场模型（25-36）	23
第三类	向多级系统扩展或向微观系统聚焦的标准解 3.1 向双系统或多系统转换（37-41） 3.2 向微观级系统转换（42）	6
第四类	检测和测量的标准解 4.1 利用间接的方法（43-45） 4.2 构建基本完整的和复合的测量物质-场模型（46-49） 4.3 增强测量物质-场模型（50-52） 4.4 向铁磁场测量模型转换（53-57） 4.5 测量系统的进化方向（58、59）	17

续表

类别	标准解系统名称	子系统数量
第五类	简化与改进策略标准解 5.1 引入物质的方法（60-63） 5.2 引入场（64-66） 5.3 利用相变（67-71） 5.4 利用物理效应或自然现象（72、73） 5.5 产生物质粒子的更高或更低形式（74-76）	17

9.2.4　标准解应用场景

标准解中除了第四类标准解，所有标准解的应用都可以归于以下四种形式。

补全：补全不完整模型，完成有效完整模型来解决问题。

修改：修改问题系统中已有要素来解决问题。

增加：增加新要素来解决问题。

转换：转换至或更高或更低的级别来解决问题。

由于测量问题的物质-场模型与其他问题的物质-场模型存在较大差异，一般情况下会同时存在两种场和一种物质，因此第四类标准解是一类不同于其他四类标准解的完全独立解法，专用于解决检测和测量类问题。此外，在测量问题的物质-场模型中，“场”的概念得到进一步扩展，在检测和测量系统中，场可以指所有需要测量或检测的物理量，如长度场、体积场等。

9.3　标准解的应用流程及应用实例

9.3.1　物质-场模型标准解应用流程

物质-场模型标准解的应用流程主要分为七个步骤。

步骤 1：描述待解决的关键问题。主要定义系统所要实现的功能诉求。

步骤 2：列出与系统问题相关的物质和场。

步骤 3：挑选组件，构建系统问题的物质-场模型。在实际操作中通常与步骤 2 同时进行。

步骤 4：根据物质-场模型的类别找到相应的标准解的类别，从标准解中选出合适解作为解决方案。

步骤 5：确定可解决系统问题的标准解。在这一步中希望选择的标准解可以使系统达到有效和完善。

步骤 6：利用步骤 5 中标准解的推荐方案，建立解决方案的物质-场模型。

步骤 7：对步骤 6 中物质-场模型的解决实现方案进行描述。

若熟悉物质-场模型后，也可对上述步骤根据实际需要进行合并。图 9.20 不仅给出了物质-场模型标准解的应用流程，还给出了五大类 76 个标准解在问题求解和技术预测两个方面的应用。

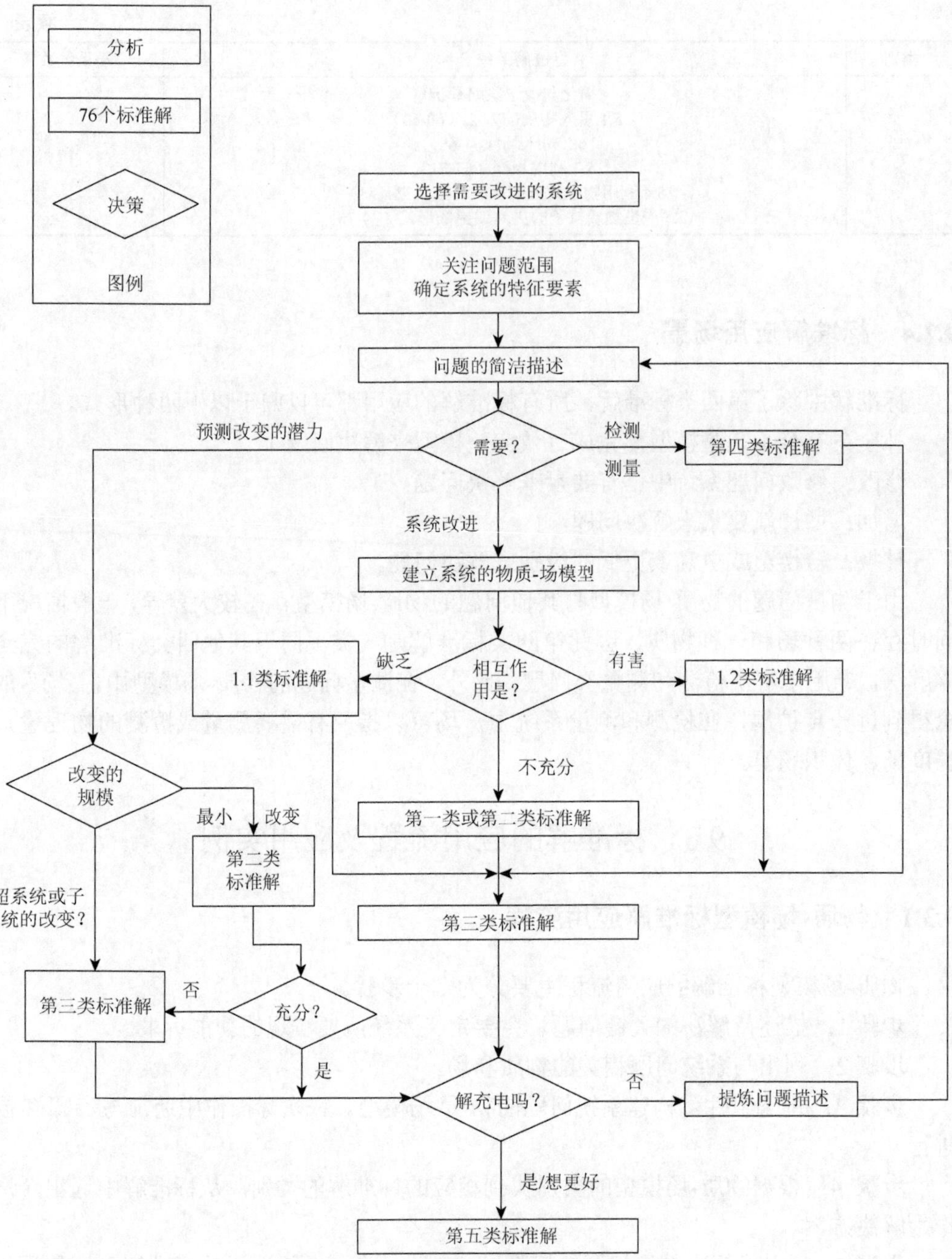

图 9.20 物质-场模型标准解的应用流程

9.3.2 物质-场模型标准解应用实例

1. 捕鼠器

捕鼠器是一个工程系统，其主要功能是捕捉老鼠。但该工程系统有以下缺点：可能会伤害儿童和宠物。经过功能分析和因果链分析后，认为造成上述两个缺点的根源是传动机构，所以，有必要从工程系统中剪裁传动机构这个组件。

（1）描述待解决的关键问题。本例中需要解决的问题是如何在没有传动机构的条件下抓住老鼠。

（2）列出与系统问题相关的物质和场。本例中物质有捕鼠板、诱饵、老鼠等，捕鼠板支撑诱饵认为是机械场。

（3）挑选组件，构建系统问题的物质-场模型。挑出捕鼠板和老鼠作为物质，但两者之间没有场。老鼠可以靠近捕鼠板，甚至可以吃一口捕鼠板上的食物，但捕鼠板不能执行任何动作，因为来自传动机构的机械场已经不存在了。因此，两者属于不完整的物质-场模型，即在捕鼠板和老鼠之间没有场。

（4）根据物质-场模型的类别找到相应的标准解的类别。对于解决不完整的物质-场模型，可以从第一类标准解 1.1 类“完善物质-场模型”中寻找合适的标准解。

（5）确定可解决系统问题的标准解。在第一类标准解 1.1 类中，可以使用的标准解如下：如果物质-场模型不完整，可以根据需要加入物质或场，使物质-场模型完备，建立起物质和场之间的相互作用。

（6）利用步骤 5 中标准解的推荐方案，建立解决方案的物质-场模型。在本例的物质-场模型中，既然缺少一个场，那就加入一个场。由于重力场是现成的，在地球上无处不在，在本例中就引入重力场。现在，有了两个物质和一个场，就可以创建一个新的物质-场模型，解决方案的物质-场模型如图 9.21 所示。

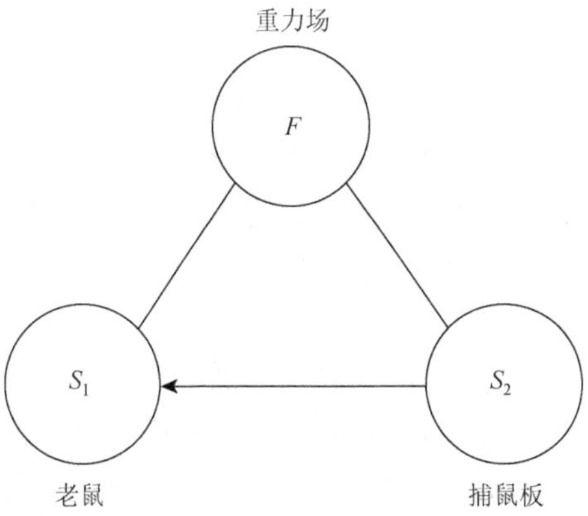

图 9.21　捕鼠器的物质-场模型

（7）对步骤 6 中物质-场模型的解决实现方案进行描述。改进的捕鼠器系统，如图 9.22 所示。该系统有两个门：一个门保持关闭，另一个门是打开的，诱饵放在捕鼠板里面。老鼠只要进入捕鼠板并往前爬行一点点，其重量就会使捕鼠板翘起，同时原本开着的门在重力的作用下关闭，老鼠就被关在捕鼠板中，逃不出来了。如果之后想把老鼠放出来，只要打开捕鼠板另一端的门就可以了。

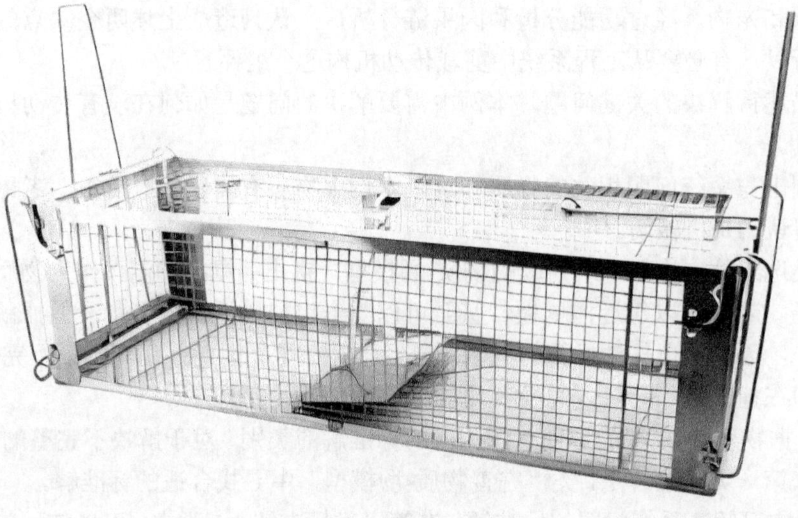

图 9.22　改进后的捕鼠器

2. 刀片组

某工程系统包括由多个刀片组成的刀片组，要求使用的时候每一次只能取出一片刀片。为了防止刀片生锈，在刀片上有层薄薄的油以隔绝空气，但是这些油会使刀片粘连在一起。所以，有时候在需要取出一片刀片时，取出来的并不止一片，而有可能是粘连在一起的几片，要将这些粘连在一起的刀片分开并不容易，因为刀片很薄很锋利。

（1）描述待解决的关键问题。本例中需要解决的问题是在取刀片的时候，每次只取出一片。

（2）列出与系统问题相关的物质和场。本例中物质有刀片、刀片架、油等，刀片架支撑刀片是机械场，油将刀片粘连在一起是物理场。

（3）挑选组件，构建系统问题的物质-场模型。刀片之间粘连在一起，导致刀片在取出的时候不是一片，这与我们的期望是相反的，所以是有害的作用，物质-场模型也应该是有害作用的物质-场模型。

（4）根据物质-场模型的类别找到相应的标准解的类别。对于有害的物质-场模型，可以从第一类标准解 1.2 类，“拆解物质-场模型”中寻找合适的标准解。

（5）确定可解决系统问题的标准解。在第一类标准解 1.2 类中，有的标准解提示需要加入新的物质，或者加入场。本例中引入新物质比较困难，因为刀片组在生产的时候就是堆叠在一起的，如果加入新物质需要对现有的刀片生产流程作较大改动，所以采用引入一个场的方法。

（6）利用步骤 5 中标准解的推荐方案，建立解决方案的物质-场模型。确定要加入一个场，虽然还不能确定具体是什么场，但可以尝试不同的场，如机械场、重力场、化学场、电场、磁场等，经过逐一比较尝试，由于刀片是铁制的，所以最终确定了在物质-场模型中引入磁场，则新的物质-场模型如图 9.23 所示。

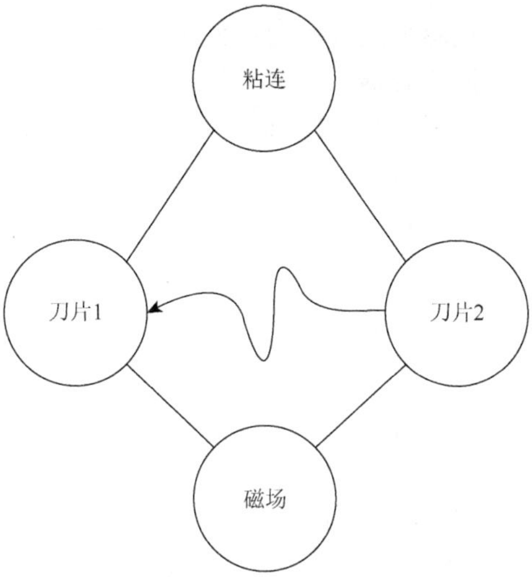

图 9.23　刀片组的物质-场模型

（7）对步骤 6 中物质-场模型的解决实现方案进行描述。将相互粘连的刀片利用同一极性的磁场磁化，由于两个刀片所带的极性相同，极性相同的两个刀片相互排斥，从而相互分开了，这样可以确保一次只会取出一片刀片。

3. 测量针的温度

为了提高金属针的硬度，通常采用淬火方法，即将针加热到一定温度，然后突然放到冷却油中迅速降温，但处理后的硬度很大程度上取决于对针的淬火温度的精确控制。在本例中，因为针的质量很小并且表面积相对较大，测量起来非常困难，所以本例的主要挑战是如何精确地测量针的温度。

（1）描述待解决的关键问题。本例的关键问题是如何精确测量针的温度。

（2）列出与系统问题相关的物质和场。本例中的物质有针、冷却油、测温装置以及加热装置。场有加热装置加热针的热场以及冷却液冷却针的热场。

（3）挑选组件，构建系统问题的物质-场模型。与本例问题相关的物质是测温装置和针，场则是针加热测温装置的热场。

（4）根据物质-场模型的类别找到相应的标准解的类别。这是一个与测量相关的问题，所适用的标准解类别为第四类标准解，可以尝试用第四类标准解来解决。

（5）确定可解决系统问题的标准解。第四类标准解中一共有 17 个标准解，其中第一个标准解是“尝试不去检测或者测量”，即改变工程系统，使其不再需要检测或者测量。

（6）利用步骤 5 中标准解的推荐方案，建立解决方案的物质-场模型。对于上面的标准解，无对应的物质-场模型。测量针的温度，是为了使加热过程向冷却过程达到一定的溶火温度时准确转换，如果有一个系统能够在正确的温度下实现加热过程到冷却过程的转换，那么，就没有必要精确测量针的温度。

（7）对步骤 6 中物质-场模型的解决实现方案进行描述。利用磁性物质在达到居里温度时会突然失去磁性、低于居里温度时又会重新恢复磁性的特性，在工程系统中引入一个磁块，这个磁性物质的居里温度刚好是金属针需要淬火（突然冷却）的温度。在磁性物质的下面，有个盛有冷却油的容器。温度较低时，受磁力作用，金属针被吸附到磁性物质表面。加热磁性组件，一旦达到需要的温度，即居里温度，磁性组件就会失去磁性，金属针就会立即自动掉入液体中被冷却。在整个过程中，不需要测量任何组件的温度，但是实现了在特定温度下淬火，针也变得更硬了。

9.4　本 章 习 题

1. 选择题

（1）阿奇舒勒将 76 个标准解分为（　　）大类。

A. 三　　B. 四　　C. 五　　D. 六

（2）物质-场模型中，下面（　　）表示 S_2 对 S_1 作用不足。

A. 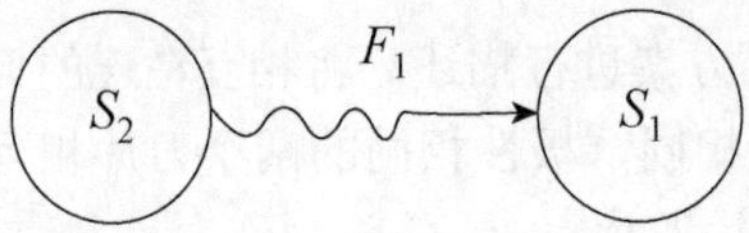

B. 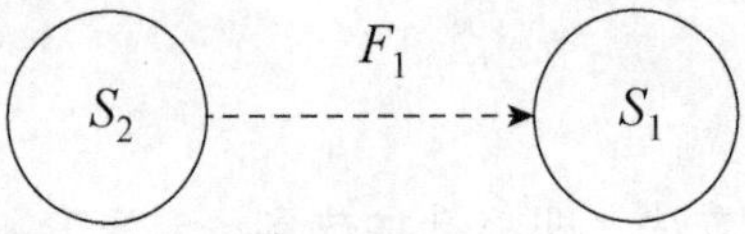

（3）物质-场模型中，下面（　　）表示 S_2 对 S_1 有害。

A. 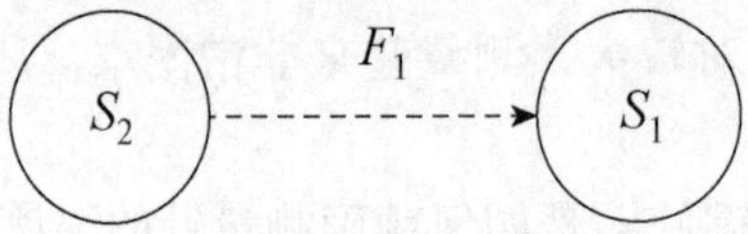

B. 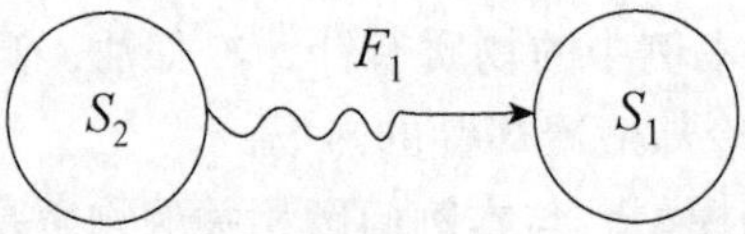

（4）完善物质-场模型是第（　　）类标准解。

A. 一　　B. 二　　C. 三　　D. 四　　E. 五

（5）标准解的应用流程包括（　　）。

A. 描述待解决的关键问题

B. 列出与系统问题相关的物质和场

C. 挑选组件，构建系统问题的物质-场模型

D. 根据物质-场模型的类别找到相应的标准解的类别

E. 确定可解决系统问题的标准解

F. 利用步骤 E 中标准解的推荐方案，建立解决方案的物质-场模型

G. 对步骤 F 中物质-场模型的解决实现方案进行描述

2. 思考题

（1）请分析构建太空中使用锤子的物质-场模型，指出其中的 S_1、S_2 和 F。提出消除太空中因没有重力导致锤子反弹的解决方案。

（2）电镀纯铜时，少许电解液会留在铜表面的微孔中。若不清除，电解液干燥时会留下氧化的痕迹，损害产品的外观和价值。因此通常在储存之前，要先冲洗表面。但是因为微孔很小，即使用大量的水冲洗，还是会有一些电解液留在微孔中。请给出提高铜板清洗效果的解决方案。

第10章　ARIZ算法

在解决发明创造问题时，遇到情境复杂、子系统逻辑混乱问题时，ARIZ算法可有效突破难关。本章主要从ARIZ算法的基本概念、内涵、主要思想观点、具体操作的九大步骤详细描述ARIZ算法的运用。

10.1　ARIZ算法的基本概念

发明问题解决算法又称为ARIZ（algorithm for inventive-problem solving）算法，是由阿奇舒勒在1956年提出的，之后历经了数次修正后才建立了较为完善的系统。在TRIZ中，ARIZ是最强大最完善的算法工具，其集成了TRIZ理论中大多数观点和工具，在解决发明创造问题方面具有较大的优势。在问题情景较为繁杂与矛盾及其关联部分模糊不明确的技术系统中，ARIZ算法能够有效应对，其强调解决问题的物理矛盾。ARIZ算法的主要逻辑过程，首先是对科学技术的初始问题进行分析与界定等非计算属性的操作过程，然后结合相关领域专业知识技术，完成对问题的深入分析与转换，最后基于算法来解决的具体应用问题。ARIZ算法强调通过对技术问题的矛盾点和理想解的问题，进一步规范化分析和标准化分析，有助于将整个技术系统向着最佳理想解问题方向演进，同时如果某个领域中存在需要克服并解决的困境，ARIZ算法最终将会逐步把解决该困境问题的方法演化成为另一个极具创新性价值的技术新问题。ARIZ算法的主导思想和观点如下。

1. *矛盾理论*

矛盾是发明问题的主要特性，ARIZ算法注重发明问题中矛盾的解决方案，阿奇舒勒通过进一步研究将矛盾划分为三种类型，分别为管理矛盾、技术矛盾和物理矛盾。第一类为管理矛盾，具体指人们想要获得某种成果、突破某种现状或避免某些现象，需要采取某些行动，却不知怎样去做；第二类为技术矛盾，具体包括系统的两个主要基本参数A和B，当其中A的性能明显有较大提高时，B的性能往往会显得较差；第三类为物理矛盾，具体是指技术构成了整个技术系统结构中的几个完全独立的子系统以及某一个完全独立的部件，所有针对组成该系统的几个单独子系统或所有部件则通常都只给出了一些与其完全独立的物理属性。矛盾之间同样存在互相转变的关系，技术矛盾可通过作用进一步转变为物理矛盾，相较而言，物理矛盾更贴近问题本质。

2. *克服思维惯性*

创新设计中的最大阻碍是思维惯性，克服这些思维惯性才是ARIZ算法所试图解决的主要设计问题。操作者需要拓宽思维，解决思维惯性，在实际解决问题的操作流程中主要也是通过熟练使用 TRIZ 已有成熟的技术理论与操作工具等去克服并成功解决固化的思维惯性障碍。

（1）可以把初始问题进行缩小和扩大。把初始问题进行缩小和扩大的前提是保持原系统不变，通过改变问题的解决范围，达到解决问题完善缺口的目的。一方面，将问题缩小，通过提出范围约束进而找出核心矛盾，目的是发掘隐藏的核心矛盾。另一方面，将问题扩大，对可选择的修改不加束缚，目的是通过扩大范围进而拓展新思维。

（2）ARIZ 算法在克服惯性思维过程中，强调充分使用系统中的各种有用资源，这些资源主要在系统内部、外部，以及超网络系统中。这些资源类型主要包括物质、能量场/力场及其效果、物体结构、可用的空间、可用的时间、系统功能部件和结构参数等七种基本类型，并且随着科技进步，这些资源的类型是不断扩展的，操作者需要进一步根据发展趋势加以利用。

（3）将一个初始问题不断进行延伸也是系统算子方法中的一项重要内容，通常完善的系统都包含多个子系统，并非独立存在，同时各个子系统又与其他系统相关联，并存在于超系统中，关联位置位于前、后系统的中间，系统状态包括过去和未来两个部分。在系统内的各个时间段，系统算子方法还会考察系统内问题是否能够传递到前系统、后系统、超网络系统等各个部分。

（4）参数算子中包括系统长度参数、时间参数等，目的在于加强矛盾并发现隐藏问题。

（5）克服惯性思维还需要尽量使用非专业名词表述问题，因为专业名词往往束缚了人的思路，限制了多元化思维，非专业名词可以将问题简单化、明确化表述，易于不同专业及领域的人才了解，利于寻求技术突破。

3. 综合 TRIZ 中大部分工具

TRIZ 方法是技术理论应用领域中一个最主要的分析工具，包括理想解、管理矛盾、技术矛盾、物理矛盾、物质-场分析、效应知识库、76 个标准解等分析方法。同时，这些工具需要使用者具有较高的知识储备，以便熟练使用。由于 ARIZ 算法综合了 TRIZ 算法中大部分工具，因此使用者需要具备基本的 TRIZ 理论技术及其开发工具的使用背景，才能将 ARIZ 算法熟练运用于具体问题。

4. 进一步扩展实例库

由于 ARIZ 算法综合了 TRIZ 算法中大部分工具，所以 ARIZ 算法充分利用 TRIZ 中的核心效应库与核心实例库，拥有核心资源的支持，主要解决物理矛盾。在搜索实例库时，可以借鉴已有的相关案例解决方案用于解决同类问题，如果出现经典的案例解决方案可以收录到案例库，并进行步骤剖析。但对于问题原理解特点剖析、案例库的分类检索方式，尚有待进一步深入研究。

10.2 如何使用 ARIZ

ARIZ 算法由六个模块组成：第一个模块，通过情景分析方法，建立问题模式；第二个模块，通过物质-场分析法，建立问题分析模型；第三个模块，基于以上模块，定义最终理想解与物理矛盾；第四个模块，基于前期操作，解决物理矛盾；第五个模块，假设实际问题没有解决，重新建立初始问题模式；第六个模块，利用算法将解决方案解析和评估。

ARIZ 算法模块使用步骤如下。第一步，最小化系统变动。在保证系统实现必要功能的前提下，尽量不改变整个系统或减少变动。第二步，确定技术矛盾。界定整个系统的主要技术矛盾，并建立相关问题模型。第三步，分析问题模型。通过分析问题模型，确定涉及时间和空间的关键问题，并运用物质-场分析法来分析系统中的重要资源。第四步，界定理想解。确定整个系统的最终理想解。为了获得理想解，需要对系统进行宏观和微观层面的详细分析，了解其中的物理矛盾。第五步，消除物理矛盾。使用系统内的资源和工程学原理（如物理、化学、几何等），最大限度地消除矛盾。第六步，问题重新定义。如果经过基本原理分析和应用后问题仍然无解，可能需要重新调整问题模型或重新界定问题。第七步，细化问题操作。在明确问题实质之前，需要对问题进行细化操作，明确其中包含的物理矛盾，这是成功应用 ARIZ 算法的关键。ARIZ 算法模块如图 10.1 所示。

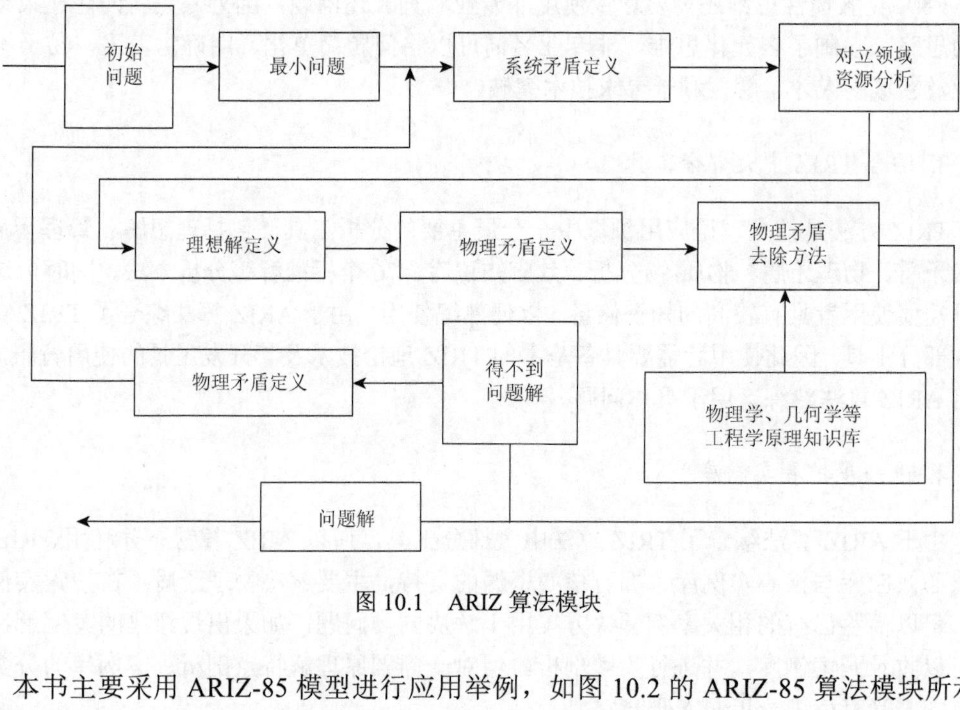

图 10.1 ARIZ 算法模块

本书主要采用 ARIZ-85 模型进行应用举例，如图 10.2 的 ARIZ-85 算法模块所示。

步骤 1：分析与表达问题，主要是对问题解析及进一步说明。问题分类的过程，主要是收集与技术系统有关的信息，通过界定并管理矛盾，分解问题结构，“以缩小提问”的形式描述原始问题。

步骤 2：抽取提取技术矛盾，主要是对问题系统分析并进行技术矛盾表述。先对原始问题进行组成要素分析、技术分析、作用过程等系统分析，接着构建技术矛盾模型来表述所要解决的初始问题，最后尝试运用参数子算法、矛盾矩阵等发明原理、规范方法、标准解法解决技术矛盾，如果矛盾无法得到解决则重新分析原始问题构建技术矛盾解决模型，循环上述操作，直至解决问题。

步骤 3：抽取提取物理矛盾，主要是通过前期的系统分析、矛盾表述及模型构建，找到物理矛盾并解决，确定最终理想解。首先，根据系统设计的模型，界定操作的时间、范围及区域。假定理想解一，为了不使系统变得更复杂，加快实现有用功能。其次，需要加强理想解，将系统内搜索的可用资源一一列出，按顺序将其中一个资源列为利用对象，考虑其状态及属性是否能够达到理想解，若能则进行下一步操作，若不能则需要遍历所有可用资源进行重复性操作。然后，表述问题的物理矛盾。在物理矛盾中，需要所选的可用资源同时具备两种状态，其具备某一状态来满足矛盾另一方，同时另一方也应该具备某一状态来满足矛盾这一方。最后，还需要构建理想解二。选取某一可用资源，则该资源在利用过程中应该具备某一状态来满足矛盾另一方，同时另一方也应该具备某一状态来满足矛盾这一方的两种状态，若所选的资源无法解决初始问题，则同样需要遍历所有资源，直到挑选出能够解决问题的可用资源。

步骤 4：建立物质-场模型，主要是对可用资源分析。基于步骤 3，通过资源的属性、类型、结构、参数等逐步扩展可用资源，根据问题产生的本质，拓展资源的种类与形式，有助于问题的分析与解决。

步骤 5：ARIZ 需求功能分析，主要是运用 TRIZ 知识库解决物理矛盾，如实例库、效应、分离原理等。运用类比思想考察 ARIZ 算法对同类问题的解决办法。运用效应库求解物理矛盾时，新方法的运用效果经常能得到跨学科或更高级别的发明解。尝试应用分离原理解决物理矛盾。

步骤 6：重新分析问题，主要是转换或替代问题。问题不能处理的主要原因是提出的问题很难进行准确描述，解决过程中往往要求调整问题描述。

步骤 7：扩大利用外部物质-场，主要是对解决方案进行质量检查，确保方案的准确性、可行性。

步骤 8：原理解的具体化，主要是明确原理解利用价值。原理解为具体工程实施方式，以评估该方式是否能够运用到其他问题。

步骤 9：进入科学效应库，主要对全过程合理性的剖析，明确是否进入科学效应库。首先，根据 TRIZ 专家的意见改进 ARIZ 算法。其次，将问题解决的实际步骤与 ARIZ 理论步骤对比，根据经验及理论进行完善和修改。对于有偏差的操作步骤及解决方案，可以对比 TRIZ 知识库系统，如果知识库系统中没有涵盖，则考虑在 ARIZ 修订时增加。

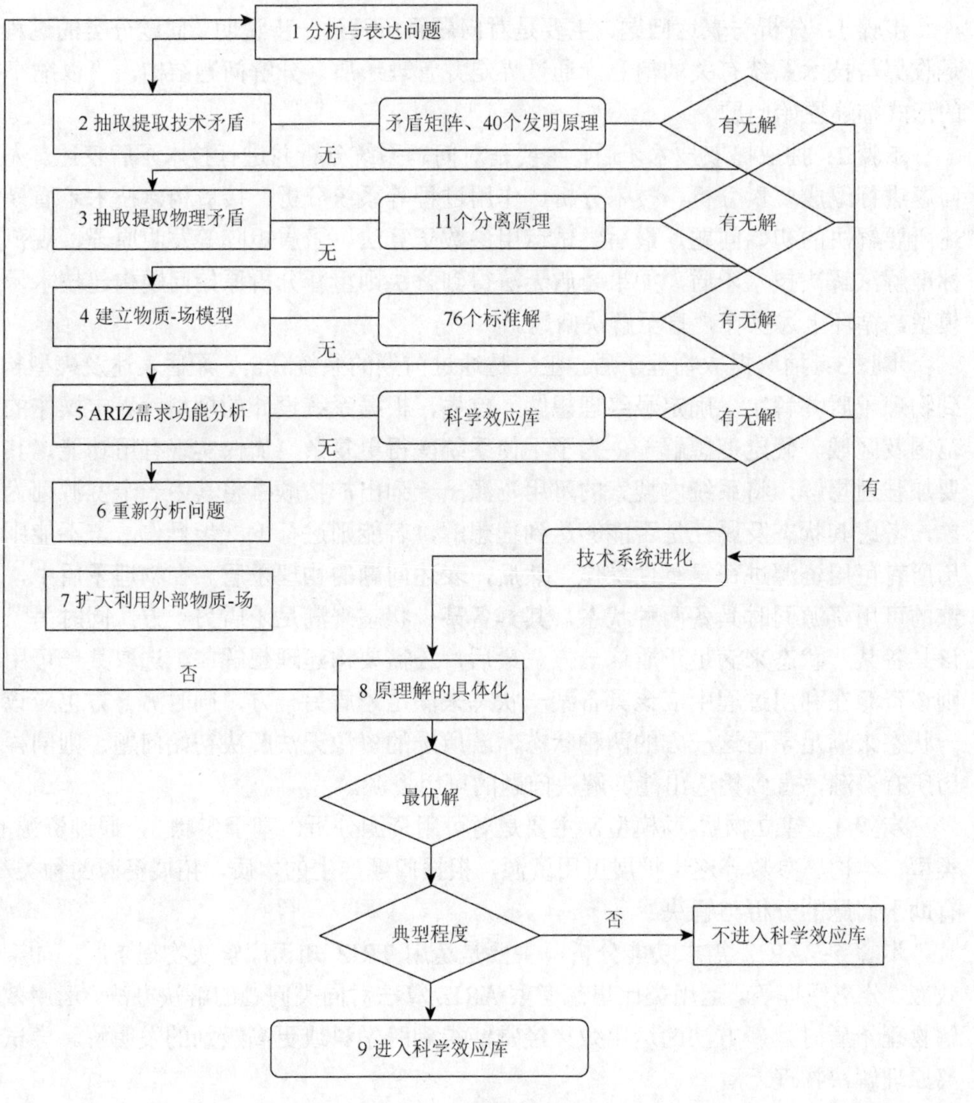

图 10.2　ARIZ-85 算法模块

10.3　ARIZ 解决创新问题

［案例 1］　摩擦焊接，其步骤是连接两块金属，将一块金属固定，并将另一块对着它旋转。只要两块金属之间还有空隙，就什么也不会发生。但是当两块金属接触时，接触部分就会产生很高的热量，金属开始熔化，再施加一定的压力，两块金属就能够焊接在一起了。一家工厂要用两节 10m 的铁管建成一条通道。这些铸铁管要通过摩擦焊接的方式连接起来，但要想使这么大的铁管旋转起来，需要建造非常大的机器。

案例过程分析：根据提供的信息，可以设计一个辅助装置，将短管与两个长管之间相连，并实现短管的旋转。具体操作是，在两个长管的末端安装支架或夹具，使得短管能够在其中旋转。然后，通过控制短管的旋转，带动整个系统的旋转，并施加一定的压力以确保接触部分紧密结合。这样，就可以实现铸铁管的摩擦焊接，而不需要建造非常大的机器。利用ARIZ解决该问题的具体过程如下。

（1）最小问题：对已有设备不做大的改变，而实现铸铁管的摩擦焊接。

（2）系统矛盾：管子要旋转以便焊接，管子又不应该旋转，以免使用大型设备。

（3）问题模型：改变现有系统中的某个构成要素，在保证不旋转带焊接管子的前提下，实现摩擦焊接。

（4）对立领域和资源分析：对立领域为管子的旋转，而容易改变的要素是两个管子的接触部分。

（5）理想解：只旋转管子的接触部分。管子的整体性限制了只旋转管子的接触部分。

（6）物理矛盾的去除及问题的解决对策，用一个短的管子插在两个长管之间旋转短的管子，同时将管子压在一起，直到焊好。

[案例2]　某公司生产一种塑料零件，需要将其黏附到另一种材料上。然而使用传统的黏合剂容易导致粘接面积不均匀、强度不足等问题。该公司需要一种更好的方法来解决这个问题。

案例过程分析：在实施过程中，公司可以进行实验和测试，确定适当的激光处理参数和孔洞的布局。通过控制激光的功率和聚焦点位置，可以在塑料表面形成均匀分布的微小孔洞。这些孔洞可以增加表面积，并提供更好的黏附能力。此外，还需要考虑适当的黏合剂选择和工艺优化，以确保黏合效果的最佳结果。通过这种创新的方法，公司可以解决传统黏合剂导致的粘接面积不均匀、强度不足等问题，实现更均匀、更牢固的黏合效果。这将提高产品的质量和可靠性，并满足客户的需求。

（1）最小问题：如何实现更均匀、更牢固的黏合效果。

（2）系统矛盾：增加粘接面积和减少粘接面积之间的矛盾。

（3）问题模型：通过使用新的技术手段，同时增加粘接面积和减少粘接面积，以实现更均匀、更牢固的黏合效果。

（4）对立领域和资源分析：在增加粘接面积的同时，需要避免过多地增加粘接面积而导致局部不均匀和黏合强度下降。因此，可能需要考虑使用其他材料或方法来增加粘接面积，如使用纹理或图案等。此外，可能需要使用特定的设备或技术来实现这个目标。

（5）理想解：使用雷射微处理技术在塑料零件表面形成一系列微小孔洞，从而有效地提高了粘接面积并保证了黏附质量。

（6）物理矛盾的去除及问题的解决对策：在这个案例中，物理矛盾是增加粘接面积和减少粘接面积之间的矛盾。解决该问题的关键是寻找一个创新的方法，既可以增加粘接面积，又可以减少粘接面积。最终使用雷射微处理技术在塑料零件表面形成一系列微小孔洞的方法解决了这个问题，从而增加了粘接面积并保证了黏合效果。具体对策包括分析当前技术存在的局限性、通过矛盾分析找到相互矛盾的需求、通过创意阶段提出多种可能解决方案、选择最优解决方案并确定技术实现方法。

10.4 本章习题

1. 单选题

（1）TRIZ 理论是将发明创造技术专利或发明创造问题根据技术创新水平程度从低到高顺序分成（　　）层次。

A. 2　　B. 3　　C. 4　　D. 5

（2）在 TRIZ 理论中，对于第（　　）等级的最简单发明问题，通过 40 个发明原理和 76 个标准解一般均可处理。

A. 一、二　　B. 二、三　　C. 三、四　　D. 五

（3）在 TRIZ 理论中，对于第（　　）等级的简单发明问题，使用了 76 个标准解、科学效应法则和发明问题解决算法（ARIZ）。

A. 一、二　　B. 二、三　　C. 三、四　　D. 五

（4）ARIZ 算法主要包括（　　）个模块。

A. 2　　B. 6　　C. 4　　D. 5

（5）ARIZ-85 算法主要包括（　　）个步骤。

A. 8　　B. 9　　C. 10　　D. 11

（6）使用 ARIZ 的第一步是（　　）。

A. 分析与表达问题
B. 抽取提取技术矛盾
C. 抽取提取物理矛盾
D. 建立物质-场模型

2. 判断题

（1）ARIZ 是 TRIZ 理论中的一个重要算法，其整合了 TRIZ 理论中的主要工具，其目标是解决复杂问题的物理矛盾，是较为完善的算法。（　　）

（2）面对问题情境简单及其相关部件明确的技术系统，可用 ARIZ 算法。（　　）

第 11 章　HOW-TO 模型与科学效应库

本章分别从 HOW-TO 模型与科学效应库的概念、内涵、组成构成、运用流程等方面介绍了 HOW-TO 模型与科学效应库。

11.1　HOW-TO 模型

HOW-TO 模型最先是由阿奇舒勒提出的，其认为应该将 HOW-TO 模型结合科学效应库一起研究运用才能使其达到最佳状态，该模型方法也是当前解决人类发明及创造问题的一个重要方法。阿奇舒勒提供了约 30 个标准的 HOW-TO 模型，以及按照这些模型的实现经常需要用到的 100 个科学效应，来协助人们快速处理工程设计中各种经常可能出现的问题。在实际求解专业问题时，HOW-TO 模型与专业知识库系统有效结合的使用方式，应该按照 TRIZ 理论求解的基本过程，要把实践问题转换为 HOW-TO 模型，其基本方式就是采用“如何 + 动词 + 宾语名词，即 HOW-TO + V + O”模式，如“如何降低宽度”“如何改变长度”“如何控制方向”“如何增强力度”等，然后可以使用科学效应库这个中间处理工具，得到一个解决实际问题的模型，即提供实际问题解决方案的知识库模型。如果可以将效应知识库模型中得到的问题解决方案直接运用到具体实际问题研究中，那么实际技术问题基本就可以有效解决了。HOW-TO 模型是最容易定义的一种问题模型，符合人们提出问题时的常用方式，满足了人们有了问题想直接得到答案的要求。功能桥是 HOW-TO 模型的重要组成部分，是针对呈现功能属性的发明问题寻求解决方案的程式化步骤，它是五座“TRIZ 桥”之一（思维、参数、结构、功能、进化），所具体体现的解题步骤主要分为以下四个。HOW-TO 模型如表 11.1 所示。

（1）分析待解决的问题，明确要实现的功能。

（2）采用基本问题表达的形式使用“如何 + 动词 + 宾语名称”语言描述问题，从 HOW-TO 模型中任意选择合适语言构建问题模型。

（3）进一步根据 HOW-TO 模型，结合问题本质，从而找出其中的科学效应和科学现象。

（4）进一步根据专业和领域的经验得到实际问题解决办法。

表 11.1　HOW-TO 模型

序号	名称	序号	名称	序号	名称
1	测量温度	3	提高温度	5	探测物体的位移和运动
2	降低温度	4	稳定温度	6	控制位移

续表

序号	名称	序号	名称	序号	名称
7	控制液体及气体	15	积蓄机械能与热能	23	物体空间性质被改变
8	控制浮质的流动	16	传递能量	24	形成要求的结构，稳定物体结构
9	搅拌混合物，形成溶液	17	建立移动的物体和固定的物体之间的交互作用	25	探测电场和磁场
10	分解混合物	18	测量物体的尺寸	26	探测辐射
11	稳定物体位置	19	改变物体的尺寸	27	产生辐射
12	产生/控制力，形成高的压力	20	检查表面状态和性质	28	控制电磁场
13	控制摩擦力	21	改变表面性质	29	控制光
14	解体物体	22	检查物体容量的状态和特征	30	产生及加强化学变化

11.2 科学效应库

科学效应库是科学原理的重要组成部分，对发明问题的解决具有重要的价值与意义。科学效应库中所包含的科学效应，是科学原理、现象、定理和定律在实践中的高度体现和必然结果。这些科学效应和现象的应用，对于解决技术难题具有非常大的帮助和支持力量，超出人们的想象。现有的科学效应如下所示。

（1）X 射线。X 射线是一种电磁辐射，波长介于紫外线和射线之间。它由德国物理学家伦琴于 1895 年发现，因而又称为伦琴射线。X 射线具有穿透力强的特点，广泛应用于医学和工业领域，如透视检查和探伤。然而，长期接触 X 射线对人体有害。此外，X 射线还能激发荧光、电离气体、感光乳胶，并且可用于制作电离计、闪烁计数器和感光乳胶片等器材。另外，晶体的点阵结构对 X 射线有显著的衍射效应，因此 X 射线衍射法已成为研究晶体结构、形态和缺陷等的重要手段。

（2）安培力。安培力是电流在磁场中所受到的磁性作用力。其实质是由于洛伦兹力的作用，导体中的电子在定向运动时会与金属导体晶格中的正离子不断碰撞，从而将动量传递给导体，因而使载流导体在磁场中受到磁力的作用。

（3）巴克豪森效应。1919 年，巴克豪森发现铁的磁化过程的不连续性，铁磁性物质在外场中磁化实质上是它的磁畴逐渐变化的过程，与外场同向的磁畴不断增大，不同向的磁畴逐渐减小。在磁化曲线最陡区域，磁畴的移动会出现跃变，硬磁材料更是如此。当铁受到逐渐增强的磁场作用时，它的磁化强度不是平衡的而是以微小跳跃的方式增大的。发生跳跃时，有噪声伴随着出现。如果通过扩音器把它们放大，就会听到一连串的“咔嗒”声，这就是巴克豪森效应。

（4）包辛格效应。包辛格效应是一种塑性力学效应，描述的是材料在经历变形后，在反向加载时弹性极限或屈服强度下降的现象。在特定情况下，当材料反向加载时，其弹性极限几乎会降至零，表明塑性变形几乎立即发生。这个效应最初由德国科学家包辛格在 1886 年发现，故称为包辛格效应。

（5）爆炸。爆炸是指一个化学反应能不断地自我加速而在瞬间完成，并伴随有光的发射，系统温度瞬时达到极大值和气体的压力急剧变化，以致形成冲击波等现象。

（6）标记物。在材料中引入标记物，可以简化混合物中包含成分的辨别工作，而且使有标记物的运动和过程的追踪更加容易。可作为标记物的物质有铁磁物质、普通的和发光的油漆、有强烈气味的物质等。

（7）表面。物体的表面：用面积和状态来描述物体外表的性质和特性。表面状态确定了物体的大量特性和与其他物体交互作用时所呈现的本性。

（8）表面粗糙度。表面粗糙度是指加工表面具有的较小间距和微小峰谷不平度。

（9）波的干涉。波的干涉是指由两个或两个以上的波源发出的具有相同频率、相同振动方向和恒定的相位差的波在空间叠加时，在叠加区的不同地方振动加强或减弱的现象。

（10）伯努利定律。伯努利于 1726 年首先提出了伯努利定律。这是在流体力学的连续介质理论方程建立之前，水力学所采用的基本原理，其实质是理想液体做稳定流动时能量守恒。在密封管道内流动的理想液体具有压力能、动能和势能三种能量，它们可以互相转变，并且管道内的任一处液体的这三种能量总和是一定的，即“动能 + 势能 + 压力能 = 常数”。其最为著名的推论为：等高流动时，流速大，压力就小。

（11）超导热开关。超导热开关是一个用于低温（接近 0K）下的装置，用于断开被冷却物体和冷源之间的连接。当工作温度远低于临界温度时，此装置充分发挥了超导体从正常态到超导态的转化过程中热导电率显著减少的特性（高达 10000 倍）。

（12）超导性。超导性是很多导电材料在温度和磁场均小于特定数值时表现出来的性质，此时这些材料的电阻和体内磁感应强度会突然变为零。具有超导性的材料称为超导体。许多金属、合金和化合物都可成为超导体。从正常态过渡到超导态的温度称为该超导体的转变温度（或临界温度 T_c）。现有材料仅在很低的温度环境下才具有超导性。

（13）磁场。在永磁体或电流周围所产生的力场，即凡是磁力所能达到的空间，或磁力作用的范围，称为磁场；所以严格说来，磁场是没有一定界限的，只有强弱之分。

（14）磁弹性。磁弹性效应是指当铁磁材料受到弹性应力时，不仅会产生弹性应变，还会产生一种磁致伸缩的应变。这种应变会引起磁畴壁的移动，从而改变其自发磁化方向。

（15）磁力。磁力是指磁场对电流、运动电荷和磁体的作用力。磁力是靠电磁场来传播的，电磁场的速度是光速，因此磁力作用的速度也是光速。电流在磁场中所受的力由安培定律确定。运动电荷在磁场中所受的力就是洛伦兹力。但实际上磁体的磁性由分子电流所引起，所以磁极所受的磁力归根结底仍然是磁场对电流的作用力。这是磁力作用的本质。

（16）磁性材料。磁性材料主要是指由过渡元素铁、钴、镍及其合金等组成的能够直接或间接产生磁性的材料。

（17）磁性液体。磁性液体又称磁流体、铁磁流体或磁液。磁性液体是一种胶状溶液，由强磁性粒子、基液和界面活性剂三者混合而成。该流体在静态状态下不表现出磁性吸引力，但当加入外部磁场后就会显现出磁性。因此，它既具备了液态物质的流动性，又具有固态磁性材料的磁性特征。

（18）单向系统分离。单向系统的分离建立在混合物中各成分的物理化学特性不同的基础上，如尺寸、电荷、分子、活性、挥发性等。分离可通过热场作用（蒸馏、精馏、升华、结晶、区域熔化）来获得，也可通过电场作用（电渗、电泳）来获得，或通过与物质一起的多相系统的生成来促进分离，如溶剂、吸附剂和其他的分离法（抽出、分离、色谱法、使用半透膜和分子筛的分离法）。

（19）弹性波。弹性波是指在弹性介质中，当某个物质粒子发生应变并偏离其平衡位置时，它会在受到弹性力的作用下振动。同时，这种应变和振动还会引起周围粒子的相应应变和振动，形成一种在弹性介质中传播的波动现象。

（20）弹性形变。固体受外力作用而使各点间相对位置发生改变，若外力撤销后物体能恢复原状，则这样的形变称为弹性形变，如弹簧的形变等。当外力撤销后，物体不能恢复原状，则称这样的形变为塑性形变。

（21）低摩阻。在高度真空状态及暴露在高能量粒子发射的环境下，摩擦力会下降并趋近于零，这种摩擦力趋近于零的性质称为低摩阻。

（22）电场。电场是存在于电荷周围能传递电荷与电荷之间相互作用的物理场。在电荷周围总有电场存在；同时电场对场中其他电荷发生力的作用。

（23）电磁场。电磁场是有内在联系、相互依存的电场和磁场的统一体的总称。任何随时间而变化的电场，都要在邻近空间激发磁场，因而变化的电场总是和磁场的存在相联系。当电荷发生加速度运动时，在其周围除了磁场，还有随时间而变化的电场。一般来说，随时间变化的电场也是时间的函数，因而它所激发的磁场也随时间变化。故充满变化电场的空间，同时也充满变化的磁场。

（24）电磁感应。电磁感应是指因磁通量变化产生感应电动势的现象。闭合电路的一部分导体在磁场中做切割磁感线的运动时，导体中就会产生电流，这种现象称为电磁感应现象，产生的电流称为感应电流。

（25）电弧。电弧是一种气体放电现象，即在电压的作用下，电流以电击穿产生等离子体的方式，通过空气等绝缘介质所产生的瞬间火花。

（26）电介质。电介质是指电阻率超过 0.1Ω·m 的物质。这些物质中的带电粒子被原子、分子内部的力或者分力束缚在一起，形成了束缚电荷。在外部电场的刺激下，这些电荷只能在局部范围内移动，从而产生了极化现象。与导体不同的是，电介质在静电场中也可以存在磁场。电介质广泛存在于气态、液态和固态的物质中。其中，固态电介质包括晶态电介质和非晶态电介质两类。非晶态电介质如玻璃、树脂和高分子聚合物等是优秀的绝缘材料。

（27）古登-波尔和 Dashen 效应。一个恒定的或交流的强电场，会影响在紫外线激发下的发光物质（磷光体）的特性，这种现象也可在随着紫外线移开后的一段衰减期中观察到。

（28）电离。原子由带正电的原子核及其周围带负电的电子所组成。由于原子核的正电荷数与电子的负电荷数相等，所以原子对外呈中性。原子最外层的电子称为价电子。

电离是原子受到外界的作用，如被加速的电子或离子与原子碰撞时，使原子中的外层电子特别是价电子摆脱原子核的束缚而脱离，原子成为带一个或几个正电荷的离子，这就是正离子。如果在碰撞中原子得到了电子，则成为负离子。

（29）电液压冲压，电水压振扰。高压放电下液体的压力产生急剧升高的现象。

（30）电泳现象。物体表面的原子、分子或离子与内部粒子有所不同。它们只受周围底部和旁侧粒子的吸引力，因此具有额外的吸附能力，从而产生了表面吸附现象。当物质被细分成胶粒时，其暴露在介质中的表面积与体积之比变得非常大。因此，在胶体分散系统中，胶粒经常可以吸附离子并带上电荷。

在运用科学效应库时，使用者应遵循基本的操作步骤，运用科学效应与现象知识处理实际问题的五个步骤流程图如图 11.1 所示。

步骤 1：首先根据所要解决的问题，定义并确定解决此问题所要实现的功能。

步骤 2：按照功能，在“功能代码表”中定义了与此功能对应的代码。功能代码表具体指根据经常会出现的发明问题总结出的问题实现功能表，目前基本代码功能表主要有 F1—F30 共 30 个功能代码，其是根据各个问题对应的实现功能所组成的方便快速查找的代码表。

步骤 3：从表 11.1 查找此功能代码下 TRIZ 所推荐的科学效应和现象，从而得到 TRIZ 介绍的科学效应和现象的名称。

步骤 4：通过筛选所提出来的各种科学效应理论和知识现象，优选其中最直接有利于解决本领域问题的一些科学效应概念和现象。

步骤 5：通过查找所优选出的各种科学效应，结合社会现象，应用到问题的科学处理方案中，最终形成解决方案。

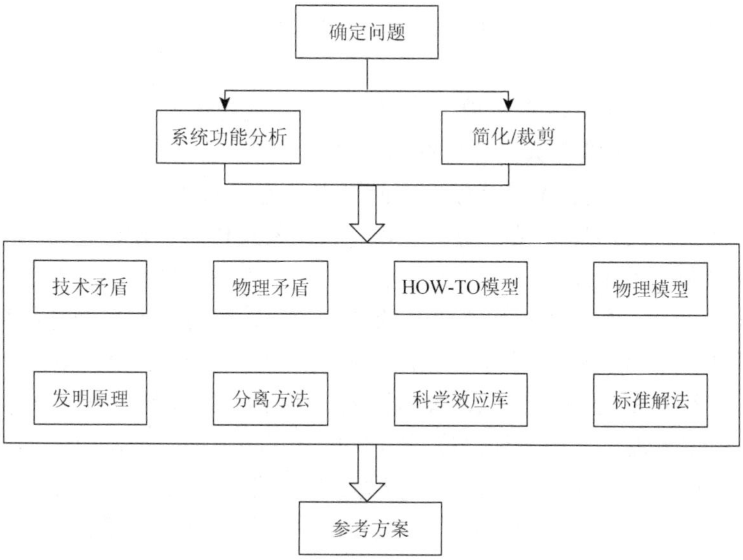

图 11.1　科学效应库流程

11.3 运用科学效应库解决创新问题

当解决创新问题时，为了将新技术系统与旧技术系统深度融合，需要建立技术纽带。尽管我们知道这个技术纽带应该具备什么样的功能，但是却不知道这个技术纽带到底应该是什么。此时，可以到科学效应库中，利用技术纽带所应该具备的功能来查找相应的科学效应。具体通过以下案例说明科学效应库的具体使用方法和步骤。

[案例 1]　电灯泡厂的厂长接到顾客的批评信，顾客对灯泡质量非常不满意。于是厂长将厂里的工程师召集起来开了个会，寻求解决方案。工程师发现，灯泡内部气体有一定的压力，灯泡里的压力有些问题，压力有时比正常的高，有时比正常的低。当这个压力比正常压力高或低时，有可能导致灯泡的爆裂。请运用科学效应库解决以上问题。

案例过程分析：用 HOW-TO 模型将问题定义为：如何精准测量灯泡内气体的压力。测量灯泡压力的科学效应和现象有机械振动、压电效应、驻极体、电晕放电、韦森堡效应等多种，而其中只有电晕的出现依赖于气体成分和导体周围的气压。然后用电晕放电效应测量灯泡内部气体的压力。具体采用科学效应库解决方案如下。

（1）问题分析：经过分析，工程师觉得灯泡里的压力有些问题，压力有时比正常的高，有时比正常的低。

（2）确定功能：准确测量灯泡内部的压力。

（3）TRIZ 推荐的可以测量压力的物理效应和现象：机械振动、压电效应、驻极体、电晕放电、韦森堡效应等。

（4）效应取舍：经过对以上效应逐一分析，只有电晕的出现依赖于气体成分和导体周围的气压，所以电晕放电能够适合测量灯泡内部气体的压力。

（5）方案验证：如果灯泡灯口加上额定高电压，气体达到额定压力就会产生电晕放电。

（6）最终解决方案：用电晕放电效应，测量灯泡内部气体的压力。

[案例 2]　在北方的冬天，输电线出现结冰现象。

案例过程分析：用 HOW-TO 模型将问题定义为：如何提高电线温度融化雪和冰凌，使雪和冰凌离开电线。提高温度的科学效应和现象有传导、对流、辐射、电磁感应、热电介质、热电子、电子发射、材料吸收辐射、热电现象、物体的压缩、核反应等。利用铁磁材料的居里点，在居里点上下磁性的消失和出现可以用来解决电线每隔一段距离安装铁氧体磁环，该材料有很高的电阻率，环内由于电磁感应产生电流而产生热，提高电线温度熔化雪和冰凌，同时，该铁氧体磁环的居里点在0℃，温度低于0℃时（会结冰时），具有磁性，产生电流，提高电线温度，温度高于0℃时（不会结冰时），没有磁性，不会产生电流，从而也不会提高电线温度。具体采用科学效应库解决方案如下。

（1）问题分析：北方冬季寒冷，输电线结冰，带来严重后果，必须及时清除电线上的冰雪。

（2）确定功能：电线除冰，可以提高温度，使冰融化。

（3）查找效应：能提高温度的效应、传导、对流、电磁感应、热电介质、热电子、材料吸收辐射、物体的压缩等。

（4）效应取舍：经过逐一分析，采用电磁感应效应，在每隔一段距离电线安上一个铁氧体磁环，由电磁感应产生电流而产生热，从而加热电线，溶解冰雪。

（5）最终解决方案：用电磁感应效应溶解电线上的冰雪。由于电磁体环常年为电线加热，需结合铁磁性材料的居里点，低于 0℃时通电，高于 0℃时断电，以减少不必要的能源浪费。

11.4　本 章 习 题

1. 单选题

（1）在 TRIZ 理论中，功能桥求解过程第一步为（　　）。

A. 分析待解决的问题，明确要实现的功能

B. 用标准表达形式，“如何做”描述问题

C. 通过 HOW-TO 模型，找出与其相应的科学效应和现象

D. 通过运用科学效应，根据专业知识和领域的经验得到实际问题解决方案

（2）TRIZ 理论研究中，利用科学效应和现象解答实际问题有（　　）个过程。

A. 5　　B. 6　　C. 7　　D. 8

（3）在 TRIZ 理论中，根据急需解决的问题，界定并确定处理此问题要实现的功能。是运用科学效应和现象解决实际问题的第（　　）步。

A. 1　　B. 2　　C. 3　　D. 4

2. 判断题

（1）TRIZ 理论中，科学效应是科学原理、现象、定理和定律的集中表现形式与实施的必然结果。（　　）

（2）TRIZ 理论中，科学效应和现象的合理运用，对于解答技术创新问题有着超乎想象的、强大的协助与支撑。（　　）

第 12 章　发明创造理论、方法的运用实例

本章案例 1、案例 2 源于课堂教学实例“基于 TRIZ 理论综合解决全自动数控车床刀具切削问题”“基于 TRIZ 理论方法综合性应用的机械爪改进设计”，案例 3、案例 4 精选于全国“TRIZ”杯大学生创新方法大赛实例“提高住宅用太阳能热水器集热器转化效率”“基于 TRIZ 理论的新型远程波光互补航标灯”，本章案例 5 精选于“一线工程师创新方法应用案例”经典案例“基于实测数据的在线负荷智能建模研究与应用”，本章案例 6～案例 8 源于参考文献经典案例“低成本风电机组早期故障诊断及预测技术”“电风扇的创新发展和演进过程”“室内智能均衡加湿器研发”。本章旨在通过实例讲授，引导学生对实际生产生活中的创新创造问题做出独立思考，促进学生更好地运用发明创造理论、方法解决实际问题。

12.1　基于 TRIZ 理论综合解决全自动数控车床刀具切削问题

1. 问题描述

1）背景描述

图 12.1 为一台普通数控车床示意图，上下料需由操作人员手动完成。某公司想要设计一种可以自动上下料的数控车床，但发现，在车削过程中产生的碎屑会卡住刀具并损坏工件，从而恶化系统稳定性。因此，需不断地（并及时地）去除切削碎屑来提高加工过程稳定性，否则会阻碍刀具运转并损坏工件。

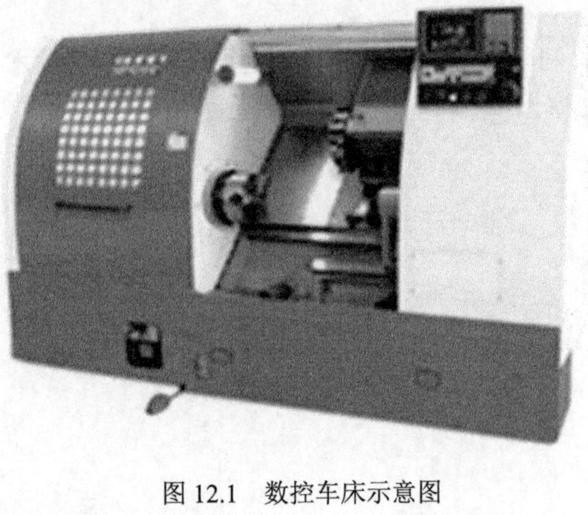

图 12.1　数控车床示意图

2）当前技术系统存在的问题

碎屑易缠绕在刀具和工件上，损坏刀具并划伤工件表面，甚至会发生伤人和设备事故，影响加工质量和机床的安全运行。确定的解决方案之一是使用一种配备视觉传感器和图像识别功能的特殊机器人，可以在切削碎屑形成之时将其清除。但是这种方案无法被接受，因为这种机器人较为复杂和昂贵，所以需要找到一个更为简单的解决方法。

要解决的问题是“在没有复杂昂贵专用机器人配备的车床上，如何通过不断清除碎屑来提高加工过程的稳定性”。

2. 问题分析

1）阐述技术矛盾的选择

以技术矛盾方式阐述这个问题，如表 12.1 所示。

表 12.1　全自动车床的技术矛盾分析

	技术矛盾 1	技术矛盾 2
如果	使用特殊机器人进行图像识别	不使用特殊机器人进行图像识别
那么	碎屑会被清除，加工过程会变得稳定	装备简单而且便宜
但是	装备会变得较为复杂而且昂贵	碎屑不会被清除，加工过程不稳定

由于目标是提高加工过程的稳定性，所以选择技术矛盾 1。

2）确定技术矛盾中要改善的参数和被恶化的参数

项目的目标是要保障加工过程的稳定性。因此，加工稳定性是技术矛盾中要改善的参数。由于需要通过一个复杂的特殊机器人来清除碎屑，使系统变得很复杂，因此，设备复杂性是恶化的参数。

3）将改善和恶化的参数一般化为阿奇舒勒通用工程参数

既然项目的主要目标是使加工过程稳定，过程稳定性是需改善的参数。另外，辅助机器人的复杂性被恶化，因此，它是恶化参数。

（1）在 39 个通用工程参数中寻找最接近的通用工程参数。“加工过程稳定性”最接近于通用工程参数中的 27“可靠性”。同样地，“机器人复杂性”最接近于通用工程参数中的 36“装置的复杂性”。

（2）如表 12.2 所示，在对应列中输入这些参数（具体参数和通用工程参数）。

表 12.2　全自动车床的具体参数和通用工程参数分析

	具体参数	通用工程参数
改善参数	加工过程稳定性	可靠性
恶化参数	机器人复杂性	装备的复杂性

4）在阿奇舒勒矛盾矩阵中定位改善和恶化通用工程参数交叉的单元，确定发明原理

（1）在阿奇舒勒的矩阵行中确定改善参数“可靠性”。相同地，在阿奇舒勒的矩阵列中确定恶化参数“装置的复杂性”。改善参数“可靠性”在第 27 行，恶化参数“装置的复杂性”在第 36 列。

（2）确定矩阵第 27 行第 36 列交叉对应的单元，如表 12.3 所示，该单元显示 13、35 和 1，每一个数字都对应阿奇舒勒 40 个发明原理中相应的发明原理编号。

表 12.3　全自动车床的具体参数和通用工程参数分析

		35	36	37	38
		适应性及多用性	装置的复杂性	监控与测试的困难程度	自动化程度
25	时间损失	35，28	6，29	18，28，32，10	24，28，35，30
26	物质或事物的数量	15，3，29	3，13，27，10	3，27，29，18	8，35
27	可靠性	13，35，8，24	13，35，1	7，40，28	11，13，27
28	测试精度	13，35，22	27，35，10，34	26，24，32，28	28，2，10，34
29	制造精度	—	26，2，18	—	26，28，18，23

从阿奇舒勒发明原理列表中确定发明原理，如表 12.4 所示。

表 12.4　全自动车床的适用发明原理

发明原理编号	发明原理	发明原理描述
13	反向作用	（1）颠倒过去解决问题的办法 （2）将物体翻转或倒置 （3）使物体中的运动部分静止，静止部分运动
35	物理或化学参数改变	（1）改变物体的物理状态 （2）改变物体的浓度或黏度 （3）改变物体的柔性 （4）改变物体的温度
1	分割	（1）将一个物体分成相互独立的部分 （2）使物体分成容易组装及拆卸的部分 （3）增加物体相互独立部分的程度

3. 解决方案

基于发明原理的提示，确定最适合解决该技术矛盾的具体方案。

通过使用上述步骤确定的发明原理找到具体解决方案。表 12.5 是解决技术矛盾的发明原理及找到的具体解决方案，其他 2 条发明原理，如物理或化学参数改变和分割，经研究，不适宜采纳。

表 12.5　全自动车床的具体解决方案

发明原理：反向作用	具体解决方案
解决问题的反向动作（如用加热取代冷却物体）	—
使活动部件（或外部环境）固定，使固定部件活动	—
使物体（或过程）颠倒	将车床主轴与工件倒置放置，切削生产后在重力作用下碎屑自动从工件上掉落，可防止工件与热的落屑接触而升温，并可避免工作主轴受到污染

12.2　基于 TRIZ 理论方法综合性应用的机械爪改进设计

1. 问题描述

1）背景描述

该案例来自课堂教学实践成果，通过教师讲授与学生课前、课堂、课后的深度思考与实践总结并提炼的教学实战成果，该案例中将 TRIZ 理论中的九屏幕分析法、因果分析法、39 个通用工程参数、40 个发明原理以及技术矛盾的分析解决等多种理论方法工具综合应用，鼓励学生在案例分析设计中发散思路，在实践中进一步了解发明创造的理论和方法，并锻炼其运用于实际生活的能力。

2）当前技术系统存在的问题

部分生产线上，生产的产品规格及产品类型的不同，会导致需要使用不同类型的抓取装置，例如：①在物品厚度较薄时，机械夹臂不易夹持，则需要采用吸盘将其抓取；②在物品顶面形状不规则时，吸盘无法吸取则需要采用机械夹臂对产品进行抓取。对于一些多品种、小批量的生产线，根据后期的产品类型频繁更换抓取装置以满足抓取要求，会造成现场生产不连续，影响生产线的生产效率。

2. 问题分析

基于 TRIZ 理论九屏幕分析法和因果分析法对机械爪加工生产线现存问题进行综合分析。

（1）九屏幕分析法：最初的流水生产线采用专人专岗对产品进行抓取的方式，劳动强度大，工人工作效率参差不齐。随着生产线引入新设备，工人只需针对产品进行工装夹具的拆换即可，生产效率有所提高，工人劳动强度有所下降，但同时对作业人员的技术水平提出了更高要求。采用自动生产线替代人工是未来工业发展的趋势，研发设计可适应多种产品使用的多功能机械抓取装置，也是多品种、小批量生产线的迫切需要。关于生产线现状分析的九屏幕分析法如图 12.2 所示。

（2）因果分析法：车间现有的工装夹具作业方式以抓取和吸附方式为主，且工装夹具与生产产品属于一一对应的关系，每次更换生产产品后，对应工装夹具也需更换安装。更换后的工装夹具需要重新调整参数和校对运动轨迹，不仅要求作业人员有较高的熟练度，频繁拆卸安装和调整的过程还存在大量时间的浪费。现有夹装系统因果分析鱼骨图如图 12.3 所示。

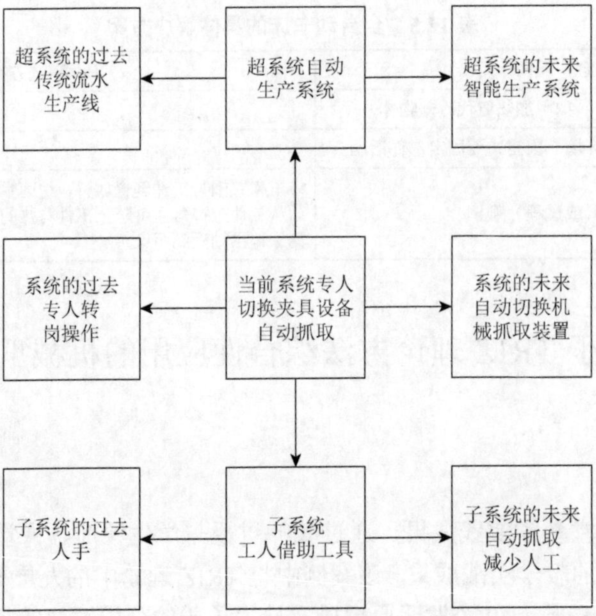

图 12.2　九屏幕分析法

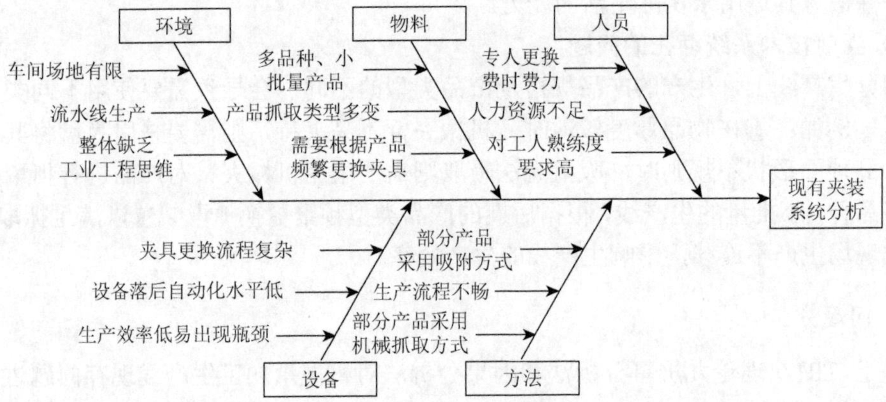

图 12.3　现有夹装系统因果分析鱼骨图

（3）分析结果：生产线所需的工装夹具不仅要将抓取和吸附功能集于一身，还需要满足多种产品的不同尺寸需求，在尽可能低的成本下实现所需功能。

3. 解决方案

基于上述问题分析，可利用 TRIZ 理论中的 39 个通用工程参数将具体的工程问题转换为技术矛盾，并利用 TRIZ 工具最终得到解决问题的方法。

改善的工程参数如下。

（1）通用工程参数 12“形状”和 13“结构的稳定性”来描述整体结构设计应紧凑合理并尽可能简单。

（2）通用工程参数 35“适应性及多用性”来体现可满足不同产品的抓取需求。

（3）通用工程参数 27“可靠性”来描述要准确抓取目标产品。

（4）通用工程参数 31“物体产生的有害因素”来描述使用时应尽可能避免损伤工件。

恶化的工程参数如下。

（1）通用工程参数 39“生产率”。抓取装置形状的改善可能会导致生产率下降。

（2）通用工程参数 8“静止物体的体积”。增加抓取装置结构的稳定性可能会导致抓取装置体积增加。

（3）通用工程参数 1“运动物体的重量”。使抓取装置具有多种功能可能会增加重量，影响抓取装置的灵敏度。

（4）通用工程参数 28“测试精度”。提高抓取装置的可靠性可能会导致抓取系统的实测值与实际值出现误差。

（5）通用工程参数 9“速度”。为了使抓取装置在使用过程中避免对产品产生有害影响，可能会导致抓取装置在使用中降低抓取速度。

根据以上对通用工程参数的分析，并查询矛盾矩阵可得到推荐的发明原理，如表 12.6 所示。

表 12.6　矛盾矩阵

改善参数	恶化参数	推荐发明原理
12（形状）	39（生产率）	7、2、35
13（结构的稳定性）	8（静止物体的体积）	23、35、40、3
35（适应性及多用性）	1（运动物体的重量）	1、6、15、18
27（可靠性）	28（测试精度）	32、3、11、23
31（物体产生的有害因素）	9（速度）	21、35、11、28

结合自身的专业知识与实际场景，对推荐的发明原理进行筛选，优选出部分发明原理，作为本次多功能机械抓取装置的设计思路参考。优选的发明原理如表 12.7 所示。

表 12.7　优选的发明原理

编号	发明原理
23	反馈
40	复合材料
6	多用性
7	嵌套
15	动态特征
11	事先防范
28	机械系统替代

为了有效改善生产过程中人工拆换工装夹具造成的时间浪费，可根据 40 个发明原理中的 No.15 动态特征原理和 No.6 多用性原理，将抓取机械臂和吸附吸盘两个功能元件设

计成可以高效调整的多功能抓取装置，在不同的操作阶段灵活地完成自动调整，使机械抓取装置在面对复杂的产品类型时，可高效地实现所需功能。

此外，无论机械抓取还是吸盘吸附，多功能机械抓取装置作为生产线的末端执行器，都应保证其执行效果。因此，为了增加稳定性，提高抓取精度，可从结构可行性、制造复杂度、质量及体积等多重因素影响出发，具体参考 40 个发明原理中的 No.7 嵌套原理、No.23 反馈原理和 No.28 机械系统替代原理，将气动装置的传输系统藏于滑杆空腔，一端与气动吸盘相连，并将机械爪臂与主体框架通过机械铰接的方式与滑杆相连；此外，在装置前端设置有用于感应产品的感应器，通过感应器的设置配合运动感知开关，夹取到产品后发送信号反馈至控制器，控制器收到信号后可以进一步控制滑杆上的驱动装置，在提高抓取效率的同时，可避免无限制地强力抓取造成工件损伤。

为保证生产质量，抓取过程中避免损伤产品同样是设计中需要考虑的问题。根据 40 个发明原理中的 No.40 复合材料原理和 No.11 事先防范原理，采用柔软的复合材料作为机械抓取装置末端的材料，为抓取产品做好缓冲，以有效防止产品损伤。

12.3 提高住宅用太阳能热水器集热器转化效率

1. 问题描述

1）背景描述

太阳能热水器传热性能好，吸热能力强，产水量大；且太阳能热水器从整体运行状态来看具有如下优点：其整体系统全自动静态运行，在使用时无须专人看管、不会产生噪声、不会产生化学污染、不存在漏电隐患、不易失火和中毒等危险，具有安全可靠、环保节能等优点。

太阳能热水器通过太阳光能与热能转换的过程，实现对水的加热，从而为人们的生活或生产过程提供使用所需的热水。太阳能热水器一般为分体式热水器，其加热介质（即水）则在集热板内因热虹吸自然循环，通过将太阳辐射在集热板的热量传递至内部的水中，并通过水的循环使其及时传送到水箱内，随后在水箱内通过冷热水的混合使热量传递给冷水。

2）当前技术系统存在的问题

太阳能热水器需要数小时甚至一整天的日照，才能把水加热，主要保证晚上有热水，白天可用热水时间较少，舒适性差。

该问题一般在冬季的时候出现；春秋夏季阳光不太充足或者光照时间短的一天也容易出现。

2. 问题分析

1）功能分析

阳光对集热器加热不足，导致集热器对铜管加热不足，从而导致铜管对水箱水加热不足；阳光对水箱加热不足，导致水箱温度不够。水箱对水箱里的水起到冷却的有害作用，同时冷水管中的冷水也会冷却水箱里面的水，起到有害作用。太阳能热水器的功能模型图如图 12.4 所示。

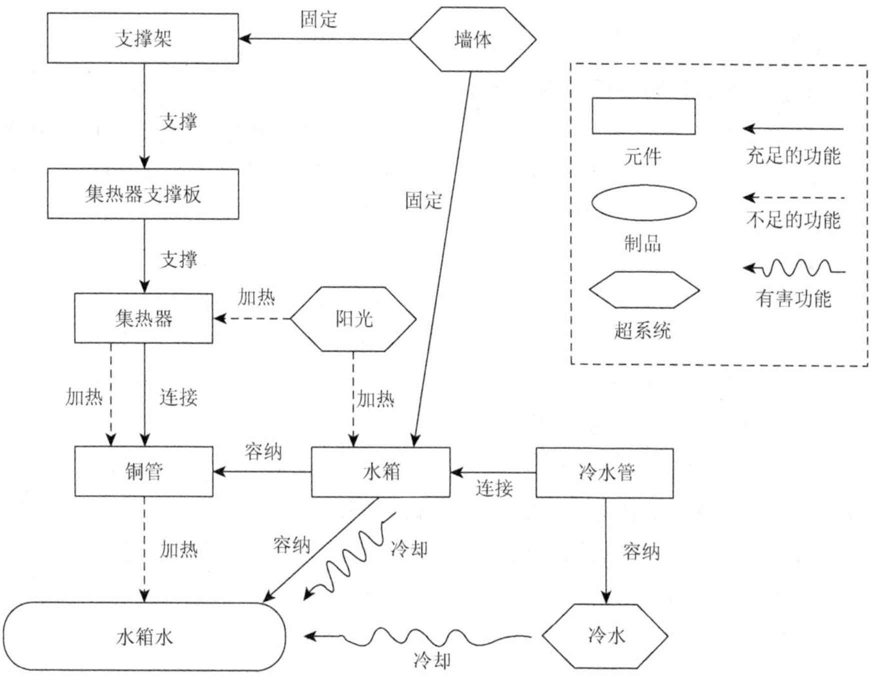

图 12.4　太阳能热水器功能模型图

系统功能分析结论：通过功能模型分析，描述系统元件及其之间的相互关系，并得出导致分体式空调柜机降低室内空气温度速度慢问题的功能因素。在建立的功能模型图中选择目标问题如下：一是铜管加热水箱水不足；二是阳光加热集热器不足；三是集热器加热铜管不足；四是冷水冷却热水。

2）因果分析

通过因果分析发现存在的问题主要包括以下几个方面：阳光与集热器夹角较小，阳光加热集热器过程缓慢，集热器加热铜管过程缓慢，铜管加热水箱水过程缓慢，这个末端问题是关键问题；水需要循环，冷水会冷却水箱中的水，也是有害作用之一；水箱外壳温度低，水箱外壳会冷却水箱里的水；铜管与水箱接触面积小。上述这些问题共同导致了太阳能热水器水箱水加热速度慢。因果分析图如图 12.5 所示。

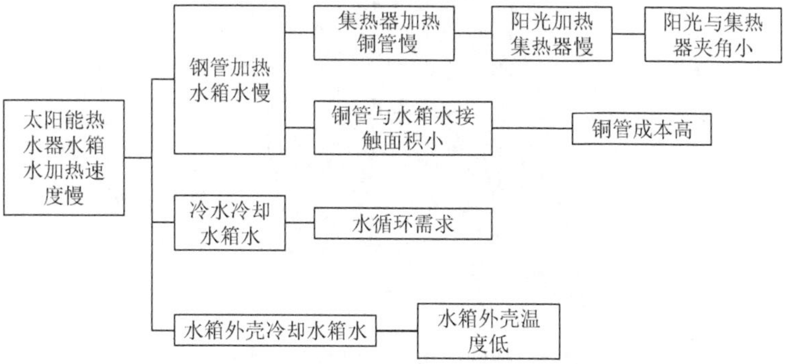

图 12.5　太阳能热水器因果分析图

3. 解决方案

1）运用最终理想解的分析方案

最终理想解法是在解决问题的初期，不考虑实际的各种限制因素，用最优的模型结构来替代实现预期目标的一种思维方式。这种方法能够有效地帮助人们克服思维惯性，并且确立正确的解题目标。一般包括五个步骤，结合本案例具体如下。

（1）设计的最终目的是什么？太阳能热水器水箱水加热速度快。

（2）理想解是什么？太阳能热水器系统内水箱内始终为热水。

（3）达到理想解的障碍是什么？阳光照射夹角小；水箱不能加热冷水；铜管面积小。

（4）出现这种障碍的结果是什么？由于集热器不能移动角度与阳光形成最佳角度；水箱在墙内因此外壳温度低；铜管成本高。

（5）不出现这种障碍的条件是什么？创造这些条件存在的可用资源是什么？集热器能移动角度；水箱外壳在墙外；铜管成本下降。可用资源是墙体。

因此依次回答上述五个问题，逐渐逼近最佳答案。依据理想解分析得到方案为：将水箱嵌入在墙体内，整个外墙体设置为可吸收阳光热能的材料。

2）运用矛盾解决理论的解决方案

通过采用矛盾解决过程来对该问题加以分析，包括技术矛盾解决过程与物理矛盾解决过程两部分。

（1）技术矛盾解决过程。矛盾描述：为了加快水箱水加热速度，需要水箱外壳温度为高，但这样做会导致装置的复杂性变差。

转换成 TRIZ 标准矛盾：通过分析可以发现其中改善的参数为 18“光照度”，恶化的参数为 36“装置的复杂性”。

查找矛盾矩阵，得到如下发明原理：No.6 多用性；No.32 改变颜色；No.13 反向作用。

因此依据 No.6 多用性原理：使一个物体能完成多项功能，可以减少原设计中完成这些功能多个物体的数量。可以得到解如下：将水箱与墙体一体化设计，墙体外墙壁即水箱外壳。这样阳光可以直射水箱外壳，使其温度升高，消除冷却水箱水的有害作用。依据多用性原理的太阳能示意图如图 12.6 所示。

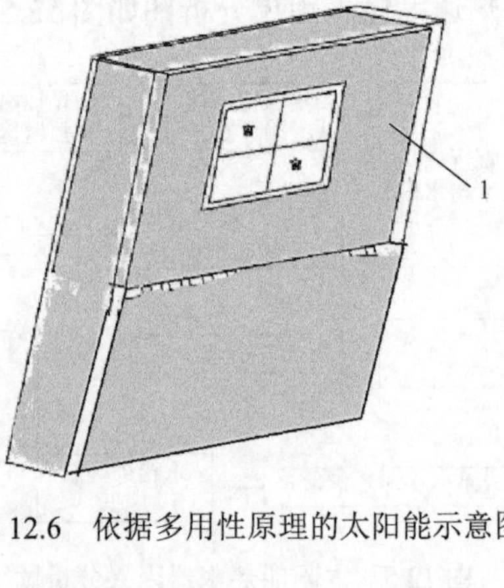

图 12.6　依据多用性原理的太阳能示意图

（2）物理矛盾解决过程。矛盾描述：为了加快水箱水加热速度，需要参数水箱外壳温度为高；但又为了不增加装置的复杂性，需要参数水箱外壳温度为低，即水箱外壳温度既要高又要低。

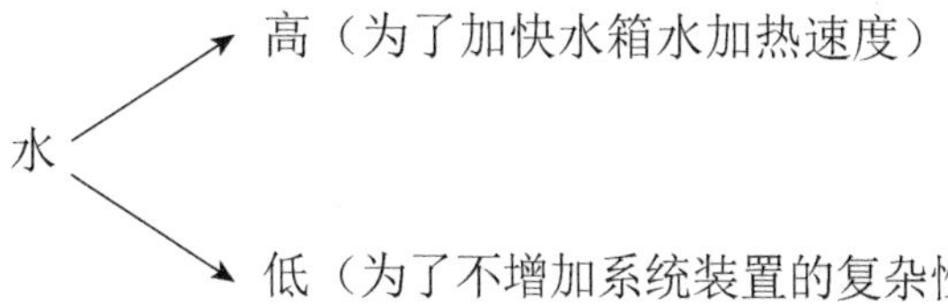

考虑到该参数水箱外壳温度在不同的条件下（空间上、时间段、不同条件下、系统层次上）具有不同的特性，因此该矛盾可以从条件（空间、时间、条件、整体与部分）上进行分离。

选用分离原理：空间分离、时间分离、基于条件（关系、方向）的分离、整体与部分分离（系统级别的分离）当中的条件原理，得到解决方案。

3）运用物质-场分析及 76 个标准解解决方案示例

首先建立关于该问题初步的物质-场模型，并对其进行完善，如图 12.7 所示。

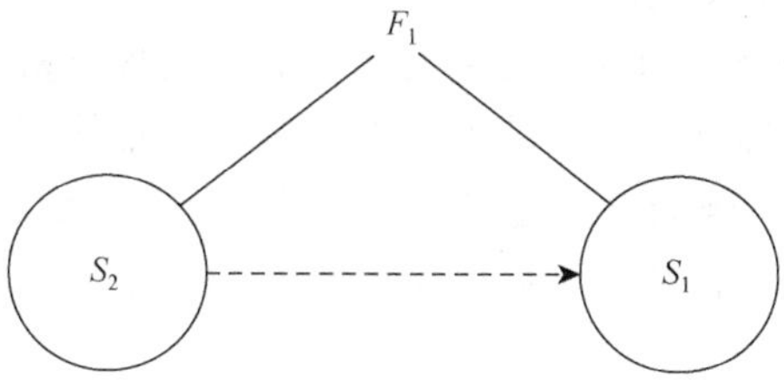

图 12.7　初步太阳能热水器物质-场模型示意图

根据所建问题得到标准解为串联物质-场模型。将一个模型的 S_2 通过场 F_1 作用于 S_3，S_3 再通过场 F_2 作用于 S_1，从而把两个独立可控的模型串联起来。依据选定的标准解，得到问题的解决方案。最终依据物质-场分析及 76 个标准解得到的解决方案为：依据串联物质-场模型。将固定在墙体上的反射镜 S_3 通过场 F_1 作用于 S_1，S_2 通过场 F_2 作用于 S_1。改进之后的物质-场模型如图 12.8 所示。

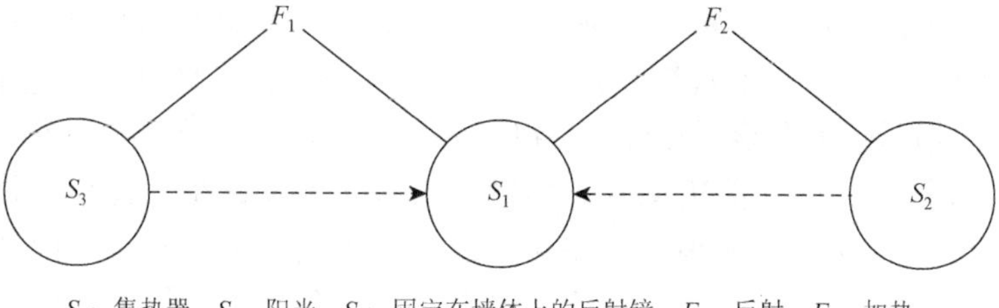

S_1：集热器，S_2：阳光，S_3：固定在墙体上的反射镜，F_1：反射，F_2：加热

图 12.8　改进后的太阳能热水器物质-场模型示意图

12.4　基于 TRIZ 理论的新型远程波光互补航标灯

1. 问题描述

1）背景描述

传统航标灯由于无法保证自身电能供给的问题，其应用范围受到了极大的限制。只能在距离海岸较近的海域，通过拉电线的方式为航标灯提供电能供给。无法实现为远海船舶导航和警告信号的作用。另外，航标灯无法实现自身系统检测，维修和检查费用高。

工作人员将传统的航标灯锚固在近海无法建筑灯塔的海域上，通过输电线将岸上的电能传输给海上作业的航标灯，通过光控开关，按照日照变化控制灯光的启灭，引导过往船舶安全航行。

2）当前技术系统存在的问题

当前传统航标灯存在的问题主要包括以下几个方面：传统航标灯由于供电电线的限制，只能应用在近海海域；需要在近海建设电网系统，成本高；大雾天气或者阴雨天气时，远海海域的船舶由于距离航标灯太远无法接收到信号，为了航行安全只能抛锚待航；航标灯在海上作业，检修费用和维修费用高昂；需要大容量蓄电池，成本高。当前主要解决方案为采用太阳能航标灯，但传统太阳能航标灯通常使用蓄电池和太阳能板作为信号能源，如果遇到连续的阴雨天气，蓄电池过度放电，会导致航标灯因无电而中断信号，影响船舶的航运安全，另外长期恶性循环也会导致因蓄电池损坏而缩短航标灯的整体使用寿命。

2. 问题分析

1）功能分析

首先建立系统组件模型：子系统元件包括蓄电池、灯体、控制电路、外壳、锚链、太阳能板；超系统元件包括海浪、阳光、航船。

其次对各个作用进行分析。

标准作用：阳光照射太阳能板，海浪支撑浮子，海底固定锚链。

有害作用：海浪对太阳能板产生有害作用，海浪会腐蚀太阳能板。

不足作用：太阳能板通过蓄电池进行能量转换，将光能转化为电能进行储存，但能量存储有所不足，导致蓄电池对灯体和控制电路供电不足，灯体产生的电量不足，光线不够，对船舶的指示作用有限。经分析后得到航标灯功能模型示意图如图 12.9 所示。

系统功能分析结论：功能模型分析描述了系统元件及其相互关系，并得出导致影响发电效率和远海作业的功能因素。在建立的功能模型图中选择目标问题如下：一是太阳能板储能不足；二是蓄电池对灯体供电不足；三是由于电能无法保证，远海工作的航标灯不能有效引导船舶安全航行；四是航标灯工作地点远离海岸，维修耗费大量人力物力。

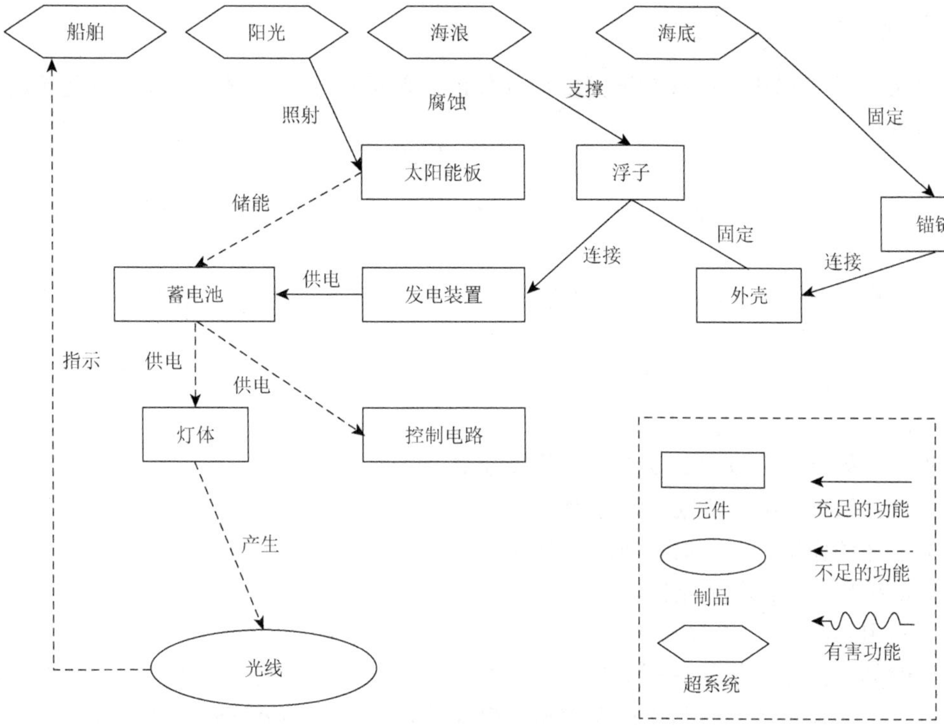

图 12.9　航标灯功能模型示意图

2）因果分析

当前存在的无法实现远海作业的原因：光照时间无法保证、发电方式单一、工作环境差及出海维修费用高。航标灯因果分析图如图 12.10 所示。

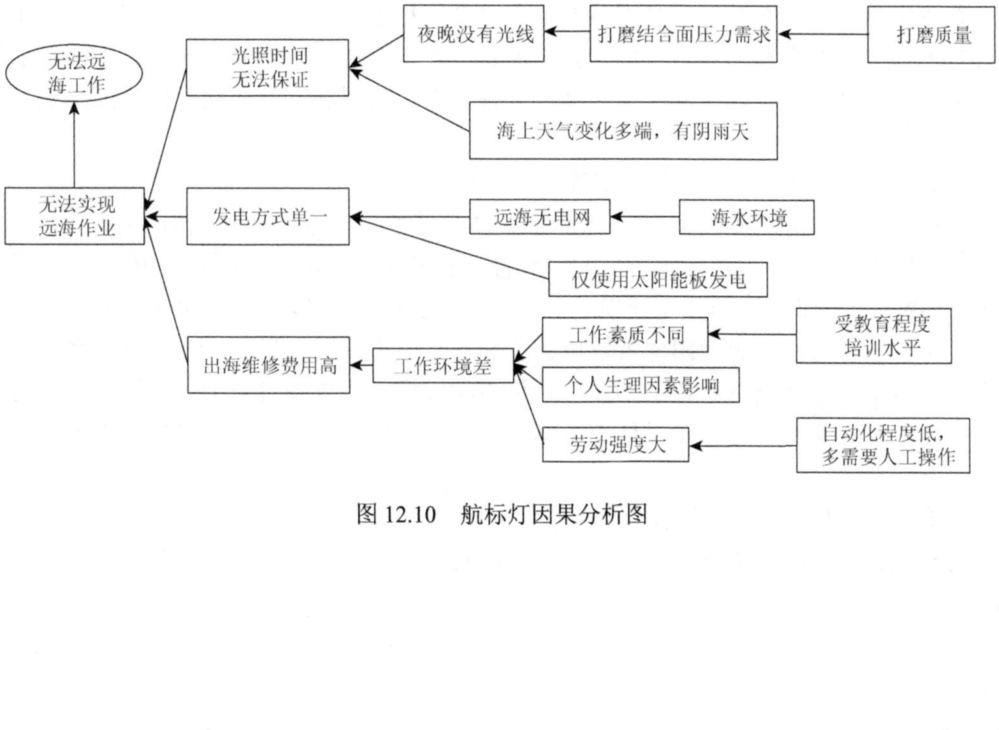

图 12.10　航标灯因果分析图

3. 解决方案

通过采用矛盾解决过程来对该问题加以分析，包括技术矛盾解决过程与物理矛盾解决过程两部分。

1）技术矛盾解决过程

（1）矛盾描述：为了提高系统的发电效率，需要增加系统的发电装置，但这样做会导致系统的复杂性增加。

（2）转换成 TRIZ 标准矛盾，改善的参数为 21“功率”；恶化的参数为 36“装置的复杂性”。

（3）查找矛盾矩阵，得到如下发明原理：No.19 周期性动作；No.20 有效作用的连续性；No.30 柔性壳体或薄膜；No.34 废弃与再生。

依据所查的原理可以得到以下几个解决方案。

方案一：依据 No.19 周期性动作原理。

（1）从连续作用过渡到周期作用（脉冲）。

（2）如果作用已经是周期的，则改变周期性。

（3）利用脉冲的间歇完成其他作用。

得到解如下：在传统航标灯上方安装风力发电装置，充分利用海上丰富的风能，带动风车旋转，将风车的主轴与电磁发电机主轴相连，当风带动风车做周期性旋转时，带动电磁发电机旋转发电，与太阳能发电板共同提高航标灯整体的发电效率。

方案二：依据 No.19 周期性动作原理。

得到解如下：在传统航标灯灯体周围增加压电板装置，当波浪做周期性运动的同时就可以通过推动压电板装置往复发电，实现多能互补发电，最终实现提高航标灯整体发电效率的目的。

方案三：依据 No.20 有效作用的连续性原理。

得到解如下：在系统上同时安装海水温差能发电装置、太阳能板发电装置。其中太阳能板安装在航标灯系统较靠上的位置，海水温差能发电装置安装在系统与海水接触的较低的位置，这样就形成空间上的连续性，使得系统可以在同一时间不同空间上实现同时发电。

方案四：依据 No.20 有效作用的连续性原理。

在系统上同时安装海水温差能发电装置、太阳能发电装置。其中，太阳能板安装在航标灯系统较靠上的位置，海水温差能发电装置安装在系统与海水接触较低的位置，形成时间上的连续性，使得系统可以全天候发电，最终使系统的发电效率在时间上达到连续。

也可在航标灯上安装太阳能板发电装置和浮体发电装置，当白天有光时，系统同时利用太阳能板发电和通过浮体上下运动利用波浪发电；当夜晚时，天气变暗，没有可以利用的太阳光，系统利用带动浮体上下运动的波浪能发电，最终使系统的发电效率在时间上达到连续。

方案五：依据 No.30 柔性壳体或薄膜原理。

得到解如下：将系统设计成圆柱状，并将发电装置安装在圆柱状的壳体上。

方案六：依据 No.34 废弃与再生原理。

得到解如下：废弃太阳能板发电装置，只利用浮体发电装置，这样使系统始终利用海上丰富的波浪能进行发电。在降低系统复杂性的同时，又可以保证系统的发电效率。

2）物理矛盾解决过程

（1）矛盾描述：为了提高系统的发电量，需要参数发电时间为长，但为了系统适用性，又需要参数发电时间为短，即参数发电时间既要长又要短。

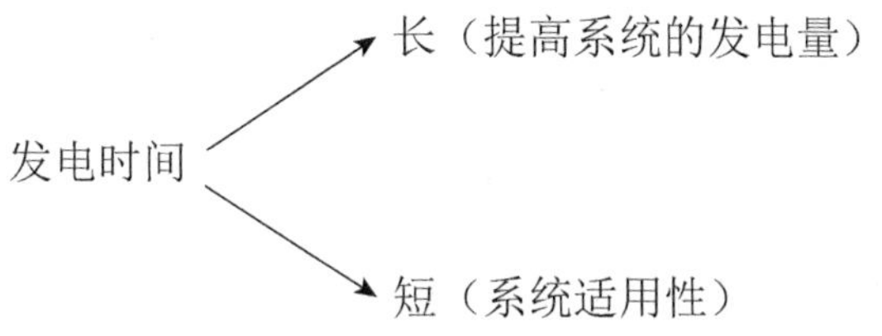

（2）考虑到该参数发电时间在不同的时间（空间、不同条件、系统层次）上具有不同的特性，因此该矛盾可以从时间（空间、条件、整体与部分）上进行分离。

（3）选用四条分离原理（基于空间分离、基于时间分离、基于条件的分离、整体与部分分离）当中的基于时间分离原理，得到解决方案。

12.5　基于实测数据的在线负荷智能建模研究与应用

1. 问题描述

举例：目前广东电网仿真计算采用的是 ZIP 静态负荷模型，对电力系统的负荷特性的描述能力缺乏论证，不能保证各种形式的电力系统运行。随着广东电网建设的快速发展，对电网仿真的精确性要求越来越高，建立起节能高效型电网，保证电网经济安全运行是公司的长远目标。负荷建模工作因负荷的时变性、随机性、复杂性、不连续性、分布性和多样性等问题，仍存在较多可完善之处，成为制约电网安全稳定分析水平进一步提高的瓶颈。

1）背景描述

在负荷建模的发展过程中主要出现过两种建模方法：一种是基于元件的统计综合建模方法；另一种是基于量测的总体测辨建模法，如图 12.11 所示。综合负荷模型在实施和应用过程中难度非常大。从负荷的种类和运行状态来看，其种类繁多且运行状态复杂多变，因此要想获取各种负荷在各种运行状态下的特性是极其具有挑战性的。其次，各种负荷在某一时刻的运行状态很难统计。故此，目前还未有单独采用基于元件的建模方法进行建模的成功实例。总体测辨法关注的重点主要集中在模型结构的确定和参数辨识方法的选择上。在总体测辨法的研究方面，对于负荷模型结构，主要采用机理式模型，即三阶感应电动机并联静特性模型或者统一模拟配电网络、无功补偿和感应电动机的模型，非机理式模型中的差分方程模型、人工神经网络模型也得到了应用。

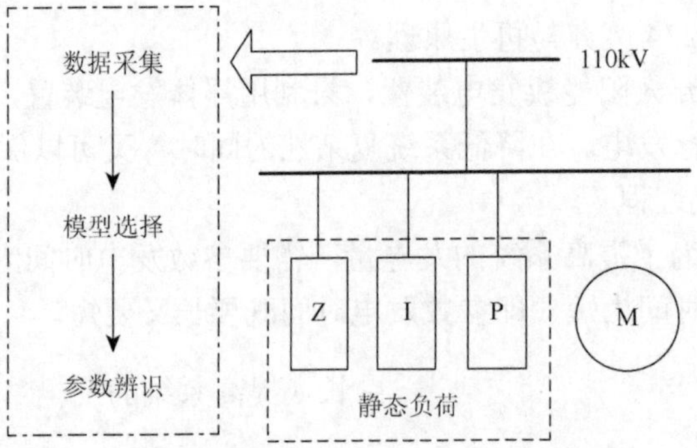

图 12.11　总体测辨法的基本建模过程示意图

从时间上纵向考虑，负荷与其他电力系统元件相比，最大的不同之处就在于其时变性。发电机、变压器等系统元件的参数随时间基本上固定不变，负荷是时时刻刻变化的，它受人们生产生活规律以及社会发展等各方面因素的影响。从空间上横向考虑，电力负荷具有地域分布广泛的特点，通常来说一个省级行政区域其电网往往具有数十上百个 220kV 变电站，这些变电站的负荷构成存在差异，其综合特性也因此存在不同。

2）当前技术系统存在的问题

对于负荷的模型特征的构建，应针对时间顺序对不同负荷点的不同时刻构建不同模型，在模型参数设置上应具有分散性的基本特点。但是精确的负荷建模与工程应用要求二者之间存在一定的矛盾，即从工程实用的角度，同一电网所采用的综合负荷模型应尽可能地精简，以避免使用时出现模型匹配困难的问题。在一个大的仿真系统当中，负荷节点往往有成百上千个，而实测负荷建模在理论上只是对装置点的负荷进行建模，未安装装置点因其没有实测数据而无法获得其实测模型。但是在实际电网当中不可能对每个负荷点都安装装置来进行建模，未安装装置点负荷模型的建立仍然是一个没有很好解决的问题。

2. 问题分析

在当前的广义负荷建模中，主要针对负荷侧含有中小容量电源的负荷建模问题提出相关解决方法。华北电力大学王吉利、贺仁睦等首先以广义负荷模型包含的中小容量同步发电机的等值为切入点，将此类同步发电机看作负的负荷。首次提出了一种模型结构简单且参数易辨识的等值模型。论文中进一步利用实测数据，对等值模型验证其等效性是否成立。广义负荷最重要的特点是在负荷侧包含了发电设备。在上述研究基础上，研究了含有同步发电机的广义负荷建模问题，提出了异步发电机并联静特性的广义负荷模型结构，研究了模型的参数和模型在实际中的使用问题。进而将传统的感应电动机综合负荷模型和提出的异步发电机并联静特性模型进行了统一，称为异步发电机并联静特性广义负荷模型。同时，研究了广义负荷中的风电这一重要的电源形式对负荷建模的影响，建立了含有风电场的广义负荷模型。

对静态指数模型及含有感应电动机的动态模型做暂态稳定分析环节中，其假设前提都是系统发生扰动过程中负荷自身组成不发生变化，即认为扰动过程中不会发生部分负荷被切除的现象。在负荷建模过程中也有这样的假设，即认为其功率在扰动数据的故障切除电压恢复后仍恢复到扰动前的水平，即扰动环节不会对实际负荷产生主动或被动地从电网中退出运行的影响，该假设成立的条件是扰动量不大，在扰动量较大的情况下，则认为原假设不成立。该假设的基础是所有负荷都有低压运行的限值，当电压低于限值时负荷会因为不能正常工作或出于保护设备的原因而被切掉；同时为避免系统崩溃，在低压发生时从系统层面考虑往往采取切除部分负荷的做法。对于此类负荷扰动数据是不能用来建立负荷模型的。用在此情况下建立的负荷特性的模型来研究大扰动低电压下系统的暂态过程，往往会存在一定程度的误差，因此构建能够应用于暂态稳定分析的体现低电压下变负荷特性的负荷模型，就成了当务之急。

负荷参数辨识，本质上是一个非线性优化问题。常用的优化搜索方法有最小二乘法、卡尔曼滤波法、爬山类方法、随机类方法等。其中最小二乘法、卡尔曼滤波法适用于线性系统，对于高阶非线性系统如电力系统则可能出现拟合结果不准确和收敛等问题。爬山类方法则存在只能收敛到起始点附近的局部最优点的问题，其存在的多峰值问题使其难以精确定位到全局最优点，且在峡谷会出现振荡，同时要求存在一阶导数甚至二阶导数才能用于计算，故该方法在电力系统参数辨识的实际使用过程中并没有太多的使用场景。前面三种方法对初始值和向量空间都有严格要求，智能算法对初始值和向量空间有较强的适应性，只要求所求解的问题可计算，而无可微性、连续性等要求。目前，在负荷参数辨识中较为有效的办法包括遗传算法、神经网络、Prony 算法、粒子群算法等智能算法。

建立可以适应大电网暂态功角稳定和暂态电压稳定的精细实用负荷模型，使得仿真结果实时、最大限度地逼近系统实际振荡曲线，为各种系统稳定分析奠定可靠的元件模型数据基础，正确指导电网稳定分析控制和电网规划建设。

3. 解决方案

利用广东电网电能质量监测管理系统（PQMS）后台数据库提供的大量数据，单周波采样点数可达到 1024 点，单次扰动事件波形录波时间持续 30 周波，解决了数据采样率过低的问题。广东电网电能质量监测管理系统覆盖省内 220kV 及以上电压等级变电站，包括重要线路、用户及部分 110kV 电压等级母线和线路，该系统采集数据广度大、采样精度高、数据可靠，实现在线、实时数据采集。项目根据系统运行实际情况提出了基于非对称扰动数据的在线负荷建模方法，通过空间矢量的变换，使得电能质量监测装置采集的非对称扰动数据均可用于负荷建模，有效地扩大了负荷扰动的可用样本空间，便于负荷模型的建模与校验，确保所得到的负荷模型能够较好地模拟实际系统的动态响应。项目为负荷模型参数的在线应用提供了一定的理论基础。目前这一项目成果已应用于电网稳定分析控制和电网规划建设中。

12.6　低成本风电机组早期故障诊断及预测技术

1. 问题描述

风能作为一种无污染的可再生资源，是当今世界各国重点发展的能源领域之一。当前我国在风力发电装备的研发和实际应用方面投入了大量的人力物力，取得了较大的成效，已形成一种新兴产业。风电机组的安装环境较为恶劣，往往在野外几十米高空，其遭受的变风载、大温差等恶劣、变化的工况，使其使用寿命大为缩短，其中风电机组主轴、齿轮箱等传动部件在交变载荷的作用下更容易受到损伤，从而造成机组停机等潜在危险。与风电机组其他系统相比较，传动系统故障导致机组停机时间最长，会对整体发电量造成严重影响，带来经济损失。且风电机组传动系统的安装维护工作极为困难，在后期的养护成本方面费用较高，使风力发电的经济效益大打折扣。根据调研结果可知，一台 1.5MW 的大型风电机组，塔架高 70m 左右，齿轮箱质量 15 吨左右，如果齿轮箱发生故障，仅拆装费用就高达 70 万元，考虑运输和维修费用，则其总成本高达 100 万元。该数额可到达风电机组生产总成本的 10%以上，且会导致风电机组停机数月之久，给风力发电场的生产造成巨大损失。图 12.12 为大型风电机组示意图。

图 12.12　大型风电机组示意图

海上风电机组由于拆装更困难，其维护成本比陆地风力发电机组至少额外增加一倍。通用电气能源的调查报告显示，对于风力发电机来说，更换一个 5000 美元的主轴轴承，费用可以达到 25000 美元，其中包括起重机、服务人员费用、齿轮箱更换、发电机重新绕组等支出，除此之外还存在供货期长造成的设备停转而带来的经济损失。解决现役风电机组因传动系统故障而给经济效益带来影响的关键点，是实现对风电机组传动系统故障的早期预示功能。对于风电机组传动系统故障萌芽状态能及时准确地予以辨识和预示，并据此指导保养和维修工作，则可以及时采取措施以避免造成严重损失，从而提高风电机组运行的可靠性和安全性，使其使用寿命得到延长。图 12.13 为海上风电机组示意图。

图 12.13　海上风电机组示意图

2. 问题分析

风电机组传动系统早期故障具有以下特点。①故障特征微弱。早期故障的特征信号十分微弱且经常淹没在强噪声环境中，而且受到信号传播途径、传播介质、传感器安装位置和数量的限制以及传感器正常损耗等因素的影响，风电机组运行状态的特征信息进一步弱化，故障特征信息难以提取。②特征信息时变性强。风电机组传动系统与一般旋转机械的不同在于它转速不稳定、运行工况变化大，其运行状态和故障特征具有强烈的非线性特点。③特征信息耦合。风电机组传动系统结构复杂，部件数量多、交互频繁，各部件（轴承、齿轮、轮毂等）运行状态信息相互耦合，所监测的状态信息时频域混叠，导致不同类型的早期故障特征耦合，难以识别和区分。④特征表现不确定。由于风电机组传动系统个体之间的状态发展差异和早期故障特征的模糊性，难以建立统一的辨识标准。风电机组传动系统早期故障的这些特点，导致以往典型故障诊断方法不适用于风电机组传动系统早期故障预示，因此风电机组传动系统早期故障预示比常规的设备故障诊断要求更高、难度更大。

同时，与传统的发电设备相比，风电机组的单机容量很小，导致传统的在线监测诊断系统的单位造价在风电机组上的成本远远高于传统的发电设备，难以在风电场进行大规模推广。然而目前大多数风电场只装有大型风电机组的就地控制器 SCADA 系统，具有运行数据采集、阈值报警和通信功能，但就地控制器采集的信息量十分有限，一般只能采集功率、转速、电流、风速、温度等参数，不能对传动系统进行早期故障预示。

最终目标是尽可能减少在风电机组上额外安装的传感器的数量，最大限度地利用现有风电控制系统中的大量监测和过程信息，通过建立温度、压力、扭矩、风速、电流、电功率等多个参数的动态响应与多种故障之间的对应关系曲线，以及参数和参数变化率的量值曲线来诊断故障，以达到降低故障诊断系统的硬件成本、提高故障诊断率的目的。

3. 解决方案

利用 TRIZ 发明问题解决理论 40 个发明原理中的 No.27 廉价替代品原理，以及技术正向参数中的结构稳定性和易维修性，问题得到解决。

解决思路是：减少传感器的安装数量；多利用风力机自带的 SCADA 系统的数据对风电机组的早期故障实现准确诊断；在传动链上安装必要的加速度传感器以监测传动链的异常振动；监测风力发电机的电流、电压和电功率的原始波形信号；采集风电机组 SCADA 系统的运行数据；建立温度、压力、扭矩、振动、风速、电流、电功率等多个参数的动态响应与多种故障之间的对应关系曲线，以及参数和参数变化率的阈值曲线来诊断故障，以实现低成本的风电机组早期故障诊断。

12.7　电风扇的创新发展和演进过程

1. 问题描述

电风扇简称电扇，也称为风扇、扇风机，是一种利用电动机驱动扇叶旋转，来达到使空气加速流通的家用电器，主要用于清凉解暑和流通空气。广泛用于家庭、教室、办公室、商店、医院和宾馆等场所，在日常生活中已经是不可或缺的小家电。机械风扇起源于 1830 年，美国人拜伦从钟表的结构中受到启发，发明了可以固定在天花板上采用发条驱动的机械风扇。早期风扇通过转动扇叶带来凉风使使用者感觉到凉爽，但是需要借助梯子给风扇上发条提供动力，较为不便。1872 年，法国人约瑟夫研制出用齿轮链条装置传动，采用发条涡轮启动的机械风扇，该风扇相比拜伦发明的机械风扇更为精致且大大降低了操作难度。1880 年，美国人舒乐首次将叶片直接装在电动机上，通过电机的旋转动力带动叶片飞速转动，使消费者在风扇的正前方能够感受到凉风吹来，这就是世界上第一台电风扇的原型。风扇主要由扇头、叶片、网罩和控制装置等部件组成。图 12.14 为家用落地式电风扇结构图。

传统的电风扇主要的问题是高速旋转的叶片可能对人造成伤害，为解决这个问题，目前电风扇增加了前后栏栅罩盖，但手指还是有可能不小心伸入前后栏栅罩盖内并被高速叶片伤害，因此针对此问题对电风扇的优化和两次的演进过程做分析，探究其背后的发明创造逻辑。

2. 问题分析

高速旋转的扇叶产生风使人感到凉爽，但是高速旋转的叶片存在伤到手的可能性。为避免该问题添加了前后栏栅罩盖，在此系统中前后栏栅罩盖为加工制造了麻烦，而且给包装、运输、存储等方面带来了麻烦，因此需要想办法将“前后栏栅罩盖”去掉。

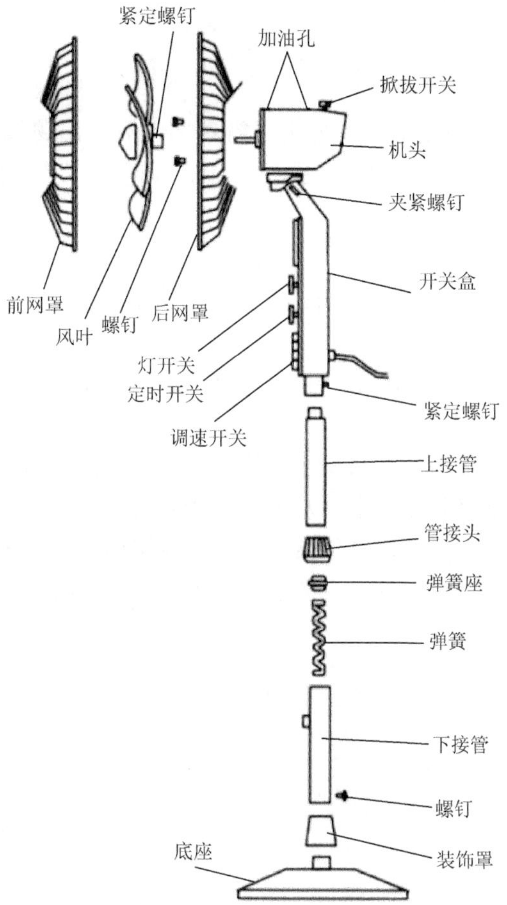

图 12.14　家用落地式电风扇结构图

带前后栏栅罩盖的电风扇功能模型图如图 12.15 所示，经合并剔除后分析可得，传统落地式带前后栏栅罩盖的电风扇功能模型图主要包括底座、风扇支撑杆、电机、扇叶、前后栏栅罩盖等。

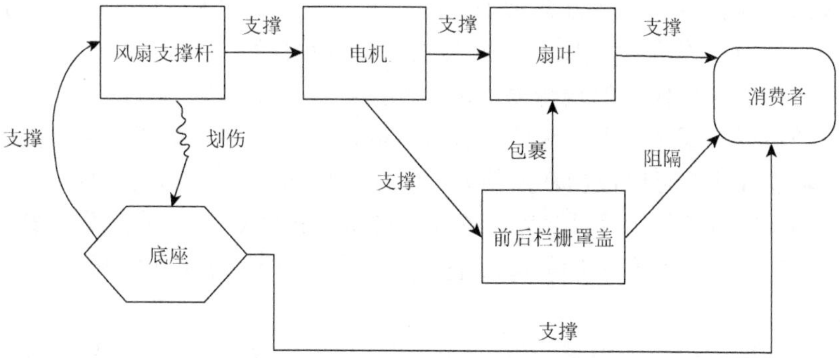

图 12.15　带前后栏栅罩盖的电风扇功能模型图

3. 解决方案

1）初始技术方案

针对关键性矛盾所做的改变，经分析可得各部件对该问题最关键的作用是前后栏栅罩盖对切割作用的阻止，如图 12.16 所示。

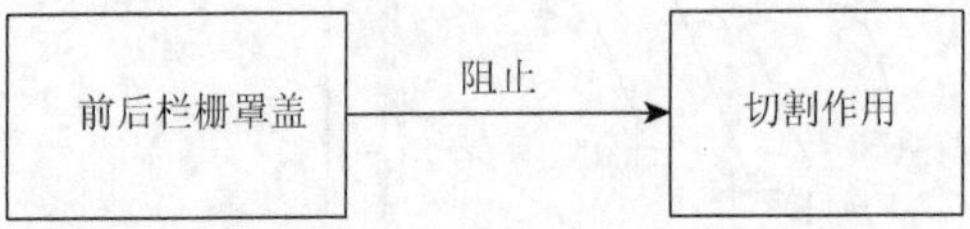

图 12.16　针对问题的关键部件作用

直接去掉前后栏栅罩盖后，要想减小风扇扇叶对使用者手部的切割作用，需考虑用什么样的剩余组件来执行前后栏栅罩盖的功能。联想到将前后栏栅罩盖的阻止切割的作用与扇叶本身所具有的旋转产生风的功能结合，因此对风扇扇叶材质进行改变，使风扇扇叶具有旋转产生风同时避免或减少对使用者的切割作用。软扇叶风扇示意图如图 12.17 所示。

图 12.17　软扇叶风扇示意图

2）运用裁剪规则进一步优化的方案

进一步思考和分析，以上方案所提软扇叶电风扇虽极大地降低了割伤手的可能性，但仍存在伤到使用者的情形，因此可对其进行进一步思考。

对使用者产生割伤作用的根源为：风扇的扇叶。运用裁剪的方法加以分析，剪裁风扇的叶片，前后栏栅罩盖也可以因此剪裁（依据裁剪规则 A：如果有用功能的对象被去掉了，那么功能载体是可以被剪裁掉的）。同时，如果剪裁了风扇的叶片，叶片“产生气流”的功能需要由剩下的组件或新增一个组件完成（规则 C）。戴森风扇在普通有叶电风扇的基础上，剪裁了叶片和前后栏栅罩盖，将叶片“产生气流”的功能由戴森风扇的出风环来完成。

戴森风扇运用了空气动力学知识，利用涡轮增压原理，空气从底座进入，形似机翼的外环高速转动，由于离心作用，基座内的空气从环中一条裂缝中高速喷出，同时带动环内空气流动。

12.8　室内智能均衡加湿器研发

1. 问题描述

1）背景描述

干燥的室内空气让人皮肤紧绷、喉咙痒痛，造成空气中悬浮尘埃增多，加大病毒微粒入侵人体概率，甚至导致各类传染性疾病传播，湿度差容易诱使支气管哮喘、过敏性鼻炎等对空气湿度、灰尘变化较为敏感的疾病复发。关注室内空气湿度显得尤为重要，然而传统空气加湿器固定放置在某个房间，如卧室、书房，只能提高室内局部空间湿度，使各房间湿度产生差别。

2）当前技术系统存在的问题

空气加湿器的主要作用是增加室内湿度，但湿度不是越高越好，较高的湿度容易滋生霉菌等微生物。需要设计一种新的空气加湿器，具备自主移动功能，能够检测室内各区域湿度情况，可以自主移动实现室内均衡加湿，且有效地集合多种功能，能够在加湿过程中清扫灰尘。

2. 问题分析

利用技术矛盾对技术系统存在的问题进行分析。提高系统的多用性，会使装置的可制造性变低。转化为 TRIZ 的通用工程参数是 35“适应性及多用性”和 32“可制造性”之间的矛盾。在矛盾矩阵中查到上述矛盾的发明原理为 No.13 反向作用原理、No.22 变害为利原理、No.31 多孔材料原理。

通过对比，选择 No.1 分割原理、No.13 反向作用原理和 No.31 多孔材料原理相结合作为解决办法，此处提出的移动式多功能空气加湿器需具备室内各区域均衡加湿的功能和一定的灰尘清扫功能，这两种功能的集成势必会对系统的可制造性提出更高的要求，因此考虑根据 No.1 分割原理，将一个物体分成相互独立的几个部分，提高系统的可分性，将移动式多功能空气加湿器分割为空气加湿模块和清扫模块两个模块，空气加湿模块搭载有纯净型空气加湿器，采用分子筛蒸发技术，可以有效地消除水中的钙镁离子，工作过程中产生的水幕可以净化空气，过滤空气中的病菌、粉尘等颗粒物，最终通过风动装置，将净化后的空气传送到室内，从而提高空气的湿度，达到净化空气的目的。

清扫模块由边扫、清扫辊、主动轮、万向轮、吸尘器、集尘盒、电池、碰撞检测模块组成，工作时由边扫将灰尘扫起，由置于边扫后面的吸尘器将灰尘吸入集尘盒。清扫模块与加温模块间通过连接柱活动连接。

3. 解决方案

使用 No.1 分割原理、No.13 反向作用原理、No.31 多孔材料原理，由可以自由组合的加湿模块和清扫模块组成，加湿模块搭载纯净型空气加湿器，使用安全，噪声小，清扫模块安装有边扫、清扫辊和吸尘器，边扫可以清扫角落里的灰尘，由边扫和清扫辊扫起的灰尘可由吸尘器吸入集尘盒。

12.9 本 章 习 题

论述题

（1）野外烧烤受人欢迎，尤其是炭火烤肉，香气四溢，让人胃口大开，为聚会活动增加热闹和喜庆的气氛。常见的烧烤设备是烧烤炉，是一个箱体，箱内盛装炭火，上沿放置一个金属网架，用燃烧的炭火来加热金属网架上的生肉直至烤熟，但是炭火烤肉过程中，没有及时翻动的肉容易烤煳，滴落下来的油在炭火中燃烧，产生呛人的油烟，另外，炭火导致金属架温度极高，使得烤肉与金属架接触的位置容易烤煳。请设计一种好的技术方案解决这个问题。

（2）我们常常遇到这样的麻烦，拆信时不小心损坏了里面的文件或资料，或者为了保护信内的文件或资料需要使用辅助工具，如剪刀等，既麻烦又费时。对于这一问题，是否有方便快捷同时又安全可靠的拆信方式？

第 13 章　人工智能在发明创造领域的应用

人工智能作为当前计算机领域的热门技术，已经在各领域间展开大量的应用和研究。随着人工智能技术的发展，计算机系统可以使用数学和逻辑语言来模拟人类在发明创造过程中从 TRIZ 理论中学习和做出创新决策的推理能力，进而可以极大限度地缩短知识的学习时间和使用成本，提高发明创造的创新效率。本章将介绍人工智能、知识图谱和专家系统的相关概念，介绍人工智能相关技术在发明创造过程中的实施和一种基于人工智能开发的智能 TRIZ 系统，并在此基础上展示该智能 TRIZ 系统的应用实例。

13.1　人工智能相关技术

13.1.1　人工智能概述

人工智能（artificial intelligence，AI）是一种机器智能，是用来描述模仿人类思维和人类相关“认知”功能的机器，如“学习”和“解决问题”。目前，在人工智能方面的研究主要聚焦于五种智能：学习、推理、解决问题、感知、语言理解。人工智能可以分为狭义的人工智能（artificial narrow intelligence，ANI）、广义的人工智能（artificial general intelligence，AGI）以及超级人工智能（artificial super intelligence，ASI）。

狭义的人工智能（ANI）属于第一个阶段，即机器学习的阶段，旨在专门研究某个领域并解决特定问题。狭义的人工智能是一组依靠算法和编程响应来模拟智能的技术，通常侧重于特定的任务。如使用语音识别系统来打开电灯是一种狭义的人工智能。语音识别系统可能听起来会非常智能，但它对语言没有任何高级理解，也无法确定用户所说的话背后的含义。也就是说，语音识别系统在幕后并没有真正的“思考”。这种程序只需监听用户讲话中的关键声音，当它检测到这些声音时，就会按照编程执行某些操作。游戏中的非玩家角色（non-player character，NPC）是狭义的人工智能的另一个好例子。虽然它们采取了类似人类的行动，但实际上它们只是在遵循一系列预先编程的动作，这些动作旨在模仿人类如何玩游戏。

相比之下，广义的人工智能则试图进行独立思考。广义的人工智能（AGI）属于第二个阶段，即机器智能的阶段。该阶段研究的目标是将人工智能的能力训练到与人类脑力相匹配甚至是超越人类的程度。其旨在学习和适应，以便在明天做出比今天更好的决定。但这类科技水平要求非常高，所以目前大多数人工智能示例都仍属于狭义形式，即人工智能的第一个阶段。广义的人工智能是一个新的、复杂的、多样的类别，有许多分支，其中大部分仍然是实验室中的研究课题。现代人工智能系统专注于解决特定任务，如优化、推荐或预测系统，不像人类那样一般地学习广泛的概念。

超级人工智能（ASI）则是人工智能发展的第三个阶段，即机器觉醒的阶段，这个阶段的机器可以达到在任何一个领域都超越人类最高智慧的智能觉醒能力。这个能力的差别并不在于速度的快慢而在于智能质量的高低。

值得一提的是，前述的语音识别系统并无自主学习和独立思考的能力，仅是通过if-then-else语句编码的规则运行，属于最简单的人工智能形式；机器学习作为狭义的人工智能的一种特殊类型，则可以做更多，其目标是让计算设备访问某些数据存储，并允许其从中学习，但其仍远未达到广义的人工智能水平。

机器学习是人工智能的一种特定技术，由有监督机器学习、无监督机器学习、强化学习和深入学习四种组成。有监督的机器学习方式将依靠带有标签的数据集，从理解数据如何分类开始；无监督的模型使用无标签的数据集在没有明确说明或预先存在的分类的情况下，从数据中找出特征和模式；强化学习采用了一种更加迭代的方法，该系统不是使用单个数据集进行训练，而是通过反复试验和从数据分析中接收反馈来学习。因具有更快更大的计算能力，机器学习也用于知识图谱中，专家系统则因为其高度结构化的流程，需要较多的人为介入（如专家、知识工程师等）而与机器学习所采用的方式有所不同。

人工智能应用包括高级网络搜索引擎（如谷歌）、推荐系统（YouTube、亚马逊和Netflix使用）、理解人类语言（如Siri和Alexa）、自动驾驶汽车（如特斯拉）、自动决策等。随着机器的能力越来越强，会出现人工智能效应。即早期的人工智能技术已不再被认为是一种智能现象，如过去热门的OCR（optical character recognition，光学字符识别）技术已不属于人工智能范畴，成为常规技术。

根据不同的特定目标和工具，人工智能的各个研究子领域包括但不限于知识工程、机器视觉、文本挖掘、语音识别、智能控制决策等，这些研究的子领域将与现实世界的实际需求相连接，解决如医疗、金融、交通、知识产权等各行各业的问题。知识图谱、专家系统是知识工程的应用体现，是人工智能领域的一个分支，也是重要的研究领域。

本章将主要针对人工智能领域中的知识图谱和专家系统两个分支以及其在发明创造领域的运用进行详细介绍。

13.1.2 人工智能应用分支——知识图谱

如今，随着计算机技术的不断深入和优化，知识图谱（knowledge graph）已经成为人工智能的重要技术支撑。知识图谱通过知识表示和知识推理的过程，形成图结构数据模型或拓扑结构的数据知识库，并以此结构化的形式来描述客观世界中实体概念、实体属性、实体与实体间的关系等。知识图谱通常用于存储实体（对象、事件、情况或抽象概念）的相关描述，并对所用术语的语义进行编码，将抽象的、大量的、无规则的信息表达成人类便于理解、一目了然的形式。

知识图谱是语义网络的一种形式，是指由数据组成的网络。它是一个以信息为节点、以关系为边的有向图。其核心思想是直观地表示结构化信息和信息之间的逻辑关系，从而实现知识之间的联系。谷歌高级副总裁Singh曾说过：“世界不是由字符串组成的，而是由物理关系组成的。”因此，知识图谱是一种以关系的形式连接现实世界中不同类型实体的技术方法。它以现实世界中的实体为节点，以实体关系为连接边来表示知识之间的逻辑关系。与此同时，它可以直观地表示抽象知识，并获得每个知识点的全面结构化信息。

通过知识图谱技术，结合人工智能推理等机制，可以提供如智能问答、专家系统在内的更智能化的前端服务。因此，可以说，知识图谱是专家系统形成的一个必要手段，专家系统如果是一个集成式应用，那么知识图谱就是应用构建和开发过程中必需的理论基础和技术支撑。应用知识图谱，可以将智能 TRIZ 中涉及案例库和知识库的实体、关系和属性进行抽取，获取知识表示方式，从而将杂乱无章的发明创造案例、原理有机串联，便于输入发明创造问题时快速锁定相应的有关案例和创新解决方法。

13.1.3　人工智能应用分支——专家系统

专家系统（expert system）是一种模拟人类专家决策能力的计算机系统，利用知识体系推理来解决特定领域复杂问题的集成式应用。其功能包括提供建议、演示、解决问题、诊断、解释输入、预测结果、证明结论的合理性以及建议解决问题的备选方案。由于专家系统无法替代人类决策者，因此其输出并非总是准确的，并且不适用于不充分的知识库。专家系统通常由人机交互界面、知识库、推理引擎、解释器、数据库和知识获取等六个部分构成，特别是知识库与推理引擎相互独立又相互作用独具特色，如图 13.1 所示。其中知识库、推理引擎和人机交互界面是三个核心组成部分。

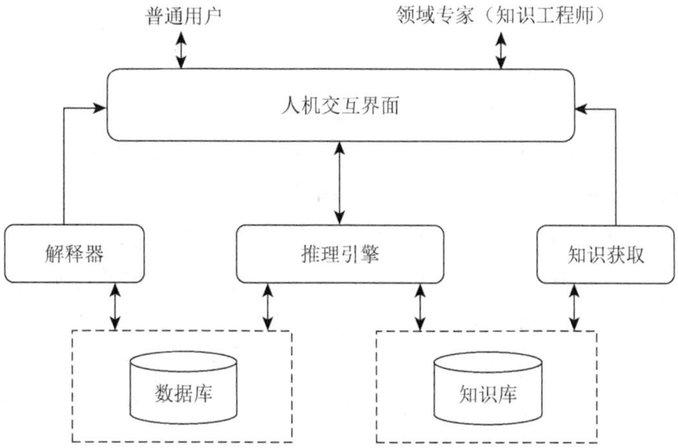

图 13.1　专家系统基本结构图

（1）知识库。知识库是用来存储专家知识的数据库。专家知识是利用人工智能方法将现实专家的思考过程虚拟化，通过专家知识来模拟其解决问题、执行任务和做出决策的思维方式，以便通过专家系统自动回答用户问题和需求。知识库既包含事实信息、经典案例，也包含经验法则，使专家能够更快地解决问题和回答问题。因此，知识库中存储的知识类别、知识质量和知识数量的完整性、准确性决定着专家系统的成功水平。知识库是专家系统后端数据库的一种表现形式，它与专家系统的前端界面和系统程序之间是相互独立的，知识库中的知识内容通过经常更新、迭代和不断学习能够提高专家系统整体的性能和效率。

（2）推理引擎。推理引擎是专家系统中获取解决方案的重要步骤。它针对用户提出的当前问题的条件、需求和已知信息，基于知识库中的相关知识和规则，采用人工智能推理以获取与问题匹配、与知识库相似的新方案，已得到问题求解的结果。例如，用于模拟诊断过程的专家系统中包含了确定患者症状的一系列 if-then 语句，通过这些语句知识可以确定该患者最有可能的诊断。推理引擎则是在用户提出患病症状后，根据知识库中的相似案例、规则等，做出最精准、最符合问题答案的诊断结果。

（3）人机交互界面。人机交互界面是为用户提供一个专家系统前端界面与专家系统后端知识库、数据库等之间的交互。用户在该界面输入相关问题的基本信息和描述，通过后端学习输出相应的推理结果和解释返回给前端界面。它通常是基于自然语言处理的，以便精通任务领域的用户使用。专家系统的用户不一定需要是人工智能方面的专家。

（4）其他部分。数据库比知识库的范围更广，包含了专家系统中涉及的各类其他数据，如用户的基本数据、系统产生的日志数据以及知识推理过程中的原始数据、中间数据等。解释器是一种根据前端用户描述和提问信息，对结论、求解过程作出说明的中间件。知识获取则是补充、更新、完善知识库内容的重要方式，通过从专利库、互联网、自学习等途径获取不同领域的相关知识。知识获取过程是专家系统知识库是否完整，专家系统是否能够提供最优解决方案的关键。图 13.1 展示了专家系统的基本结构、基本组成和数据流动过程。

专家系统的基本工作流程是：用户在前端的人机交互界面对相关问题和需求进行描述说明，专家系统通过识别用户问题和需求，使用推理引擎开始人工智能推理过程。将用户输入信息与知识库内的相关案例、知识、规则等进行一一匹配，形成最符合要求的结论并再次通过人机交互界面发送给用户。解释器可以为用户解释该专家系统是如何通过推理得出结论的，为什么得出的是这样的结论。

专家系统能够将复杂的、人为的问答过程通过人工智能技术变成简单的、智能化的自动问答方式，在减少人为输出成本的同时提高了回答的精确性、完整性和正确性。因此，专家系统可以是智能 TRIZ 系统得以呈现的重要基础框架，在专家系统的基础上嵌入发明创造的相关理论和知识原理，能够形成面向发明创造和创新解决领域的定制化专家系统，解决用户在发明创造过程中产生的对创新方案、产品设计等的问题和困惑，提高发明创造效率。

13.2　人工智能在发明创造中的应用

13.2.1　TRIZ 理论下的人工智能专家系统知识库建立

知识库是数据库的一个重要组成部分，也是专家系统得以推理、学习和提供答案的重要来源。知识库中包含的不是杂乱无章的多元异构数据，而是通过一定预处理、分析后的结构化、有组织、有价值的有序知识集合，一般是模块化的。知识库常常包含事实知识、规则、案例库、方法库等。TRIZ 理论下的人工智能专家系统是解决用户在发明创造过程中对于产品设计、创新方案提出的问题和需求，需要模拟不同领域内的专家思维提出相应的解决方案。知识库则是 TRIZ 理论下的人工智能专家系统的基础，也是开发人工智能专家系统的核心部分之一。根据不同专家系统的需求，TRIZ 理论下的人工智能专家系统的知识库主要包含以下几个方面：专利检索组成的专利库、领域专家提供的知识库、互联网中的知识库以及自学习的知识库等，如图 13.2 所示。

图 13.2　基于人工智能的 TRIZ 系统流程

专利检索组成的专利库是收集不同专业领域的相关专利以供系统进行创新查询和方案确认。专利是能够体现出当前某专业领域或某产业创新发展趋势的有力依据。

领域专家提供的知识库可分为事例库和规则库两个部分。在事例库中，存储与发明创造相关的已有案例，推理引擎进行推理时先在事例库中查找是否有相似案例，以此给出最佳解。规则库中存储了推理的规则，结合 TRIZ 理论中的 39 个通用参数，用户只需要选择这些参数中的若干个，无须输入，以提高推理效率。在 TRIZ 智能系统中，领域专家知识库主要由 TRIZ 原理知识库组成，包含以下三个方面。

（1）技术矛盾知识库包括 39 个通用参数矛盾矩阵知识库和 40 个发明原理知识库。39 个通用参数矛盾矩阵知识库由两个参数决定：一个为改善参数，另一个则是劣化参数。两个参数分别对应横纵坐标能够锁定一个矩阵格，该矩阵格中展现了解决技术矛盾的发明原理知识。系统将通过技术矛盾知识库推理，参照 40 个发明原理来对发明创造中的创新问题提供解决方案。

（2）物理矛盾知识库包括五大分离原理（即基于空间的分离、基于时间的分离、基于关系的分离、基于方向的分离、基于系统级别的分离）和物理矛盾案例知识库。系统通过对物理矛盾知识库的推理，参考分离原理来对发明创造解决方案进行回答。

（3）在物质-场知识库方面，阿奇舒勒认为，所有的技术系统功能都可以分解为三个基本元件，即物体、作用体和场。三个基本元件缺任何一个都可以认为技术系统功能是不完整的。因此，专家系统根据用户提供的发明创造问题中的功能描述，通过对物质-场知识库的推理来添加缺少的功能元件，以此构建完整有效的创新方案，可以得到有效的发明创造解。

互联网和自学习知识库则是在系统不断完善、迭代过程中，对知识库形式的补充、更新，尽可能地从不同渠道添加更多的知识库，使得发明创造解决和创新方案更加精准。

13.2.2 TRIZ 理论下专家人工智能推理引擎建立

知识库和推理引擎是 TRIZ 理论下人工智能专家系统方案生成的重要组成部分。推理引擎根据知识库，结合不同的知识表示形式如知识图谱等，依据原始条件进行推理，得出结论。它可以模拟各领域专家的发明创造思维方式，对用户问题或需求进行匹配，并按照一定的策略进行求解。TRIZ 理论下的人工智能专家系统推理引擎具有推理功能，并且其推理控制策略设计也非常重要。本节将探讨 TRIZ 理论下的人工智能专家系统推理引擎及其推理控制策略。

作为一种从深度模仿思维机器表面产生的人工智能形式，推理引擎吸引了认知科学和人工智能研究人员越来越多的关注。然而，传统的专家系统推理模型存在许多缺陷，如自学能力差、难以获得知识、推断结果准确性差以及浪费维护时间。因此，有必要对推理模型进行更多研究，以帮助解决推理模型中的传统缺陷。基于 TRIZ 理论的人工智能专家系统主要采用的是基于事例推理和基于规则推理的混合推理引擎机制。基于事例推理（case-based reasoning，CBR），也称为案例推理。在解决问题方面拥有丰富知识和宝贵经验，通过案例研究，可以从案例中获得解决用户提出问题或需求的结果。CBR 技术是人工智能领域的一种新型问题解决方案和学习方法，它可以通过重复使用或修改现有问题解决方案来解决当前的问题。因此，它具有以下优势：①挖掘隐藏在问题中的复杂知识以弥补逻辑规则的缺陷。②获取知识相对容易。③通过重复使用创新成果来提高思维效率。④持续学习的能力。案例推演通过检索类似的情况，并将过去经验中的特定知识重新应用到新环境的新问题中。这种方法可以不断匹配和纠正与当前事实类似的情况，以从当前事实中获得最终解决方案。

基于规则的推理，又称产生式推理。这种方法基于描述领域专家知识和经验的规则，并使用这些规则模拟领域专家解决问题的能力，从而获得当前问题的解决方案。其表现形式单一，易于用户理解，因此成为最重要的知识表现方法。虽然这个系统可以从知识中提取解决问题的规则，但它也有一些局限性：①规则配对高，推理知识效率低。②规则之间的关联关系较差，难以管理和维护。③缺乏灵活性的逻辑。④同专家的知识结构存在很大差异，对于结构性的知识无能为力。⑤对于复杂问题难以解决。

基于上述讨论，基于事例的推理可以弥补基于规则的逻辑和自我学习机器实现的不足，因此在 TRIZ 理论的框架内，基于案例推理和基于规则推理的混合推理引擎可以发展为人工智能专家系统的推理策略。

因此，基于 TRIZ 理论设计人工智能专家系统推理引擎的想法是从最初已知的事实开始，通过用户发明创造过程中产生的相关信息来描述现有问题，再对存在的问题进行描述，最后选择产品中存在的技术、物理矛盾（可以是一对或多对矛盾），至此推理引擎开始基于事例的推理，查找案例库中是否有相似案例，如果有，看是否存在多条案例，如果有多条案例那么进行矛盾消解获得新的案例并存入案例库，以供新的推理使用。如果没有相似案例，那么进入基于规则的推理，通过用户输入的发明创造信息和存在问题的描述提取关键字，即规则，将提取出来的规则与规则库中规则进行比对，查找是否有与之相匹配的规则，若没有则结束本次推理。反之产生规则矛盾集，进行矛盾消解并产生新的事实并保存至规则库，以供新的推理使用。

13.3　基于人工智能的智能 TRIZ 系统

13.3.1　基于人工智能的智能 TRIZ 系统架构和流程

基于人工智能的智能 TRIZ 系统的底层核心在于知识库的建立和知识的推理，以及前端和后端的交互过程。本节主要介绍基于知识图谱、专家系统等人工智能应用技术开发的智能 TRIZ 创新系统。智能 TRIZ 创新系统是将发明问题解决理论（TRIZ）作为方案设计的理论与方法，是集决策支持技术、人工智能技术、TRIZ 理论于一体的计算机系统，是提供方案设计决策支持的必要手段。

该系统将根据用户在前端人机交互界面提出的发明创造过程中的问题和创新需求，自动推理并生成相对应的产品、技术工艺或模式等方面的最优方案。在系统实施过程中，用户通过前端人机交互界面与后端包含 TRIZ 理论、算法和知识库、案例库等数据库结构的智能专家系统进行发明创造需求求解、发明创造案例库推理、发明创造知识库矛盾解决、发明创造方案生产等交互操作，以实现对某一产品的发明创造和方案创新的目的和需求。

基于人工智能的智能 TRIZ 系统的架构如图 13.3 所示。该架构共分为数据层、算法层、业务层、应用层和管理层。数据层用以存储该系统涉及的所有数据，其中核心数据

图 13.3　基于人工智能的智能 TRIZ 系统架构

存储在知识库中，包括专利、案例、TRIZ 理论相关原理等。算法层是系统得以实现的重要手段，在智能 TRIZ 系统中，关键技术则是对用户问题和需求文本的获取、预处理、分析和识别，由此得出的关键词才能进行之后的案例推演、方案综合评价等 TRIZ 过程。业务层阐述了该系统的具体功能，应用层是用户在人机交互界面的操作。管理层负责系统各项配置平稳运行。

基于人工智能的智能 TRIZ 系统流程如图 13.4 所示。具体过程如下。

（1）用户在前端平台输入发明创造过程中的问题描述；针对产品创新需求和存在的矛盾，输入现存产品中的问题和需要解决的问题、参数矛盾等。

（2）根据问题描述从功能类型、功能等级、功能客体等方面进行分析并建立描述问题的功能模型，优先确定符合 TRIZ 发明解决方案需要解决的问题。

（3）结合 TRIZ 发明原理、案例推理和相应知识库分析得出发明创造的创新解决方案。通过技术和物理矛盾获得解决过程，并以构造和使用标准解决原理作为引导。

（4）对得出的方案进行评价决策，并选出最优方案。不同的发明原理搭配或矛盾解决方案可能会产生不同的创新方案，因此，用户输入一个产品发明创造需求将可能产生多个创新方案，系统需要对新方案进行整理和评价，结合专利库检索，从中选出技术上可行、经济上合理、市场上占优、能实现用户所要求的各项功能和解决各项问题的最优方案。

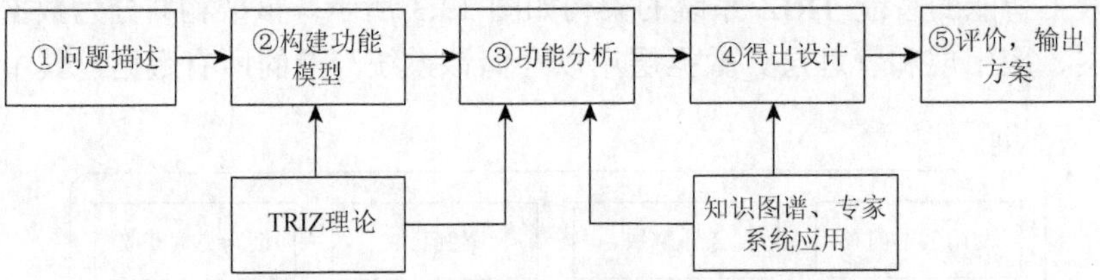

图 13.4　基于人工智能的智能 TRIZ 系统流程

13.3.2　基于人工智能的智能 TRIZ 系统功能和模块

基于人工智能的智能 TRIZ 系统既要满足用户的创新方案描述、需求输入和矛盾选择，还要满足用户注册登录、知识库检索、案例推荐等搜索和交互功能。

（1）需求文本挖掘功能。通过前端界面读取的用户问题描述、产品描述，对输入的文字信息进行预处理、分词、向量化等文本挖掘工作，提取需求描述关键词，便于从海量的知识库中将需求所涉及的相关发明原理、案例进行匹配，并根据分类，进行数据可视化和关系网络呈现。

（2）TRIZ 理论下的创新方案生成功能。根据用户所选择的改进和恶化参数以及技术矛盾、物理矛盾、物质-场分析等理论基础，通过后端案例推演过程，生成符合条件的创新方案。并基于方案评估算法和参数，选择出最佳创新方案。

（3）知识推荐功能。根据发明原理和最佳创新方案，由系统自动推荐一些专利、案例、经验等知识。

（4）用户功能。用户个人功能主要是满足用户进行注册登录、对个人信息、资产管理的需要。从上述需求出发应包含以下功能：用户账号、个人信息管理、钱包和消息通知等模块。

（5）知识管理功能。包括数据库、知识库、案例库等知识的管理。

（6）搜索和交互功能。搜索和交互功能满足的是用户对相关发明创造原理、创新方案和知识的搜索查找。

（7）平台管理功能。平台的系统管理包括后台的身份认证、权限设置等。

基于人工智能的智能 TRIZ 系统主要实现创新专家系统推理、创新技术矛盾解决、创新物理矛盾解决、创新算法解决、创新物质-场分析解决等功能。按照设计功能分类主要包括推理模块、技术矛盾解决模块、物理矛盾解决模块、ARIZ 算法解决模块、物质-场分析解决模块。系统各模块的功能实现必须有知识库和数据库的支撑，以共享各模块的数据资源。通过构建 TRIZ 知识库，存储不同学科领域的经验知识，其中包括相关领域的专利、成功创新案例、创新规则等知识以及 TRIZ 理论的相关知识，包括矛盾矩阵、发明原理、分离原理等，辅助用户解决“创新什么”的问题。基于人工智能的智能 TRIZ 系统模块如图 13.5 所示。

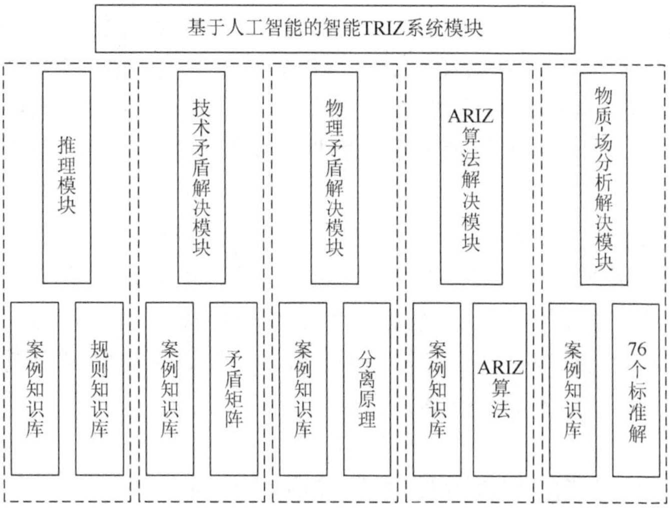

图 13.5　基于人工智能的智能 TRIZ 系统模块

（1）推理模块。基于人工智能的智能 TRIZ 专家系统中的推理引擎通过对用户在发明创造过程中在人机交互界面输入的要解决的创新问题和详细描述信息进行关键词提取，与后端知识库中的知识进行比对、推理、学习，得到有效的解决方案。在推理前，首先需要判断该发明创造问题的描述是否存在矛盾，如果不存在则开始推理过程（基于案例、基于规则的推理过程）；如果存在矛盾，则需要先解决矛盾问题。

（2）技术矛盾解决模块。TRIZ 理论认为，发明创造的创新问题是消除矛盾的问题。技术矛盾就是解决发明创造创新过程中遇到的矛盾问题。当存在矛盾时，通过查找 TRIZ

理论的 39 个通用技术参数和 39×39 的矛盾矩阵，找出矛盾所对应的发明原理，再通过找到的发明原理得到创新解。如果矛盾点较多，则优先考虑矛盾次数较多的创新解。

（3）物理矛盾解决模块。该模块主要针对矛盾不明显或者当矛盾中欲改善的参数与被恶化的正反两个工程参数是同一个参数的情况。通过 TRIZ 分离原理与各自的案例库进行比对，如果存在相似的案例，那么给出新的创新解。最后判断该解是否可行。

（4）ARIZ 算法解决模块。根据 ARIZ 算法步骤进行。该模块主要是根据 ARIZ 算法步骤，通过矛盾分析、物质-场分析等解决情况比较烦琐，没有明显矛盾条件，已知条件模糊的发明创造创新问题。

（5）物质-场分析解决模块。该模块通过识别问题中缺少的功能组件，根据物质-场模型的四大类，对不同模型进行相应的调节，添加不同的元件，构建完整的物质-场模型来把抽象问题标准化，最终利用标准解获取最终创新解决方案。

除此之外，基于人工智能的智能 TRIZ 系统不仅包括领域专家的知识库，还包括专利库。通过对创新关键词进行聚类和相关专利检索获取创新热点、市场动向和技术趋势。充分利用专利数据实现创新，同时规避相关专利风险，辅助用户解决“怎样创新”的问题。

同时，系统中的用户不仅可以是普通的需求方，也可以是领域内的专家，以及相关知识的工程技术人员，他们具有对该智能 TRIZ 系统中知识库进行更新、添加、维护等权限。这样通过对系统知识库的不断完善，可以更好地为发明创造提供创新服务。

简单来说，基于人工智能的智能 TRIZ 系统就是以知识图谱、专家系统、专家问答系统为基础，嵌入 TRIZ 理论和相关知识库、案例库的创新问答系统。系统流程共可分为三个阶段。第一阶段为用户输入技术矛盾参数要求或者物理矛盾类型和分离原理等，系统输出矩阵中的发明原理，并将发明原理运用到具体的用户问题上以提出创新方案，同时附有相关发明原理的案例。第二阶段是在解决技术矛盾和物理矛盾的基础上，根据用户提出的发明创造产品需求和参数，结合物质-场原理和增加元件、改善元件、增加场等 76 个标准解，以具体实例提供创新方案。第三阶段是最终阶段，能够将推理引擎案例库推理、知识库技术矛盾解决、知识库物理矛盾解决、知识库物质-场分析全部考虑进去，并通过方案评估对比，形成最优方案。

13.3.3 基于人工智能的智能 TRIZ 系统应用实例

本章介绍了如何利用 TRIZ 智能系统解决一个有关污水管道创新设计的发明创造问题。

首先，用户在前端人机交互界面输入相关信息和需求，包括产品名称、所属行业领域、产品描述和问题描述。产品名称是污水管材的创新设计，所属行业是材料，产品描述是污水处理系统对管道的可靠性要求很高，因为管道既要承受静载荷，也要承受动载荷，必须具有较高的环刚度。由于废水具有一定的酸碱性，以及沙子和土壤的存在，管道必须具有耐腐性和耐磨性。镀锌螺旋管的优点是环刚度高、耗材少，缺点是防腐性能中等、不耐磨；塑料管的优点是耐腐蚀和耐磨，但环刚度的提高是有限的，而且耗材更多。问题描述是设计一种既具有高刚度性能又具有耐腐蚀和耐酸碱性能的新型管道。

接着，用户选择强度改善参数和运动物体重量恶化参数，以提高管道环刚度并减少材料消耗。这些参数对应 TRIZ 理论中的序号 14（改善参数：强度）和序号 1（恶化参数：运动物体的重量）。智能 TRIZ 系统输入如图 13.6 所示。

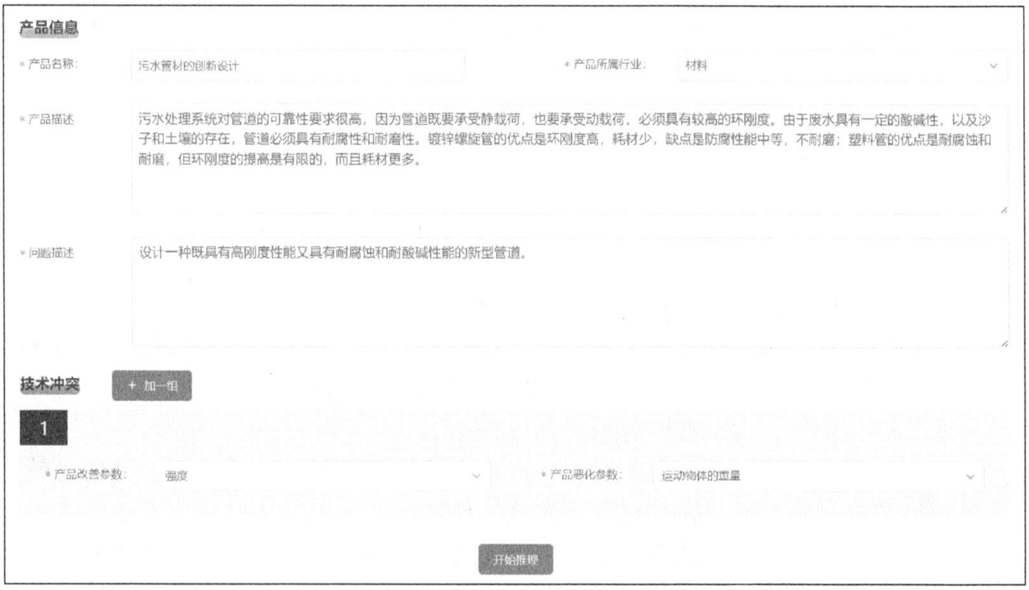

图 13.6　智能 TRIZ 系统输入

智能 TRIZ 系统根据前端输入的信息和既定的业务流程和模块，展开推理、学习和方案评价与生成过程。

首先，系统根据改善参数和恶化参数对应 40×40 矛盾矩阵识别发明原理，为 1 号分离原理、8 号重量补偿原理、15 号动态特征原理以及 40 号复合材料原理。每一个原理下都有相关的案例供用户查询，如图 13.7 所示。

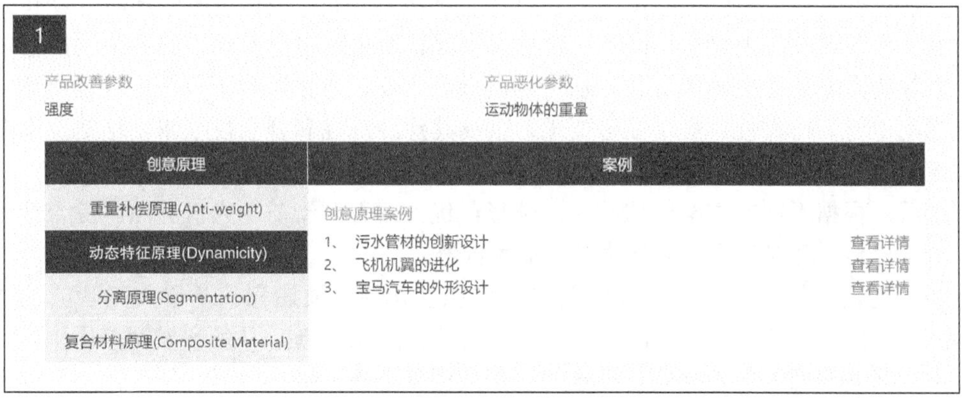

图 13.7　智能 TRIZ 系统案例输出

其次，系统展开案例推演。

（1）案例表示：将每个案例转化为适合计算机处理的形式。通常使用特征向量或特征描述来表示案例，其中特征包括问题描述、解决方法、环境条件等。

（2）相似度计算：通过计算其与已有案例之间的相似度来确定最相似的案例。相似度计算可以使用各种方法，本系统主要使用的是余弦相似度。余弦相似度是一种常用的向量相似度度量方法，用于衡量两个向量之间的夹角关系。对于特征向量表示的案例，可以使用余弦相似度计算其相似度。假设案例 A 的特征向量为 $A=[A_1, A_2, \cdots, A_n]$，案例 B 的特征向量为 $B=[B_1, B_2, \cdots, B_n]$，则余弦相似度的计算公式如下：

$$\operatorname{sim}(A, B)=(A_1 \times B_1+A_2 \times B_2+\cdots+A_n \times B_n) \Big/ \left[(A_1^2+A_2^2+\cdots+A_n^2)^{\frac{1}{2}} \times (B_1^2+B_2^2+\cdots+B_n^2)^{\frac{1}{2}}\right]$$

这里的 $\operatorname{sim}(A, B)$表示案例 A 和案例 B 之间的相似度。

（3）案例检索：根据相似度计算的结果，从案例库中检索出与新问题最相似的案例。

（4）适用性评估：对于检索到的相似案例，评估其适用性和可信度。这可以基于案例和问题之间的差异性、案例的质量和相关性等考虑。

（5）解决方案提取：从适用的案例中提取出解决问题的方法或策略。主要为新问题抽象成历史案例中已经存在的问题，并直接使用历史案例中的解决方案或修改历史案例的解决方案。这种方法是在历史案例的解决方案基础上，根据新问题的特点和条件进行必要的修改和调整。例如，对于“如何修理一辆汽车”的新问题，可以从历史案例中找出与之相似的问题“如何修理一台机器”，并将其中与汽车相关的部分进行修改和调整。

（6）解决方案调整：根据新问题的特点和条件，对提取的解决方案进行必要的调整和修改。

（7）解决方案应用：将经过调整的解决方案应用到新问题上，生成相应的结果。

（8）案例存储和更新：将解决方案及其对应的结果添加到系统的知识库中，以便下次类似问题的解决。

再次，对案例推演产生的多个创新解决方案进行评价。根据方案生成阶段获得的解决方案，为获得技术上可行、经济上合理、能可靠地实现用户所要求的各项功能的新方案，需对新方案进行整理和评价，从中选出最佳方案。方案评价不只考虑功能因素，还需考虑制造性、可靠性、安全性等要求，以及其他经济性和社会性要求，这是一个典型的多准则决策问题。目前智能 TRIZ 系统中的方案评价用的是效用分析法。

最后，根据不同的方案评估结果，选择最优方案返回给前端人机界面。综合分析表明，复合材料原理对该问题的解决具有最大价值。

创新是发展的第一动力，发明创造是实现创新的重要过程。基于人工智能的智能 TRIZ 系统可以帮助发明创造者提出符合需求的创新建议方案，从解决发明矛盾到具体创新改进，帮助发明创造者打破思维定式，开拓创新思路，提出更具有创造性、价值性和完整性的设计方案。智能 TRIZ 系统为创新提供科学的理论指导，指明探索方向。

13.4　知识产权大模型

随着数字经济的快速发展，以 ChatGPT（Chat generative pre-trained transformer，聊天生成预训练转换器）为典型代表的生成式人工智能（AIGC，artificial intelligence generated content）大模型的出现反映了新一代人工智能发展的新趋势，即人工智能正在从感知智能向认知智能快速发展。AIGC 为人类社会打开了认知智能的大门。通过单个大规模数据的学习训练，令人工智能具备了多个不同领域的知识，只需要对模型进行适当的调整修正，就能完成真实场景的任务。从短期来看，AIGC 改变了基础的生产力工具。从中期来看，会改变社会的生产关系。从长期来看，促使整个社会生产力发生质的突破，在这样的生产力工具、生产关系、生产力变革中，生产要素（数据价值）将被极度放大。AIGC 把数据要素提到时代核心资源的位置，在一定程度上加快了整个社会的数字化转型进程，为发明创造的过程带来了全新的智能化、自动化模式。

中国作为人工智能领域发展的重要参与者，正在加快其在通用大模型领域的投资与研究。例如，百度、腾讯、阿里巴巴、科大讯飞等大型科技公司都正在加速开发该领域的技术，百模大战的时代已经到来。2023 年 7 月 13 日，国家网信办联合国家发展改革委、教育部、科技部、工业和信息化部、公安部、国家广电总局 7 个部门颁布《生成式人工智能服务管理暂行办法》，自 2023 年 8 月 15 日起施行。办法的出台旨在促进生成式人工智能健康发展和规范应用，维护国家安全和社会公共利益，保护公民、法人和其他组织的合法权益。这标志着我国生成式人工智能大模型逐渐向健康、有序的方向发展。

AIGC 大模型就是人工智能预训练模型，包含三大要素：大算力、强算法、大数据。大模型相当于人工智能的土壤，没有大模型支持，就不会有 AI 的成功。在 AIGC 大模型的战场上，国外的 OpenAI、谷歌、微软等大厂正打得火热；国内以百度、阿里巴巴、华为、腾讯为代表的科技巨头，科大讯飞、智谱 AI、商汤科技等 AI 公司，电信、联通和移动三大运营商，以及智源研究院、中国科学院等学术/研究机构都纷纷投身 AI 大模型浪潮。图 13.8 展示了百度文心一言和阿里巴巴通义大模型。

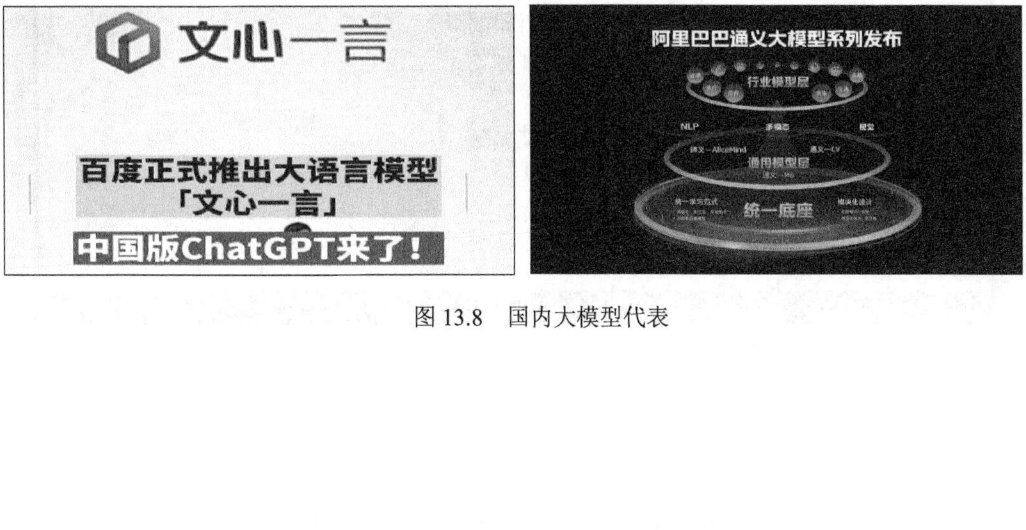

图 13.8　国内大模型代表

从全球已经发布的大模型分布来看，中美两国数量合计占全球总数的近 90%，美国在大模型数量方面居全球之首。据《AI 大模型产业创新价值研究报告》不完全统计，目前中国 10 亿参数规模以上的大模型已超过 80 个，涉及产学研多个领域，主要集中在通用领域。

AI 大模型以通用大模型为主，即在各种任务和领域中都能表现出很强的语言理解和生成能力的人工智能模型。这些模型通过大规模的训练数据和强大的计算能力，能够学习到广泛的知识和信息，并具备对复杂问题的推理和理解能力。而随着不同领域、行业的关注，垂直大模型成为当前更为关注的 AIGC 大模型。垂直大模型针对特定领域或任务进行优化和训练，以解决该领域或任务中的特定问题。相比通用大模型，垂直大模型可能在特定领域中的性能和效果更好，因为它们可以更加专注于特定知识和技能的学习与应用。例如，在医疗领域可以开发以医学知识为基础的垂直大模型，用于辅助诊断或提供医学建议；在金融领域可以借助信贷数据、用户画像提供金融贷款问答服务。

南京理工大学知识产权学院创新与知识产权管理团队快速响应需求，以知识产权创造为需求导向，利用当前主流的多种通用大模型开源代码，自主构建知识产权领域的知识库和语料库，如专利文本、TRIZ 理论等，并对算法进行调试和多轮迭代训练，构建数字经济背景下基于人工智能技术的知识产权大模型（简称 IP-GPT）。IP-GPT 能够处理与创新管理、知识产权相关的问题和任务，理解创新管理与知识产权领域的信息、规则和概念，应用于创新管理、知识产权全流程管理的场景，如创新战略制定、发明创造解决方案生成、专利自动生成、侵权诉讼、知识产权服务咨询等，提高创新与知识产权的价值和利用效率，并提供定制化的建议和解决方案，如图 13.9 所示。

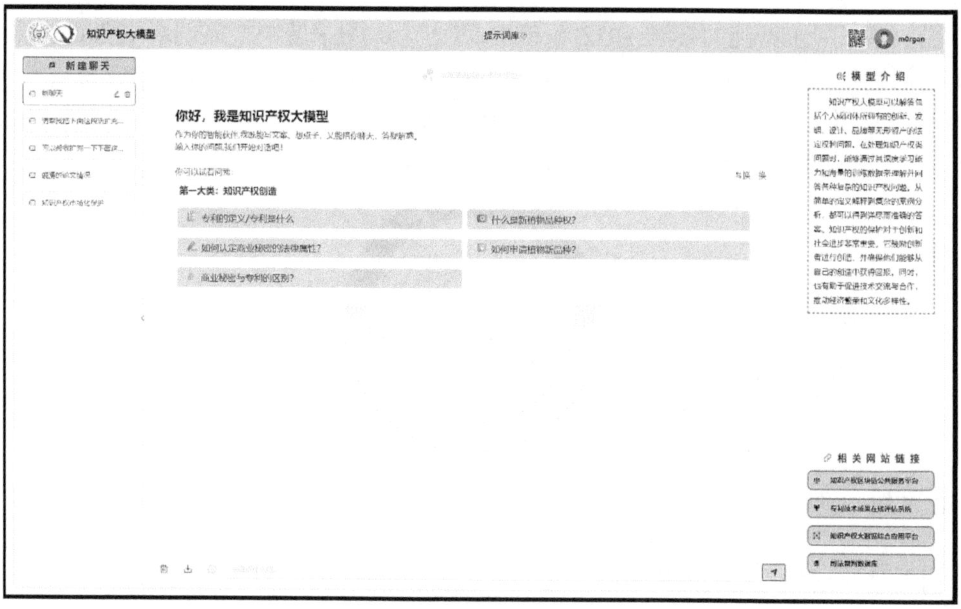

图 13.9　知识产权大模型

在发明创造发展上，IP-GPT 可以带来多方面的益处。

首先，大模型可以通过对大规模的专利数据进行分析和学习，获取不同专利的解决方案，并基于 TRIZ 理论形成案例库和知识库，供新的发明创造问题重用和学习。

其次，大模型具备强大的文本生成能力，可以用于自动生成发明创造的想法和解决方案。通过与大模型的交互，创新管理者可以获得更多的启发和灵感，驱动创新活动的展开。

此外，大模型可以帮助企业优化资源配置和提高效率。通过对内部运营数据的分析，大模型可以识别出潜在的瓶颈、风险和改进点，从而优化生产流程、提高资源利用率，并推动创新管理的效益最大化。

需要注意的是，大模型的应用也面临一些挑战，如数据隐私保护、计算资源需求和模型可解释性等。在使用大模型时，企业需要关注这些问题，并采取相应的措施来克服障碍，确保大模型的应用对创新管理发展产生积极的影响。

13.5　本 章 习 题

1. 单选题

（1）一个专家系统的成功主要取决于（　　）中存储的信息的质量、完整性和准确性。

A. 数据库　　B. 知识库　　C. 推理引擎　　D. 解释器

（2）知识图谱是一种以（　　）的形式连接现实世界中不同类型实体的技术方法。

A. 实体　　B. 属性　　C. 关系　　D. 信息

（3）基于人工智能的智能 TRIZ 系统中，（　　）用来解决产品创新中遇到的技术参数上的问题。

A. 推理模块　　B. 技术矛盾模块

C. 物理矛盾模块　　D. 物质-场分析模块

2. 判断题

（1）语音识别系统开电灯是一种广义的人工智能。（　　）

（2）知识获取和知识推理是知识图谱的主要作用。（　　）

（3）专家系统就是智能 TRIZ 系统。（　　）

3. 论述题

（1）请简述知识图谱的原理。

（2）请简述专家系统的原理。

（3）选择一个领域问题，尝试从智能 TRIZ 系统的运行流程原理上进行分析。

结 束 语

目前，TRIZ 等创新方法已广泛应用于工程技术领域。然而，随着现代科学技术的发展，新兴学科和交叉学科相继出现，打破了传统的自然科学和社会科学的明显分界。学科之间的交叉融合已经成为现代科学发展的重要特点。因此，TRIZ 等创新方法还需由工程科学领域向自然科学、社会科学、管理科学、生命科学等领域及上述领域的融合方向发展。

创新包括技术推动型和市场拉动型两类。一般情况下，由技术推动的创新，其技术风险度较低而市场风险度较高；由市场拉动的创新，其市场风险度较低而技术风险度较高。由于创新面临技术和市场的双重不确定性，而技术和市场两方面的权衡抉择往往是企业、科研机构等创新主体的一大难题。因此，创新方法未来的发展方向还应包括在技术和市场之间找寻平衡点。

从计算机辅助设计（computer aided design，CAD）到计算机辅助工程分析（computer aided engineering，CAE），再到计算机辅助创新（computer aided innovation，CAI），信息技术被越来越多地应用在设计方法的研究中，创新理论和信息技术的融合逐渐成为创新研究的新领域。计算机辅助创新的目的在于帮助产品设计者运用创新理论，结合计算机方法得到更有效、可行的产品设计方案。以 TRIZ 理论为基础，结合本体论、现代设计方法学、计算机辅助技术、语义处理技术等多学科领域知识综合而成的创新设计将成为计算机辅助创新的重要方向。

随着互联网产业、大数据和人工智能等技术的蓬勃发展，以人工智能、大数据和区块链等为代表的新一代信息技术影响并融入了人们的生活中。坚持创新、协调、绿色、开放、共享的新发展理念，把握人工智能技术和大数据发展的重要机遇，推动科技创新和大数据产业的健康发展，已成为现代社会的发展诉求。当前世界已经从 IT（internet technology）时代迈进了 DT（data technology）的新时代，数据成为新的生产资料。互联网通过数据与物理世界连接，数据通过物理世界对产品提出新的需求，进而对产品的设计方法产生深远影响。万物互联本质上就是数据的连接，数据是智能产品的根基，而数据驱动的发明创造，就是通过对海量数据价值的挖掘以提高发明创造成效。数据驱动的创新就是将各类创新方法结合计算机和数学的理论方法的一种新的创新方法，该方法将改变传统的创新模式与流程。相信在不久的将来，人工智能技术、大数据等技术将结合更多传统和现代创新方法，辅助设计者有效地结合各学科、各领域的知识和已有创新成果，结构化地分析问题，并进一步调动已有知识，创造性地帮助设计者提出并解决发明问题，在产品创新、技术创新以及工艺创新中帮助设计者更好地解决发明创造问题。

同时，由于创新方法的种类较为繁复，创新方法的选择还需要结合专业思维框架以指导企业、科研机构等创新主体解决所面临的各类问题。因此，创新方法专家平台将成为一种高效的、针对性的解决方案。创新方法专家平台的重要功能之一是提供一种标准化的服务模块接口，助力企业、科研机构等创新主体将创新的触角延伸至自身外部，并引入资源为己所用，弥补自身创新资源要素匮乏的不足。因此，包含各类创新方法的专家平台搭建也将是发明创新方法的重要发展方向之一。

学科交叉融合以及专利数量的激增，均需要 TRIZ 理论与时俱进，以适应不断变化的社会发展和技术发展需求。通过与人工智能、计算机科学的创新工具有机结合，TRIZ 理论将实现更高效、更智能、更个性的创新指引功能。

参 考 文 献

陈子顺，檀润华. 2013. 理想化六西格玛原理与应用：产品制造过程创新方法[M]. 北京：高等教育出版社.

成思源，周金平，杨杰. 2021. 技术创新方法：TRIZ 理论及应用[M]. 2 版. 北京：清华大学出版社.

德鲁·博迪，雅各布·戈登堡. 2014. 微创新：5 种微小改变创造伟大产品[M]. 钟莉婷，译. 北京：中信出版社.

丁雪燕，李海军. 2009. 技术创新方法培训丛书：经典 TRIZ 通俗读本[M]. 北京：中国科学技术出版社.

高常青. 2018. TRIZ：产品创新设计[M]. 北京：机械工业出版社.

韩普，马健，张嘉明，等. 2019. 基于多数据源融合的医疗知识图谱框架构建研究[J]. 现代情报，39（6）：81-90.

何川. 2004. 基于 TRIZ 的方案设计智能决策支持系统理论与方法研究[D]. 成都：西南石油学院.

金昊宗. 2014. 实用 TRIZ 研究与实践[M]. 张俊峰，译. 北京：中国科学技术出版社.

卡尔·波普尔. 1986. 猜想与反驳：科学知识的增长[M]. 傅季重，等，译. 上海：上海译文出版社.

李建军. 2009. 创造发明学导引[M]. 2 版. 北京：中国人民大学出版社.

李乃杰. 2011. 基于 TRIZ 理论的产品创新专家系统平台设计与实现[D]. 哈尔滨：东北林业大学.

刘键，邹锋，杨早立，等. 2021. 基于价值共创的群智能服务设计模型及实证分析[J]. 管理世界，37（6）：202-213，13.

潘承怡，姜金刚. 2019. TRIZ 实战机械创新设计方法及实例[M]. 北京：化学工业出版社.

沈孝芹，师彦斌，于复生，等. 2016. TRIZ 工程题解及专利申请实战[M]. 北京：化学工业出版社.

孙永伟，谢尔盖·伊克万科. 2015. TRIZ：打开创新之门的金钥匙[M]. 北京：科学出版社.

王立新，乔晓东，刘晟杰，等. 2021. TRIZ 中科学效应库的研究综述[J]. 现代制造工程，（5）：154-160.

王晓蕾. 2021. 波普尔“试错法”述评[J]. 现代商贸工业，42（11）：2.

闫洪波，曹国忠，檀润华，等. 2018. TRIZ 与六西格玛设计集成创新及问题定义阶段融合应用研究[J]. 中国机械工程，29（13）：1560-1567.

闫一梵，余浩，陈进松，等. 2021. 基于 TRIZ 理论的一种减力缓冲替换式牙刷[J]. 科技风，（12）：3-4，26.

杨笑然. 2018. 基于知识图谱的医疗专家系统[D]. 杭州：浙江大学.

张凯. 2020. TRIZ 问题解决工具：物理矛盾应用探讨[J]. 科学技术创新，（31）：150-151.

张永慧，史菲，潘李安，等. 2021. 基于 TRIZ 理论的一种术后洗澡防水装置[J]. 科技创新与应用，11（18）：25-26，29.

赵洁，石磊，丁丽娜. 2018. 创新思维与 TRIZ 创新方法[M]. 北京：人民邮电出版社.

赵敏，张武城，王冠殊. 2015. TRIZ 进阶及实战：大道至简的发明方法[M]. 北京：机械工业出版社.

赵新军，孔祥伟. 2020. TRIZ 创新方法及应用案例实例[M]. 北京：化学工业出版社.

中国科协企业创新服务中心. 2017. 一线工程师创新方法应用案例[M]. 北京：中国科学技术出版社.

周苏. 2015. 创新思维与 TRIZ 创新方法[M]. 北京：清华大学出版社.

Stevens G A，Burley J. 1997. 3000 Raw Ideas = 1 commercial success！[J]. Research Technology Management，40（3）：16-27.